中等职业教育精品教材

WPS 实用案例教程

主　审　林德顺

主　编　邓　斌　莫燕梅　覃淑梅

副主编　陈俊运　韦昌贵　陈青霞　罗永明　朱怀锋　牟光庆　潘　勇　周玉娇
阙　冰　周　凡　蓝雪涛　黄远德

参　编　农彩确　彭代芝　朱上立　鄂玉梅　王　荣　唐红霞　王世聪　廖桂民
龙露霞　袁侨联　李雅思　李俊军　赵东明　梁显诚　欧吉伟　黄明验
李慈阳　蒙连春　林健文　李小燕　陈盈心　阳上昆　张　飞　王　蕾

中国人民大学出版社

·北京·

图书在版编目（CIP）数据

WPS实用案例教程 / 邓斌，莫燕梅，覃淑梅主编. --北京 : 中国人民大学出版社，2024.1
中等职业教育精品教材
ISBN 978-7-300-32479-1

Ⅰ. ① W… Ⅱ. ①邓… ②莫… ③覃… Ⅲ. ①办公自动化－应用软件－中等专业学校－教材 Ⅳ. ① TP317.1

中国国家版本馆CIP数据核字（2024）第024546号

中等职业教育精品教材
WPS实用案例教程
主　审　林德顺
主　编　邓　斌　莫燕梅　覃淑梅
副主编　陈俊运　韦昌贵　陈青霞　罗永明　朱怀锋　牟光庆
　　　　潘　勇　周玉娇　阙　冰　周　凡　蓝雪涛　黄远德
参　编　农彩确　彭代芝　朱上立　鄂玉梅　王　荣　唐红霞
　　　　王世聪　廖桂民　龙露霞　袁侨联　李雅思　李俊军
　　　　赵东明　梁显诚　欧吉伟　黄明验　李慈阳　蒙连春
　　　　林健文　李小燕　陈盈心　阳上昆　张　飞　王　蕾
WPS Shiyong Anli Jiaocheng

出版发行　中国人民大学出版社
社　　址　北京中关村大街31号　　邮政编码　100080
电　　话　010－62511242（总编室）　010－62511770（质管部）
　　　　　010－82501766（邮购部）　010－62514148（门市部）
　　　　　010－62515195（发行公司）　010－62515275（盗版举报）
网　　址　http://www.crup.com.cn
经　　销　新华书店
印　　刷　中煤（北京）印务有限公司
开　　本　787 mm × 1092 mm　1/16　　版　　次　2024年1月第1版
印　　张　13.75　　印　　次　2024年1月第1次印刷
字　　数　280 000　　定　　价　48.00元

PREFACE

前言

《WPS实用案例教程》可作为WPS办公应用职业技能等级证书考试的参考教材。本书针对各企事业单位专职文员和其他专业技术岗位对基本办公技能的需求，选取文字文档编辑、电子表格管理、演示文稿制作以及PDF应用等方面的基础知识和技能，以案例的方式循序渐进地进行讲解。本书提供的思路和方法，涵盖了工作领域、工作任务和职业技能的要求，可以帮助学生更好地适应岗位工作（本书案例使用软件为WPS Office 11.1.0.14036）。本书通过引入党的二十大和“一带一路”相关背景的实用案例，可潜移默化地培养学生爱国、爱岗的意识，为培养具有“一带一路”国际视野、爱国情怀的高技能人才奠定基础。

全书分为4个单元。第1单元介绍WPS文字，内容包括WPS文字基本设置、文字编辑、文字与段落、图形与表格、排版、文字排版高级应用等；第2单元介绍WPS表格，内容包括电子表格的输入、电子表格的排版与打印、电子表格数据分析与处理、电子表格数据的图形化、电子表格数据+文字排版综合应用等；第3单元介绍WPS演示文稿，内容包括WPS演示文稿的页面与视图、幻灯片的基础操作、幻灯片对象的插入及放映、幻灯片对象的母版及放映等；第4单元为WPS PDF概述，内容包括WPS编辑PDF文档、WPS PDF文档管理、转为PDF文档等。

本教材内容深入浅出、可操作性强，适合作为职业院校、技工院校的教材。本书由广西工贸高级技工学校的邓斌，广西民族中等专业学校的莫燕梅、覃淑梅担任主编；广西工贸高级技工学校的林德顺担任主审；广西工贸高级技工学校的陈俊运、陈青霞、罗永明、朱怀锋、牟光庆、阙冰、周凡、蓝雪涛、黄远德，广西民族中等专业学校的潘勇、韦昌贵、周玉娇担任副主编；广西工贸高级技工学校的农彩确、彭代芝、朱上立、鄂玉梅、龙露霞、王荣、唐红霞、王世聪、廖桂民、袁侨联、李雅思、梁显诚、欧吉伟、黄明验、李慈阳、蒙连春、林健文、李小燕、陈盈心、阳上昆、张飞，广西民族中等专业学校的李俊军、赵东明，新疆煤炭技师学院的王蕾参与编写。其中，莫燕梅、覃淑梅、陈青霞、农彩确、龙露霞、牟光庆、王荣、潘勇、陈盈心、黄明验、阳上昆、张飞编写第 1 单元；陈俊运、朱怀锋、阙冰、朱上立、袁侨联、韦昌贵、王蕾、李小燕、李俊军、林健文编写第 2 单元；罗永明、周凡、彭代芝、鄂玉梅、周玉娇、蒙连春、赵东明、梁显诚、李慈阳编写第 3 单元；邓斌、黄远德、廖桂民、唐红霞、王世聪、欧吉伟、李雅思编写第 4 单元；邓斌、莫燕梅、林德顺、蓝雪涛负责全书统稿工作。在此一并表示感谢！

由于编者水平有限，书中难免有不妥之处，恳请广大读者批评指正！

C O N T E N T S

目录

第 1 单元　WPS 文字 …… 1

第 1 章　WPS 文字基本设置 …… 3

第 2 章　文字编辑 …… 7

第 3 章　文字与段落 …… 13

第 4 章　图形与表格 …… 25

第 5 章　排版 …… 45

第 6 章　文字排版高级应用 …… 53

第 2 单元　WPS 表格 …… 81

第 7 章　电子表格的输入 …… 83

第 8 章　电子表格的排版与打印 …… 91

第 9 章　电子表格数据分析与处理 …… 107

第 10 章　电子表格数据的图形化 …… 121

第 11 章　电子表格数据 + 文字排版综合应用 …… 127

第 3 单元　WPS 演示文稿 …… 151

第 12 章　WPS 演示文稿的页面与视图 …… 153

第 13 章　幻灯片的基础操作 …… 161

第 14 章　幻灯片对象的插入及放映 …… 171

第 15 章　幻灯片对象的母版及放映 …… 177

第 4 单元　WPS PDF 概述 …… 189

第 16 章　WPS 编辑 PDF 文档 …… 191

第 17 章　WPS PDF 文档管理 …… 201

第 18 章　转为 PDF 文档 …… 207

参考文献 …… 212

第 1 单元

WPS 文字

WPS 文字是 WPS Office 的一个重要组件，是由北京金山办公软件股份有限公司推出的一款文字处理软件。它具有丰富的文字编辑功能，还提供了各种控制输出格式及打印功能，基本能满足一般的文字编辑处理需求。

本单元以案例为主要结构，结合 WPS 办公应用初级证书考点进行讲解，展示 WPS 文字组件中文字文档的创建、编辑、排版、保存及打印等基础操作。

WPS 文字的工作界面主要包括标签栏、功能区、编辑区、导航窗格、任务窗格、状态栏等部分，如下图所示。

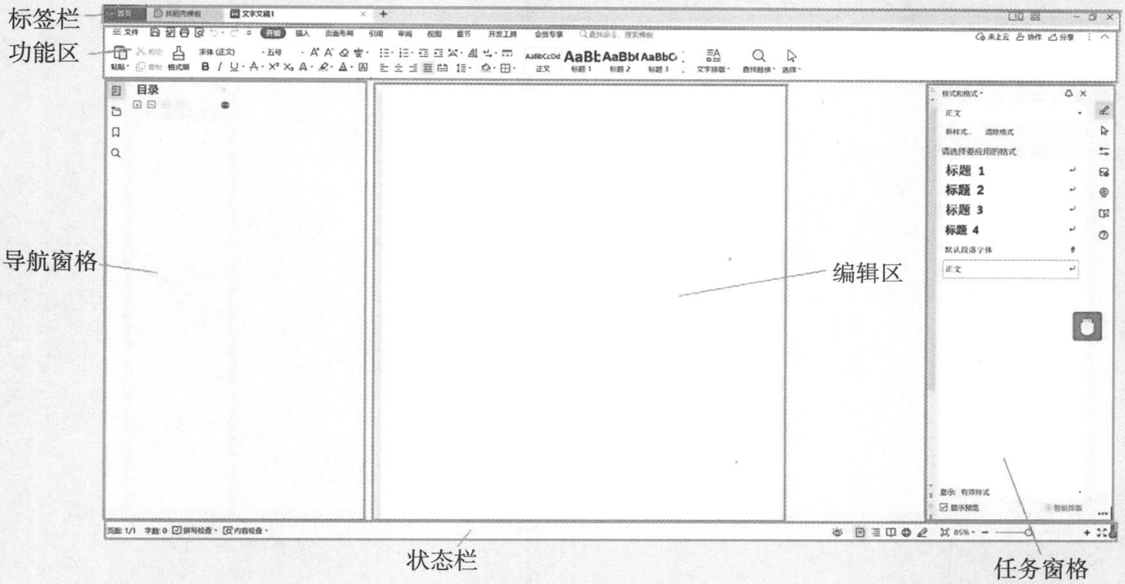

WPS 文字的工作界面

1. 标签栏

标签栏用于标签切换和窗口控制，包括标签区（访问 / 切换 / 新建文档、网页）、窗口控制区（切换 / 缩放 / 关闭工作窗口、登录 / 切换 / 管理账号）。

2. 功能区

功能区承载了各类功能入口，包括功能区选项卡、文件菜单、快速访问工具栏（默认置于功能区内）、快捷搜索框、协作状态区等。

3. 编辑区

编辑区是文本内容编辑和呈现的主要区域，包括文档页面、标尺、滚动条等。

4. 导航窗格和任务窗格

导航窗格和任务窗格提供视图导航或高级编辑功能的辅助面板，一般位于编辑界面的两侧，执行特定命令操作时将自动展开显示。

5. 状态栏

状态栏位于窗口的下方，用于显示文档状态和提供视图控制。

第1章 WPS 文字基本设置

任务：你是一名刚刚进入大学的大一新生，第一次使用 WPS 文字编辑软件，请你根据自己的工作任务需要对 WPS 文字编辑软件进行基本设置。工作任务：用 WPS 文字编辑软件制作“2023 一带一路暨金砖国家技能发展与技术创新大赛”开幕式邀请函。

目标：熟悉 WPS 基本界面切换、设置、自定义访问工具栏、文件备份等操作。

1. 界面切换

WPS 文字支持“2019 界面”和“经典界面”自由切换。旧版的“经典界面”采用的是“菜单 + 菜单列表”风格；默认的“2019 界面”采用的是“选项卡 + 功能按钮”风格，新界面中重新绘制的图标更加简约、更有现代风。界面切换的操作方法如下。

单击 WPS 文字首页标签，打开 WPS 首页，单击“全局设置”按钮，在弹出的下拉菜单中选择“皮肤和外观”，打开“皮肤中心”对话框，选择任意一种界面，重启 WPS 文字，使切换皮肤生效，如图 1 - 1 所示。

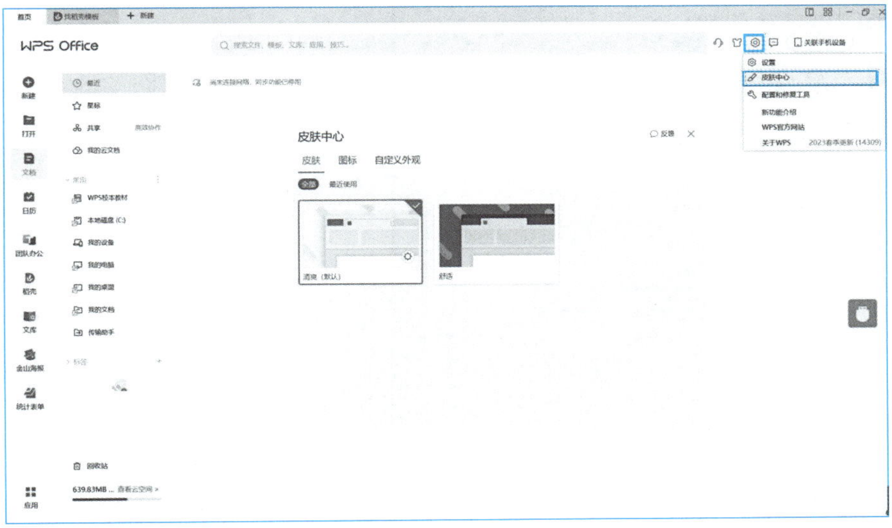

图 1 - 1　皮肤切换

2. 界面设置

WPS 文字全新的工作界面支持更灵活的设置，用户可以根据个人喜好自定义个性化的工作界面。

（1）设置功能区按钮居中排列。

单击任意文字文档主界面右上角的 ⋮（更多操作）按钮，在弹出的下拉菜单中选择“功能区按钮居中排列”，如图 1－2 所示。

图 1－2　下拉菜单中选择“功能区按钮居中排列”

（2）自定义快速访问工具栏。

单击任意文档主界面中的“自定义快速访问工具栏”下拉按钮，在弹出的下拉菜单中选择“放置在顶端”、“放置在功能区之下”或“作为浮动工具栏显示”，如图 1－3 所示。

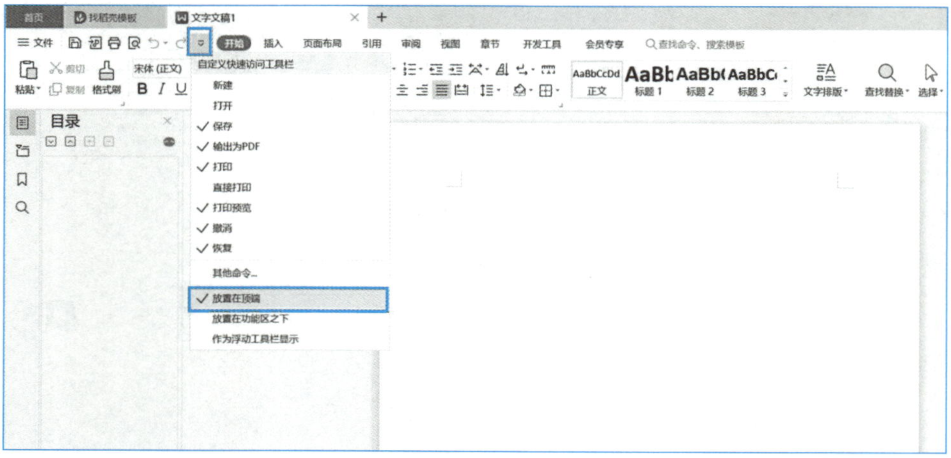

图 1－3　自定义快速访问工具栏

（3）备份管理。

日常进行文件编辑时，如遇到断电、忘记保存等情况，WPS 提供智能的备份管理功能，帮助用户找回丢失的文件，操作步骤如下。

选择“文件”菜单中的“备份与恢复”下级菜单的“备份中心”，打开“备份中心”对话框，单击“本地备份设置”按钮，通过文件名称、备份时间等信息定位备份文件进行恢复，如图 1－4、图 1－5 所示。

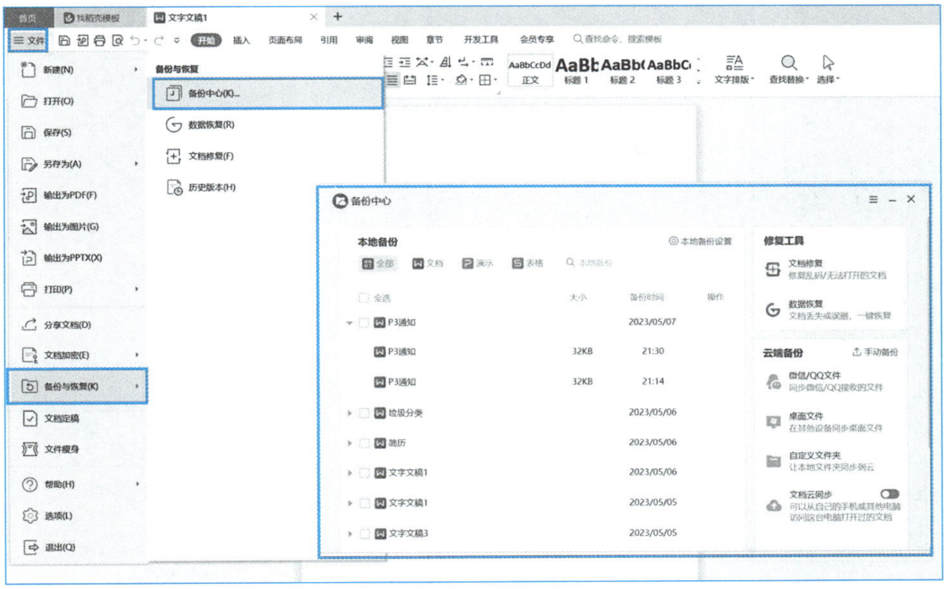

图 1－4 “文件”菜单中的“备份与恢复”

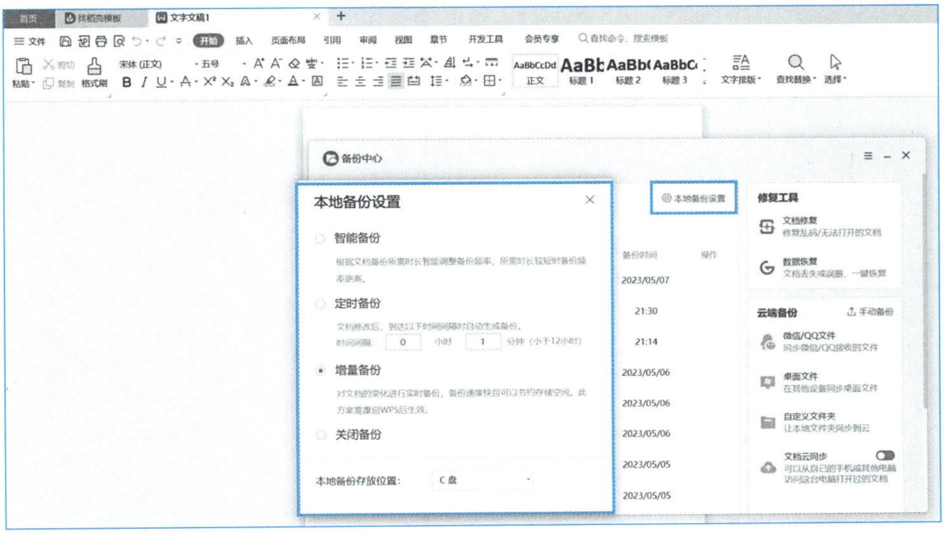

图 1－5 “本地备份设置”对话框

第2章 文字编辑

任务：如果你是计算机专业一年级学生王小亮，临近期末，你需要对自己整个学期的学习生活进行总结，请根据班主任的要求，制作一份本学期的自我总结。

目标：通过本任务的操作，学习文本、字符、数字等不同文本内容的输入、复制、粘贴以及段落的移动和分隔等基本的文字编辑技能。

1. 新建文件

打开 WPS Office 组件，新建一个 WPS 文字文档。方法与步骤如下：

依次单击“文件”→“新建”→“新建”→“新建文字”→“空白文档”，如图 2－1、图 2－2 所示。

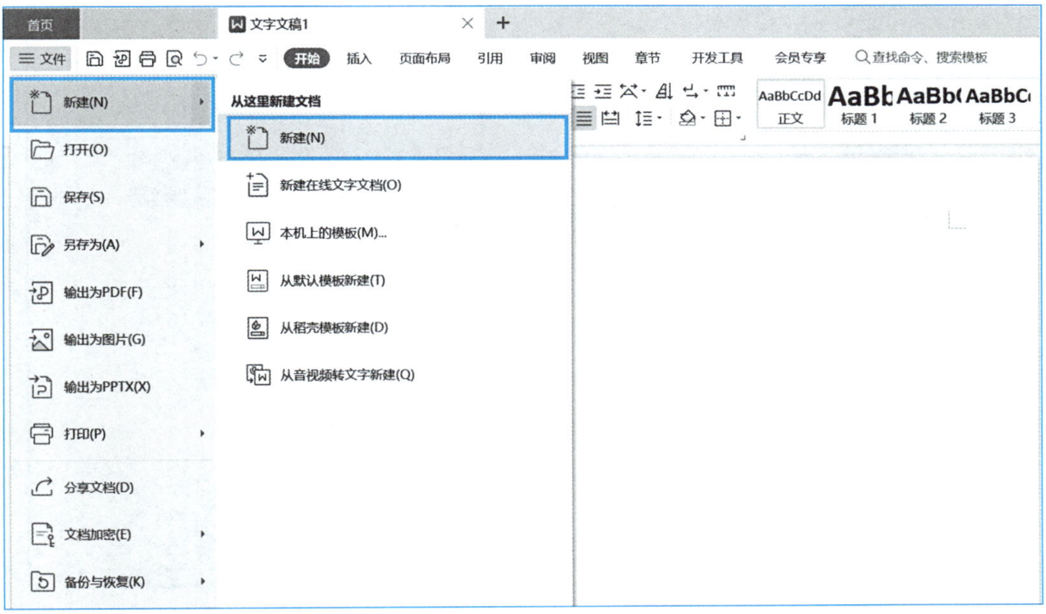

图 2－1　单击“新建”

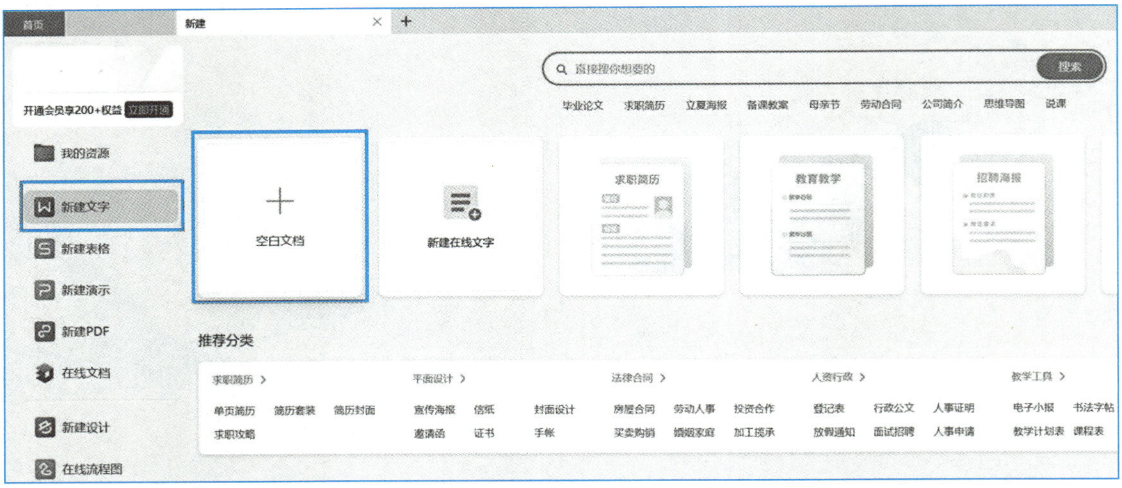

图 2－2　新建空白文档

2. 录入文本与符号

按照“样文 P2-A”录入文字、数字、标点符号等，如图 2－3 所示。

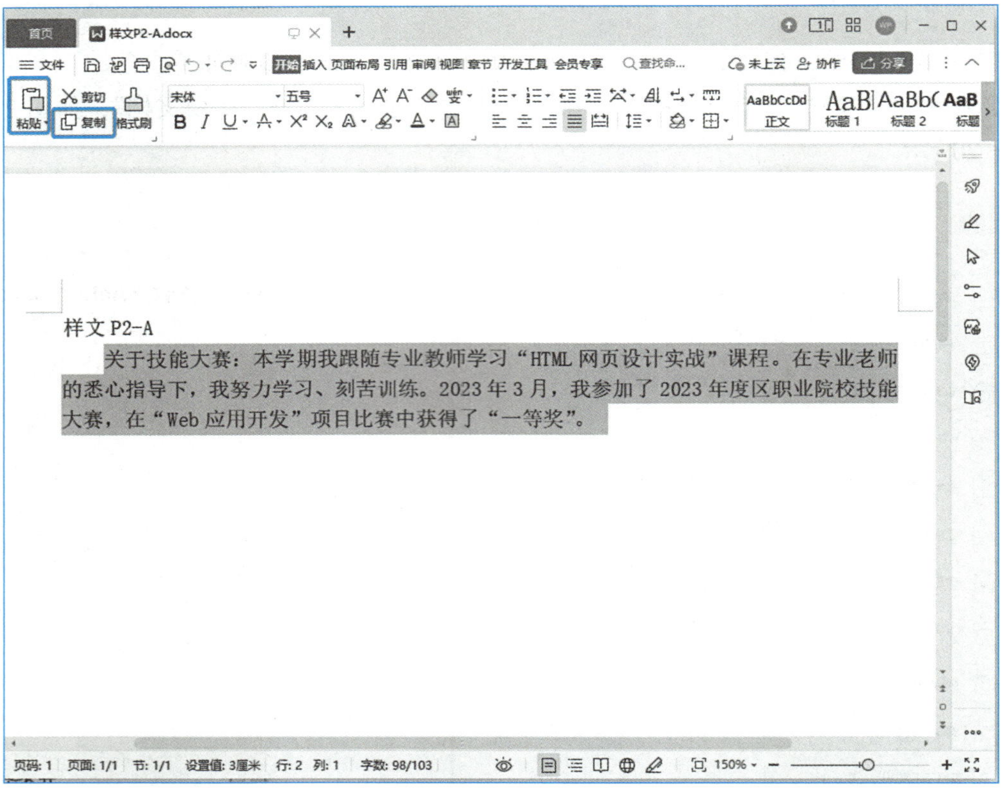

图 2－3　样文 P2-A

3. 复制粘贴

将录入的“样文 P2-A”全部内容复制粘贴至“样文 P2-B”中“抓紧自己的学习。”后面。

方法与步骤：按键盘上的“ Ctrl+A”组合键将录入的“样文 P2-A”全选，单击功能区“开始”选项卡中的“复制”按钮，打开“样文 P2-B”，将光标移至“抓紧自己的学习。”然后，单击“粘贴”按钮，如图 2－4 所示。

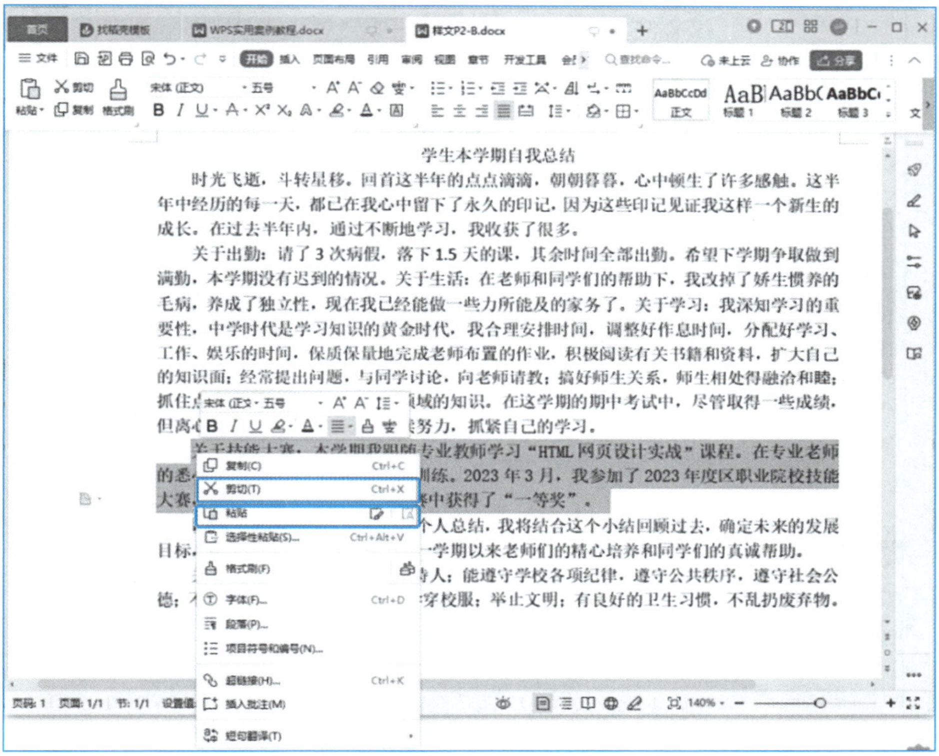

图 2－4 在“样文 P2-B”中粘贴“样文 P2-A”内容

4. 移动段落

将段落“关于纪律……”移动至“以上是我对本学期……”段落前面。

方法与步骤：

方法①：选定段落“关于纪律……”单击鼠标右键，选择快捷菜单中的“剪切”，将光标移至“以上是我对本学期……”前面，单击鼠标右键，选择快捷菜单中的“粘贴”，如图 2－5 所示。

方法②：选定段落“关于纪律……”单击“开始”选项卡中的“剪切”按钮，将光标移至“以上是我对本学期……”前面，单击“开始”选项卡中的“粘贴”按钮，如图 2－6 所示。

方法③：选定段落“关于纪律……”单击鼠标左键，直接将段落拖动至“以上是我对本学期……”前面。

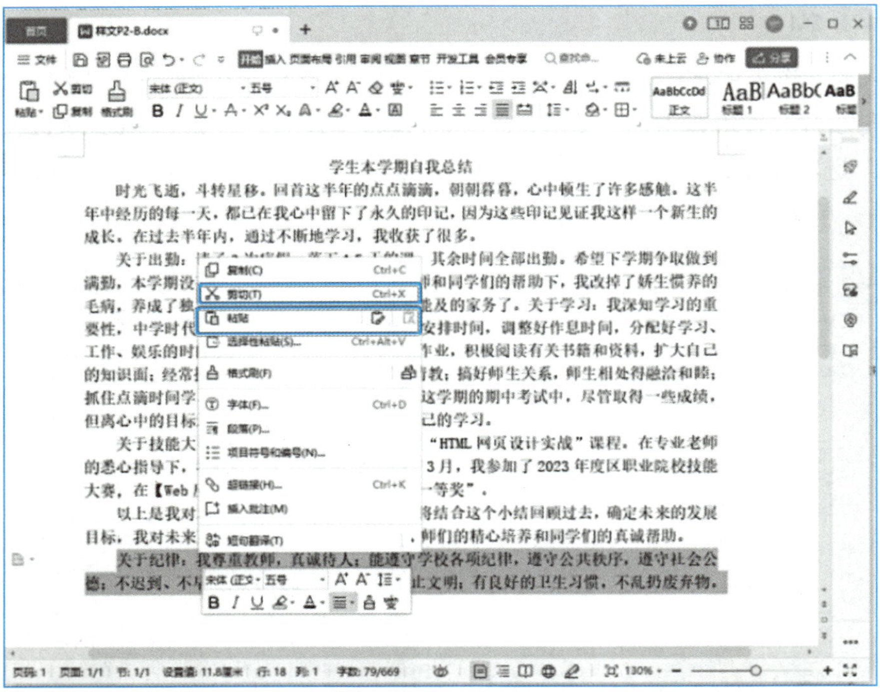

图 2－5　选择快捷菜单中的“剪切”“粘贴”

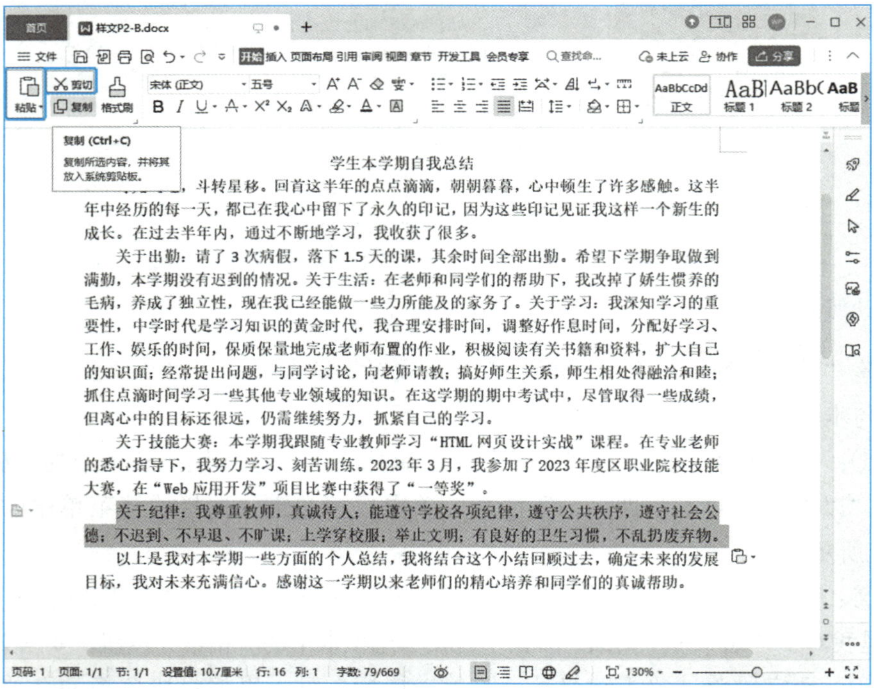

图 2－6　单击“剪切”“粘贴”按钮

5. 分隔段落

在“关于生活……”、“关于学习……”、“关于技能大赛……” 和 “关于纪律……”处分隔段落。

步骤与方法：将光标移至“关于生活……” 文字的前面，按下 “ Enter” 键，其他处分隔段落步骤相同。

6. 保存文档

单击“文件” → “另存为” → “WPS 文字文件（*.wps)”，如图 2 - 7 所示。

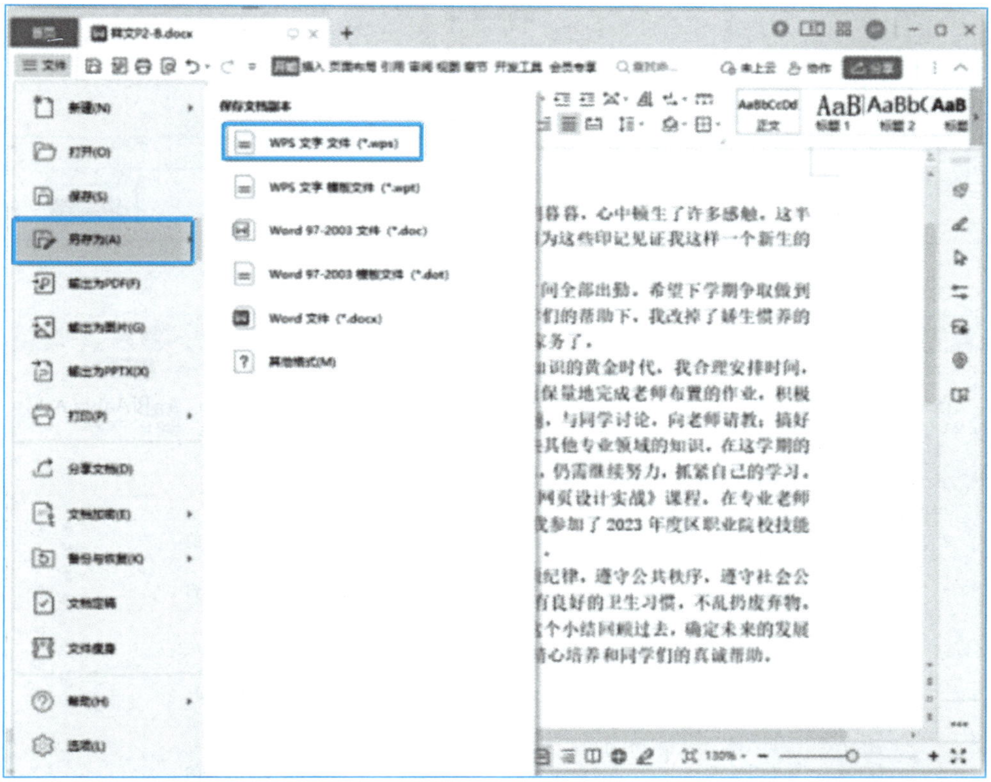

图 2 - 7　用“另存为”保存文档

在弹出的“另存文件”对话框中选择 D 盘，在文件名输入框中输入文件名 “ ××× 个人总结”，如图 2 - 8 所示。

完成样例如图 2 - 9 所示。

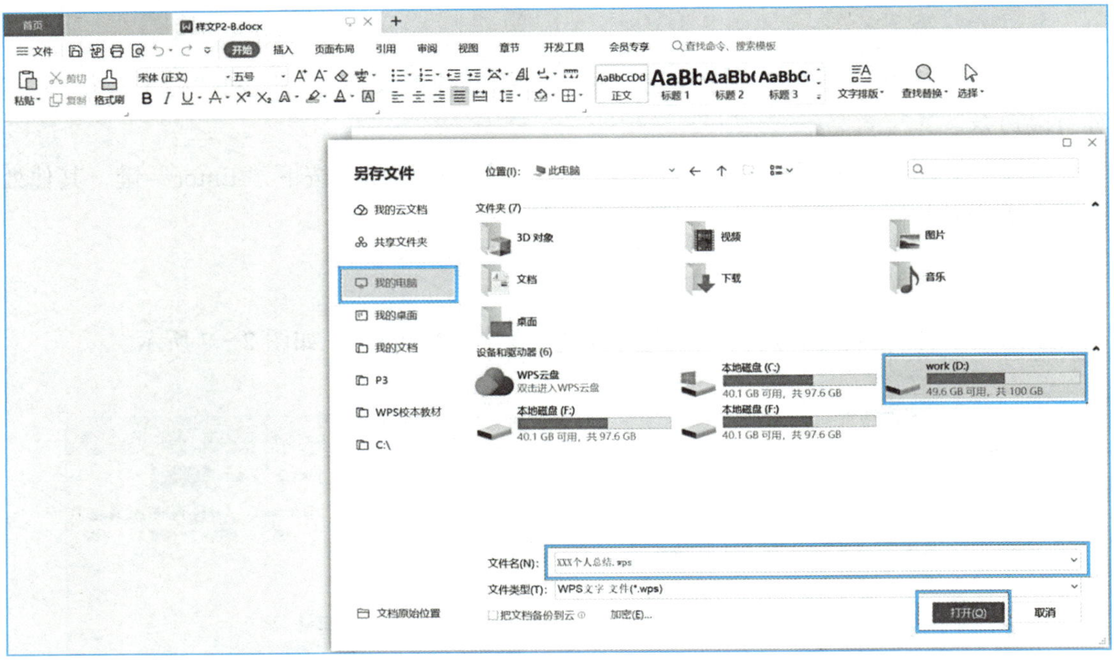

图 2－8　设置保存地址

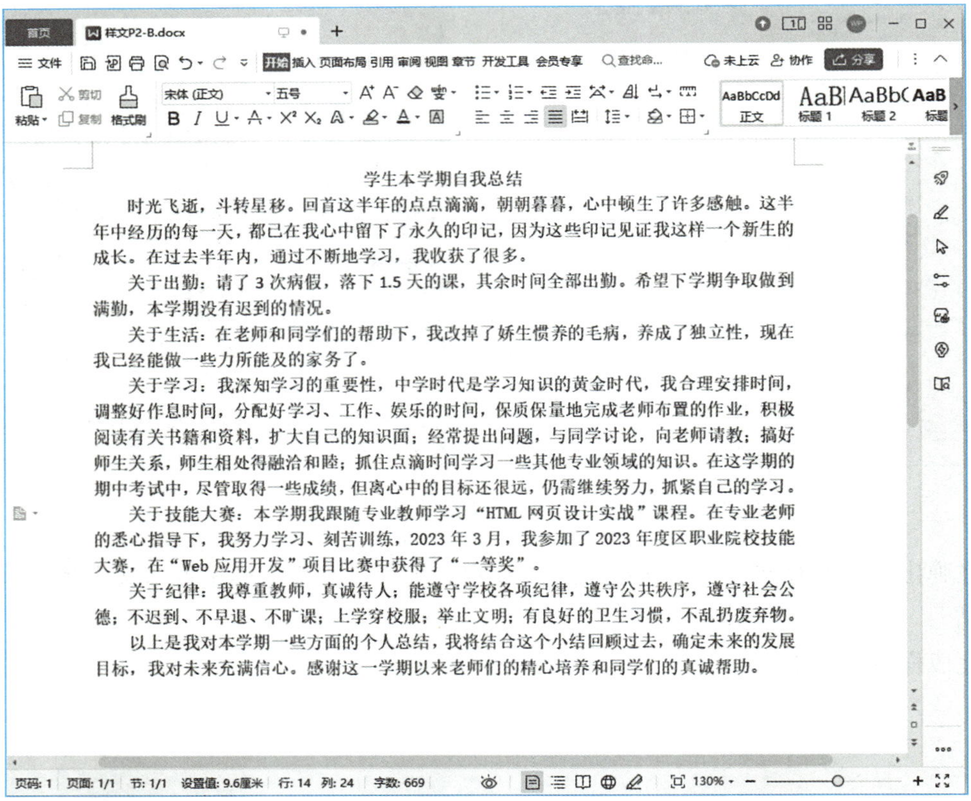

图 2－9　完成样例

第3章 文字与段落

任务：五一假期即将到来，如果你是公司办公室文员周小梅，请你根据领导要求制作一份公司放假通知。

目标：学习 WPS 文字查找与替换的方法，有关字体、字形、字号、字的颜色、段落的对齐方式、缩进方式、段间距、段前段后间距等有关字体和段落的设置方法。

1. 查找与替换

将文中出现的“五一劳动节”全部替换为“五一国际劳动节”。

方法与步骤：打开素材“P3 通知 .doc”，单击功能区的“开始”→“查找替换”→“替换”，在弹出的对话框的“查找内容”文本框里输入“五一劳动节”，“替换为”文本框里输入“五一国际劳动节”，单击“全部替换”。如图 3－1、图 3－2 所示。

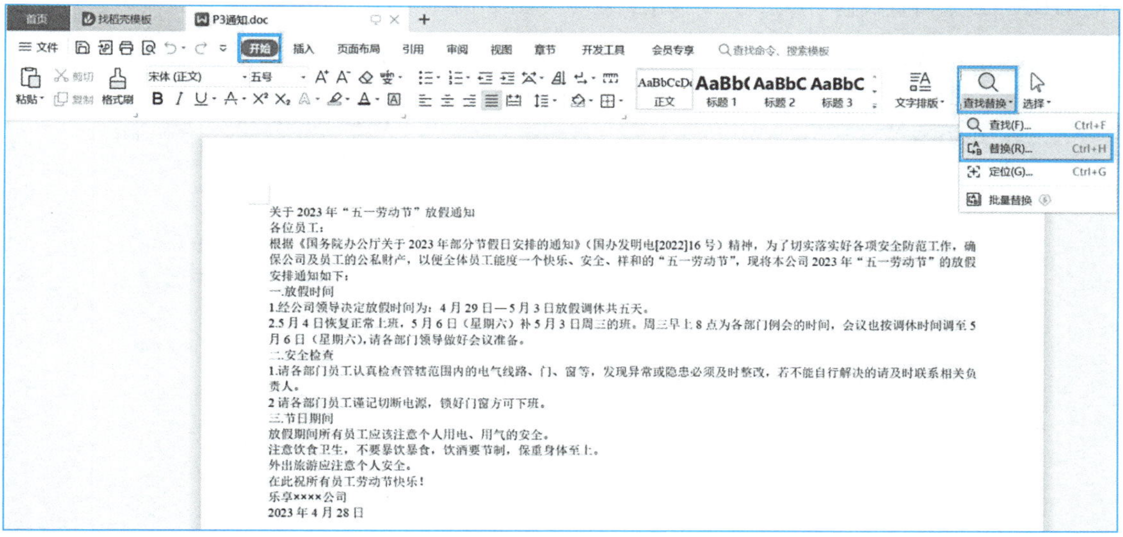

图 3－1　打开素材并查找内容

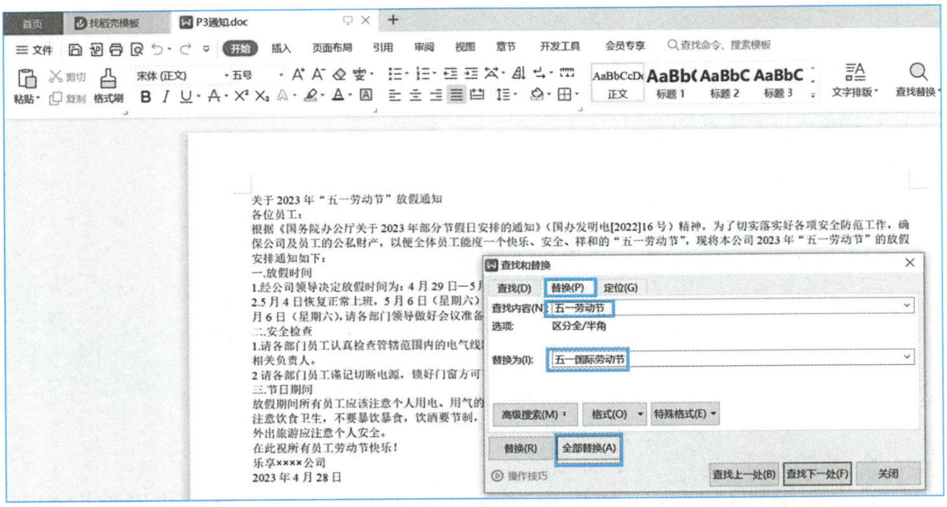

图 3 - 2　在素材中替换内容

2. 字体设置

（1）将标题“关于 2023 年……通知”字体设置为方正小标宋简体、二号、加粗、黑色，将正文全部文字设置为仿宋 -GB2312、三号（本案例使用的字体“方正小标宋简体、仿宋 GB2312”均需另外下载）。

方法与步骤：

方法①：选择标题行，单击功能区“开始”选项卡中的字体下拉列表，选择“方正小标宋简体”，字号选择“二号”，字体颜色中的“主题颜色”选择“黑色，文本 1”，单击加粗按钮。选择正文全部文字，单击功能区的“开始”中的字体下拉列表，选择“仿宋 -GB2312”，字号选择“三号”，如图 3 - 3、图 3 - 4、图 3 - 5 所示。

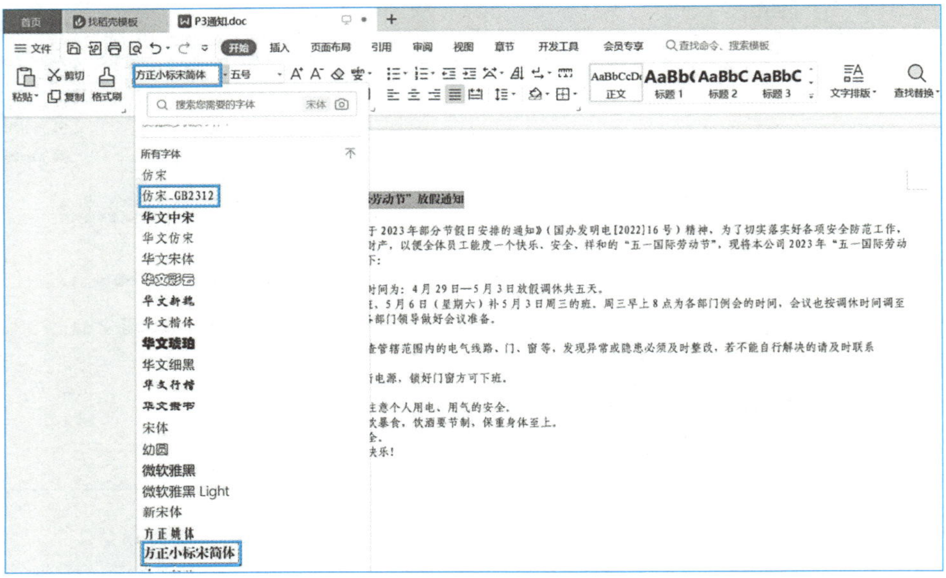

图 3 - 3　设置字体

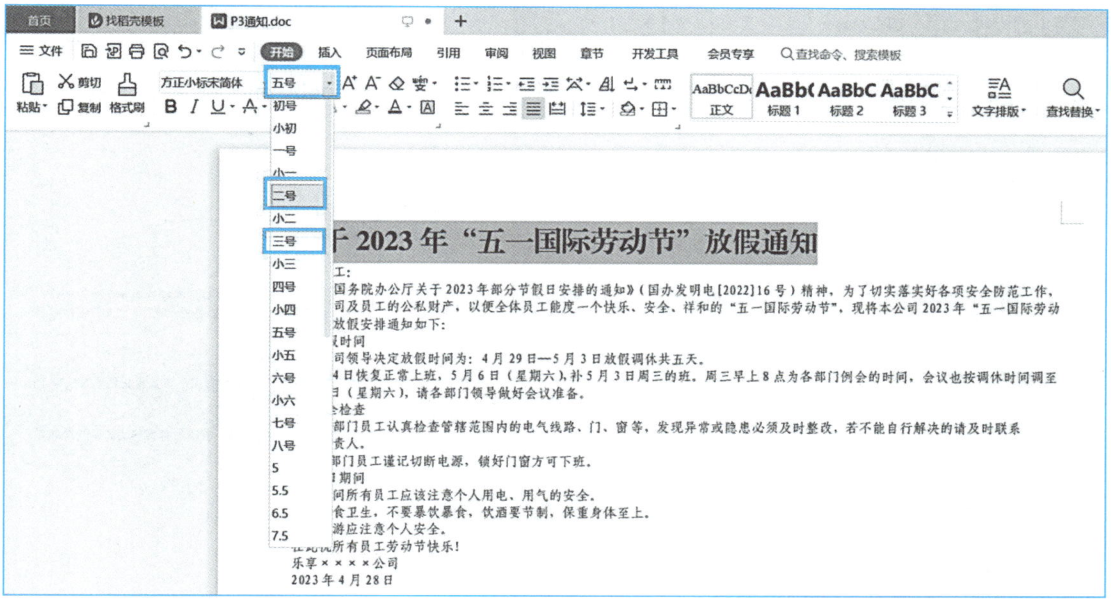

图 3－4　设置标题字号

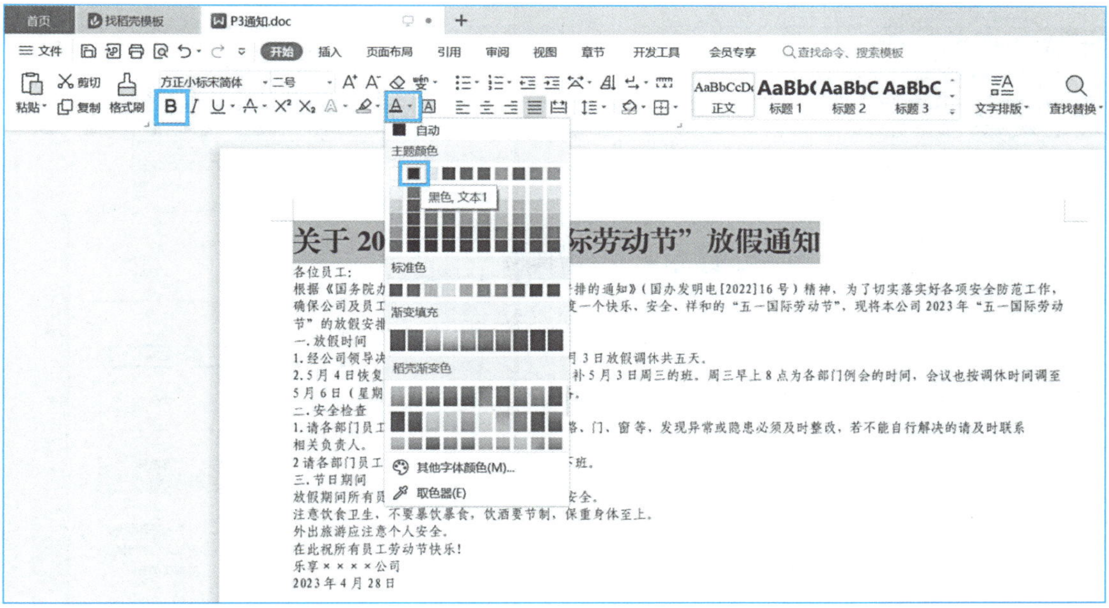

图 3－5　设置字体颜色

方法②：选择标题，单击鼠标右键，单击“字体”，“中文字体”选择“方正小标宋简体”，“字号”选择“二号”，“字形”选择“加粗”，“字体颜色”选择黑色，如图 3－6、图 3－7、图 3－8 所示。

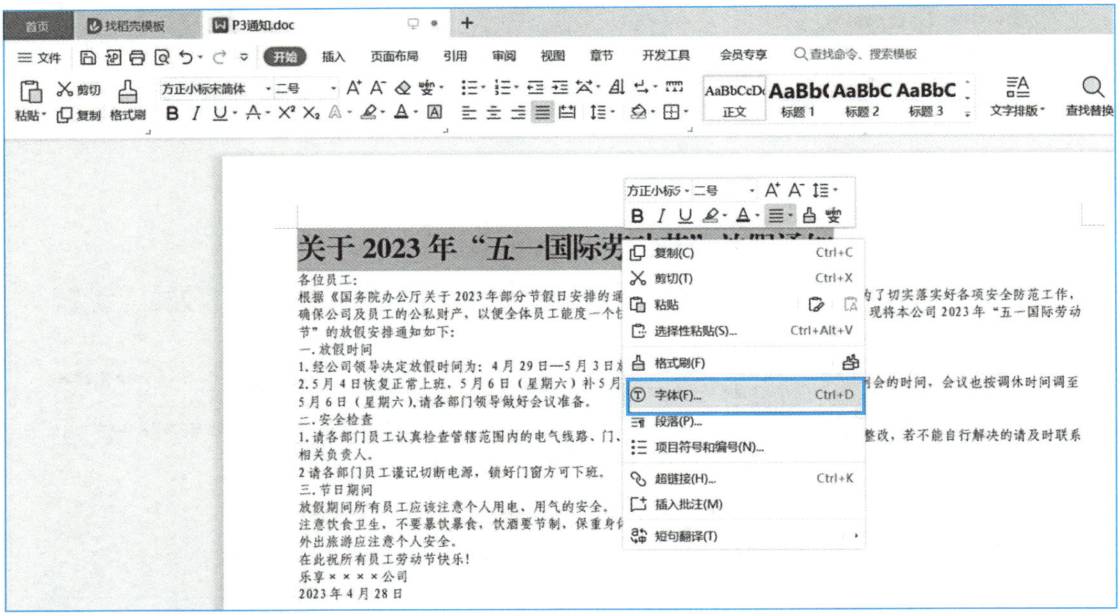

图 3－6　选择“字体”设置字体

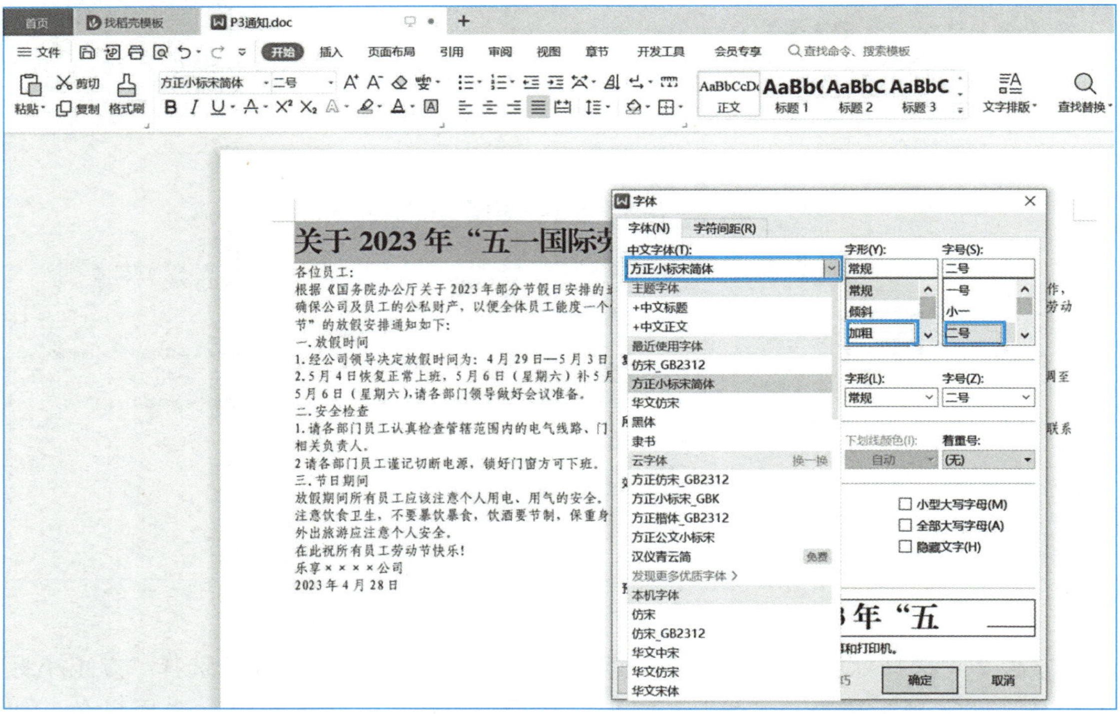

图 3－7　在“字体”对话框中设置字体

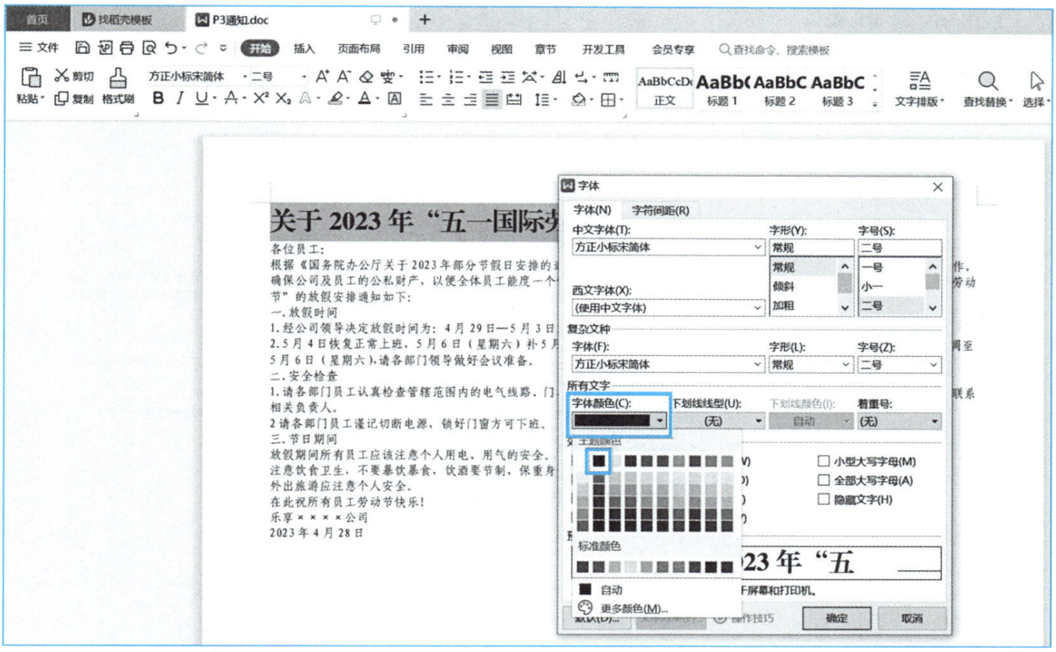

图3-8 在“字体”对话框中设置字体颜色

（2）将标题“关于2023年……通知”设置为灰色底纹、字符间距加宽1磅。

步骤1：选择标题，单击功能区“开始”选项卡的“A”按钮，如图3-9所示，或者单击功能区“开始”→“⊞”→“边框和底纹”，在弹出的“边框和底纹”对话框中单击“底纹”，“样式”选择“纯色（100%）”，“主题颜色”选择“白色，背景1，深色25%”，如图3-10、图3-11所示。

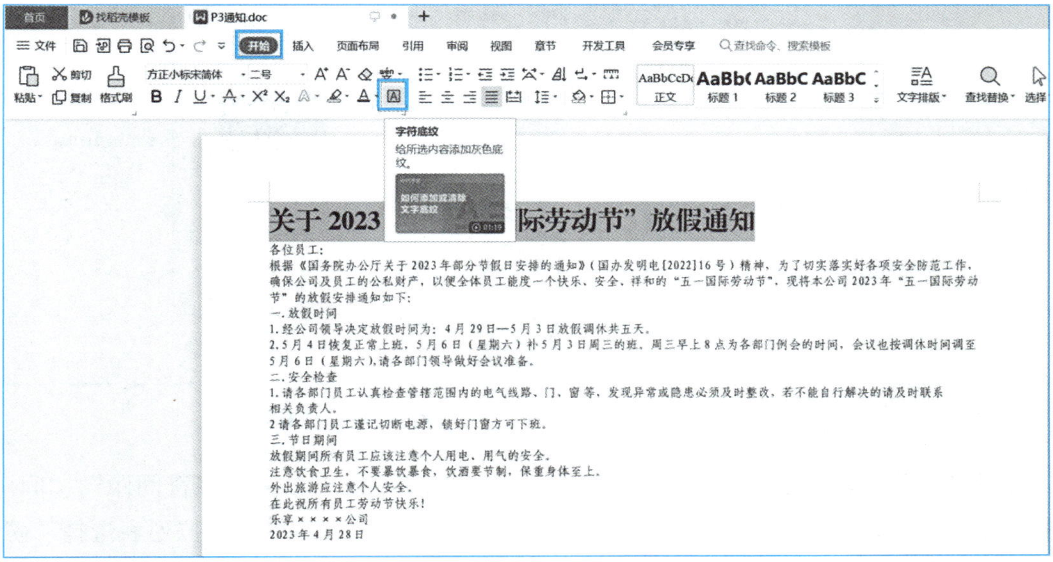

图3-9 设置字符底纹

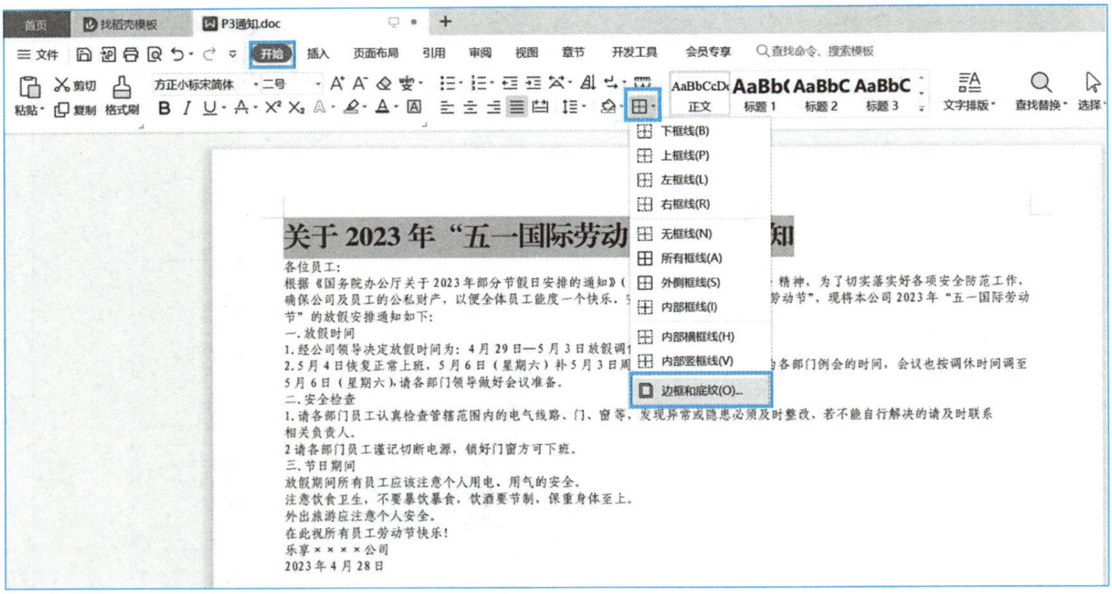

图 3 - 10　设置边框和底纹

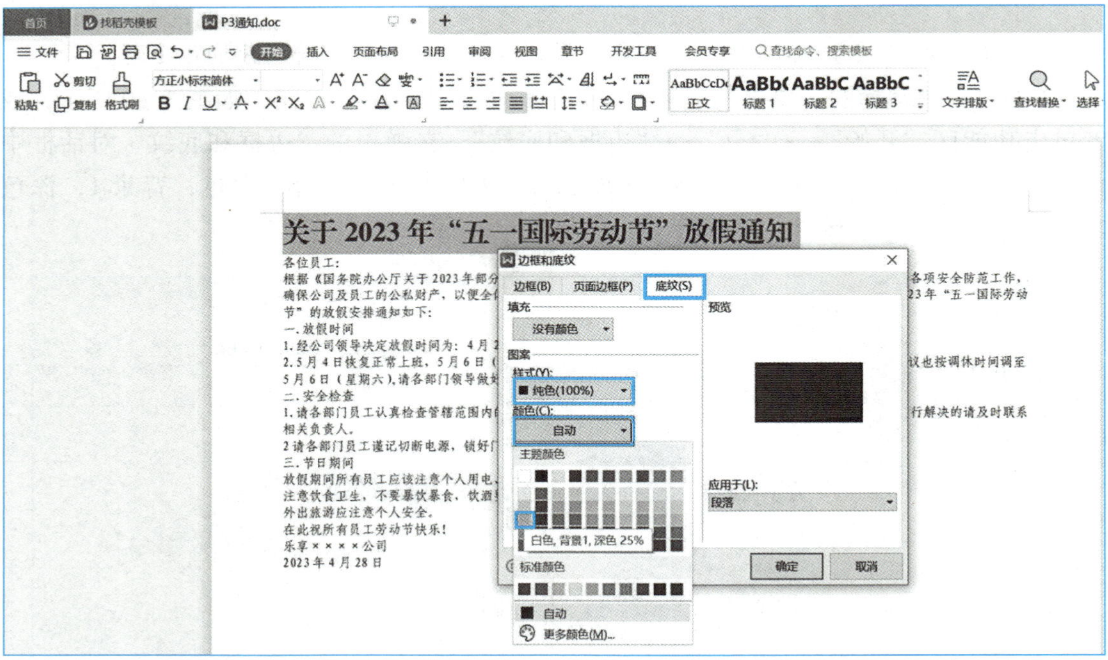

图 3 - 11　在“边框和底纹”对话框中设置底纹样式

步骤 2：单击鼠标右键，选择“字体”，在弹出对话框中单击“字符间距”，“间距”选择“加宽”，在右侧的“值”微调框中输入“1”，在最右侧的单位下拉列表选择“磅”，如图 3 - 12 所示。

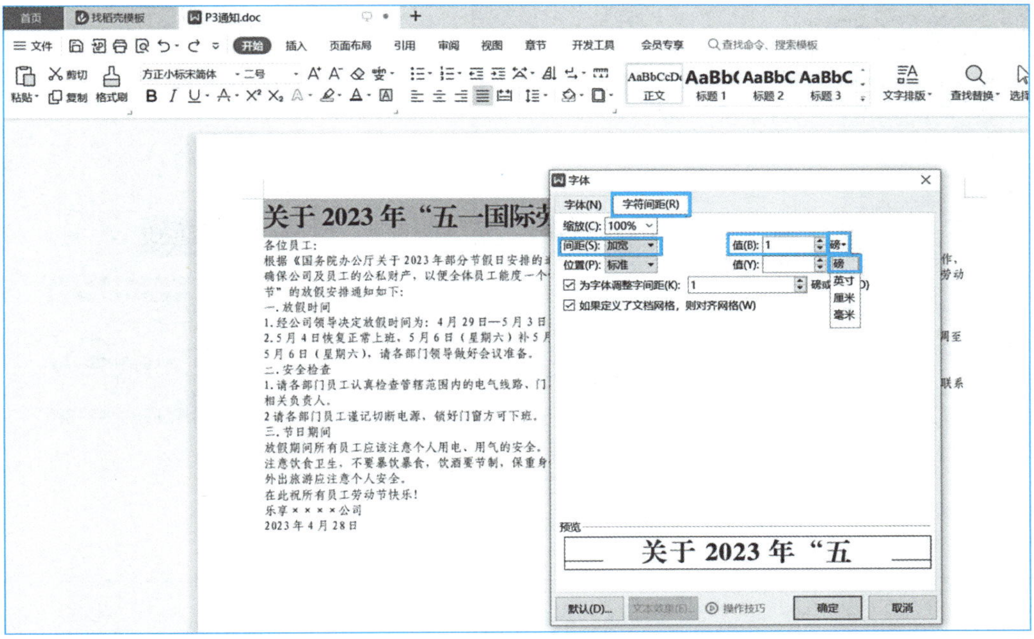

图 3－12　在“字体”对话框中设置字符间距

3. 段落设置

（1）将标题“关于 2023 年……通知”居中设置，段后距 1 行。

方法与步骤：选定标题，单击功能区“开始”→“居中对齐（Ctrl+E）”，如图 3－13 所示，或者单击鼠标右键，单击“段落”→“缩进和间距”，“常规”下的“对齐方式”选择“居中对齐”，在“间距”下的“段后”处输入值“1”行，如图 3－14、图 3－15 所示。

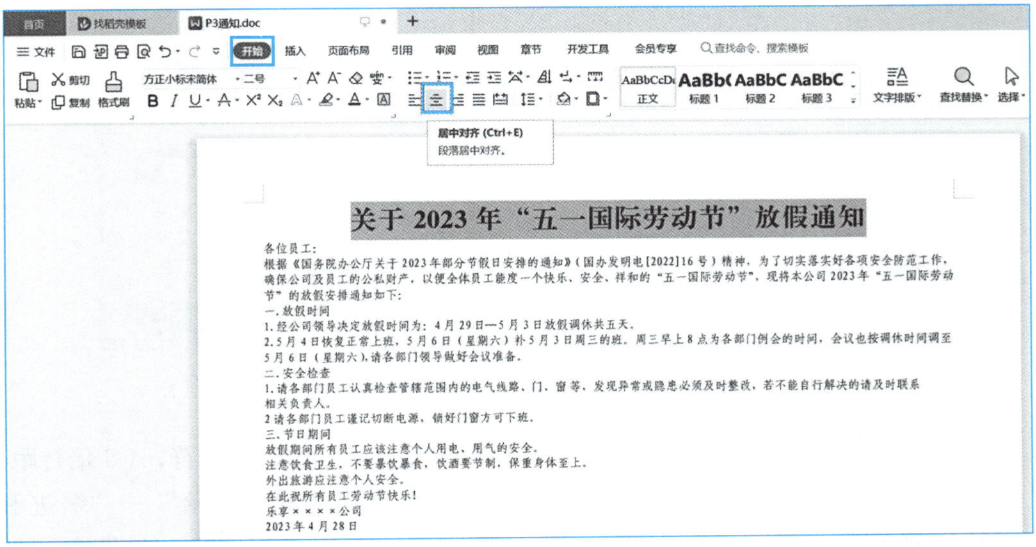

图 3－13　设置标题居中对齐

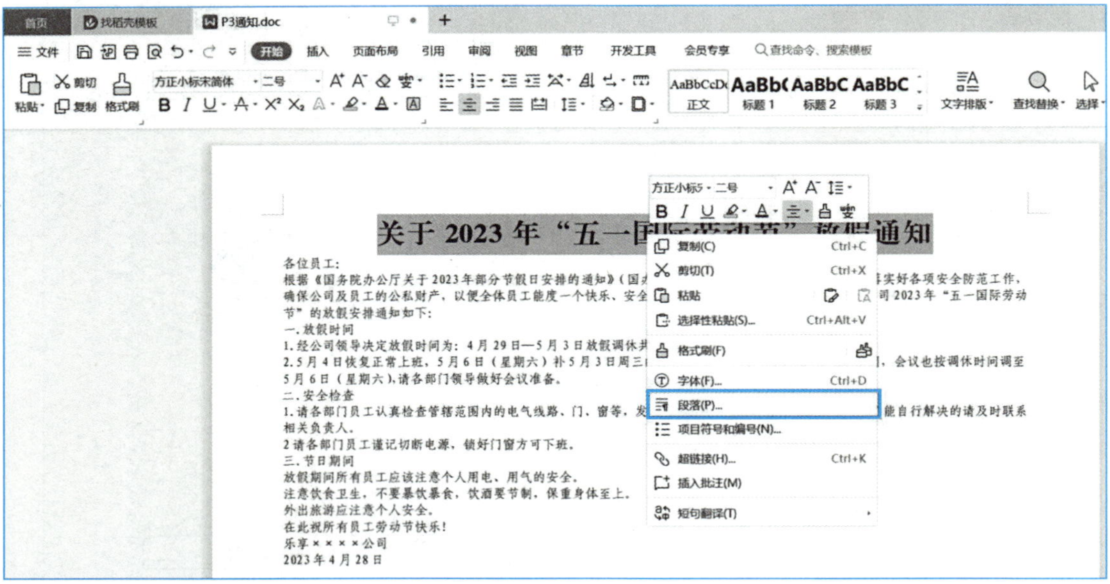

图 3－14　单击“段落”设置对齐

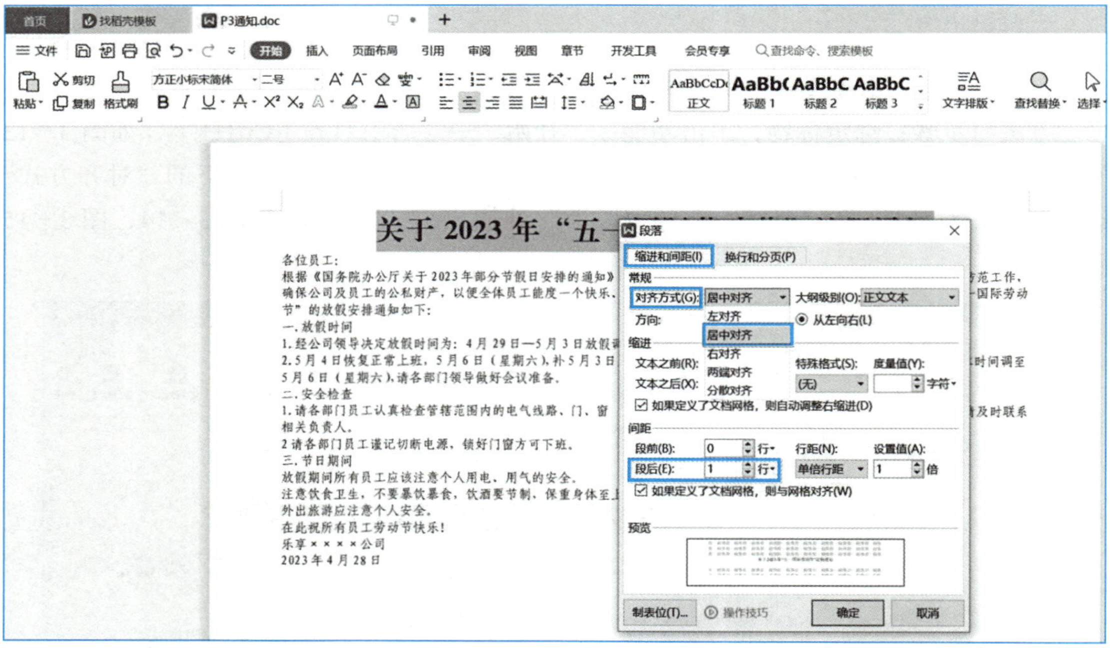

图 3－15　在“段落”对话框中设置格式

（2）正文段落“根据……劳动节快乐！”全部设置为首行缩进 2 字符，1.5 倍行距。

方法与步骤：选定所要求的段落，单击鼠标右键，单击“段落”→“缩进和间距”，“特殊格式”选择“首行缩进”，在右侧的微调框中设置“2”，在最右侧的单位下拉列表中选择“字符”，在“间距”下的“行距”处选择“1.5倍行距”，如图 3-16、图 3-17 所示。

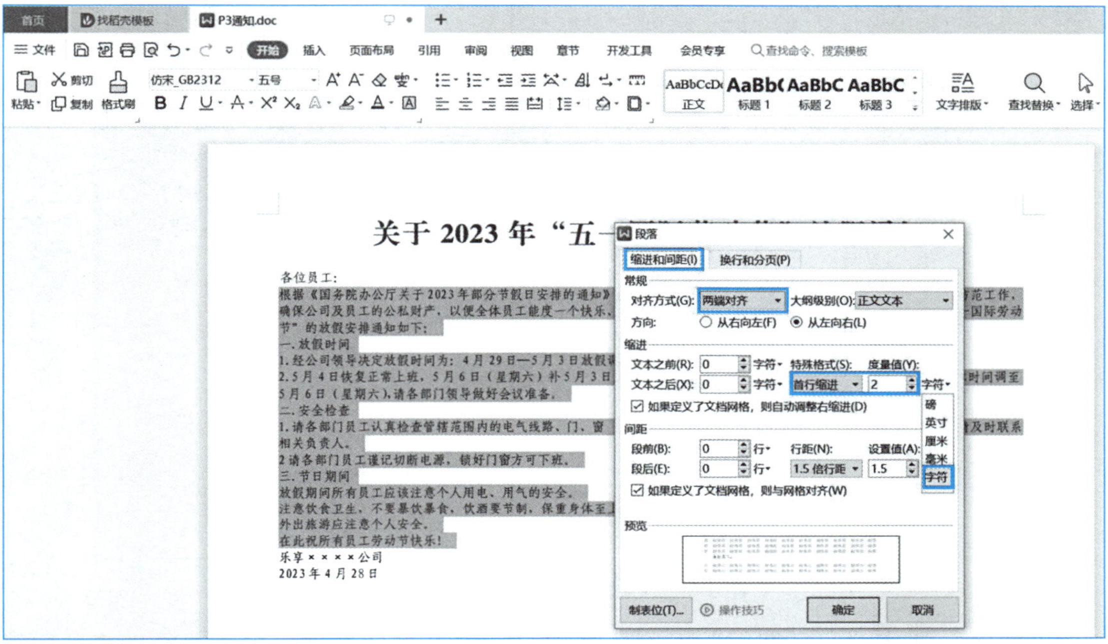

图 3-16　在“段落”对话框中设置两端对齐和首行缩进

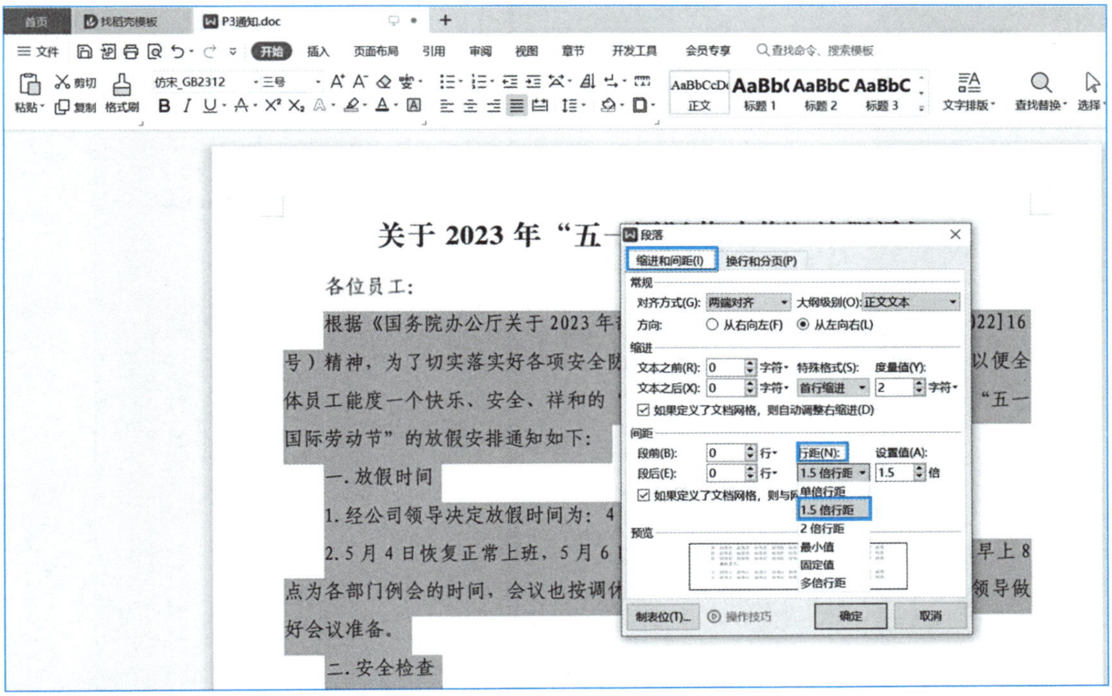

图 3-17　在“段落”对话框中设置行距

（3）第三部分“节日期间”下面所列项目加上项目编号。

方法①：选定“节日期间”下面所列项目，单击功能区“开始”→“编号”，选择“![numbering icon]”，如图 3－18 所示。

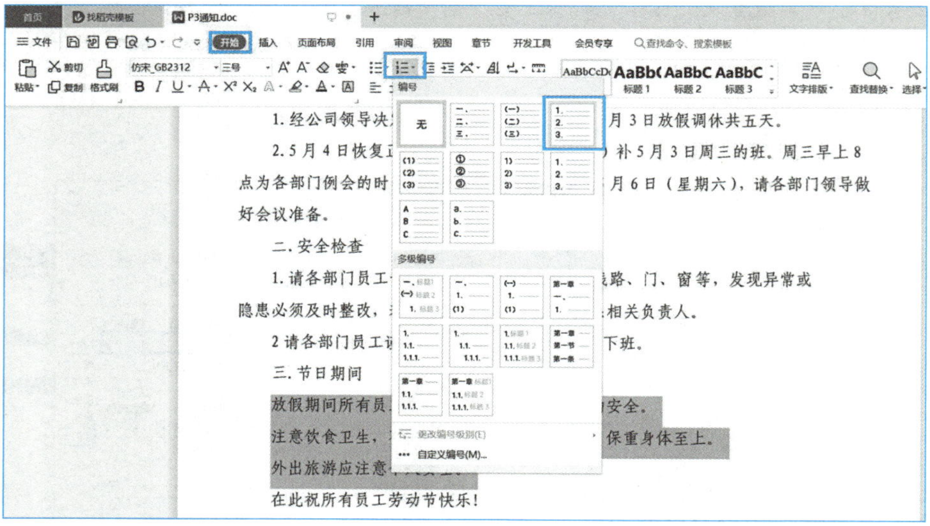

图 3－18　给所列项目加上项目编号

方法②：选定“节日期间”下面所列项目，单击鼠标右键，单击“项目符号和编号”→“编号”，选择![numbering icon]，如图 3－19、图 3－20 所示。

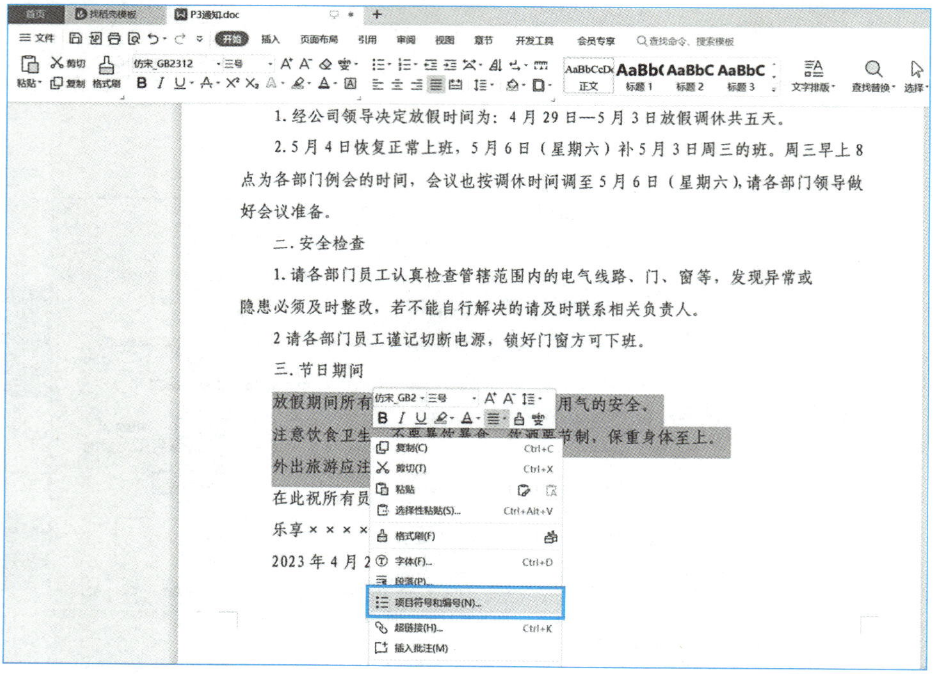

图 3－19　给选定内容设置项目符号

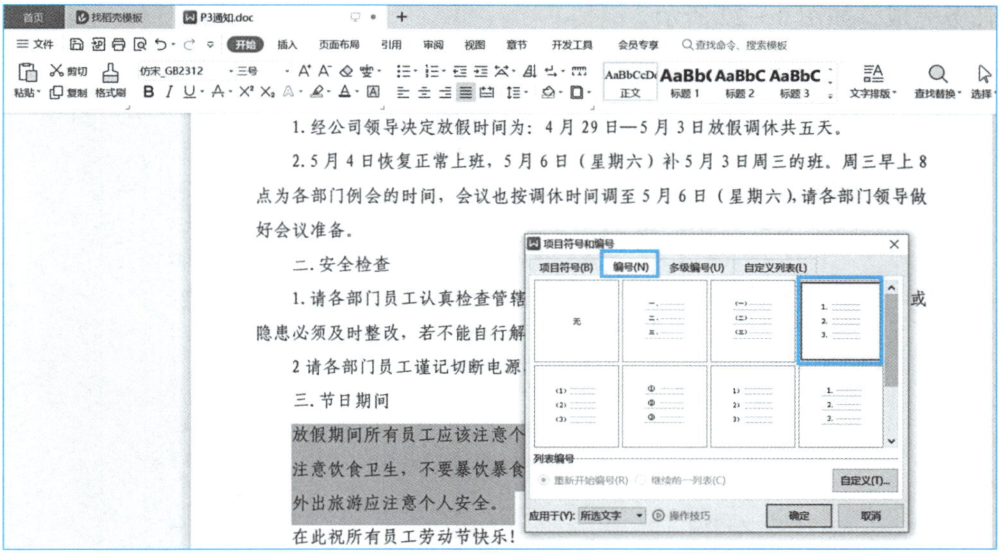

图 3－20　在“项目符号和编号”对话框中设置编号

（4）将该文档最后两个段落（落款与日期），设置为右对齐，段前距为 1 行，段落间距为固定值 35 磅。

方法与步骤：选定该文档最后两个段落，单击鼠标右键，单击“段落”→“缩进和间距”→“常规”→“对齐方式”，选择“右对齐”，在“间距”下面“段前”微调框中输入“1”行，“行距”选择“固定值”，右侧的“设置值”选择“35”磅，如图 3－21 所示。

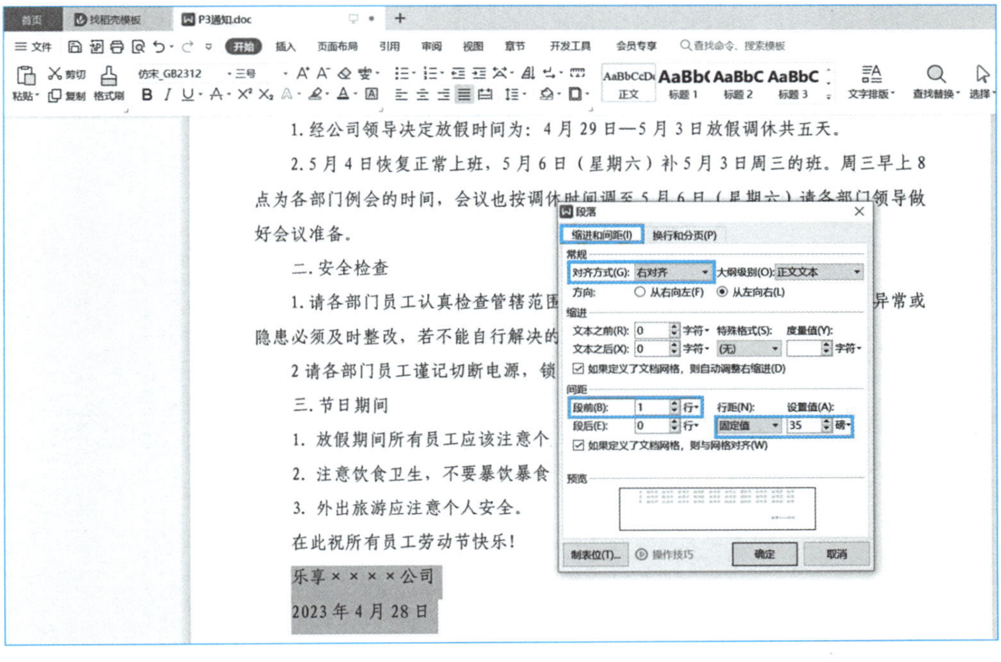

图 3－21　设置段落对齐方式和段落间距

任务完成，如图 3－22 所示。

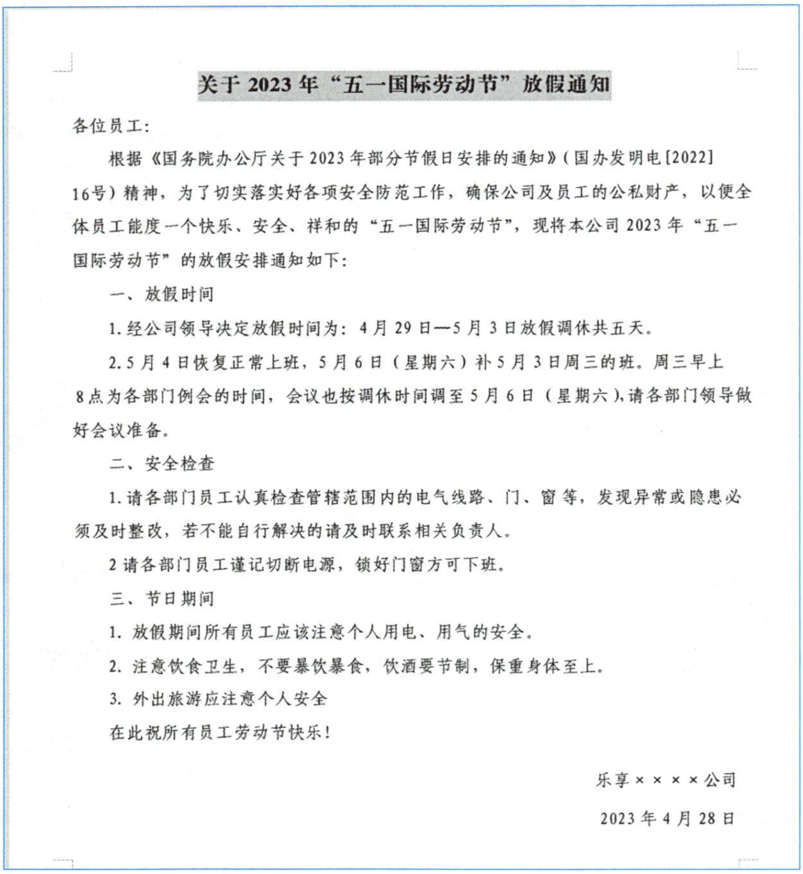

关于 2023 年“五一国际劳动节”放假通知

各位员工：

根据《国务院办公厅关于 2023 年部分节假日安排的通知》(国办发明电〔2022〕16号)精神，为了切实落实好各项安全防范工作，确保公司及员工的公私财产，以便全体员工能度一个快乐、安全、祥和的“五一国际劳动节”，现将本公司 2023 年“五一国际劳动节”的放假安排通知如下：

一、放假时间

1. 经公司领导决定放假时间为：4 月 29 日—5 月 3 日放假调休共五天。

2. 5 月 4 日恢复正常上班，5 月 6 日（星期六）补 5 月 3 日周三的班。周三早上 8 点为各部门例会的时间，会议也按调休时间调至 5 月 6 日（星期六），请各部门领导做好会议准备。

二、安全检查

1. 请各部门员工认真检查管辖范围内的电气线路、门、窗等，发现异常或隐患必须及时整改，若不能自行解决的请及时联系相关负责人。

2 请各部门员工谨记切断电源，锁好门窗方可下班。

三、节日期间

1. 放假期间所有员工应该注意个人用电、用气的安全。

2. 注意饮食卫生，不要暴饮暴食，饮酒要节制，保重身体至上。

3. 外出旅游应注意个人安全

在此祝所有员工劳动节快乐！

乐享××××公司

2023 年 4 月 28 日

图 3－22 “放假通知”任务完成图

第4章 图形与表格

任务：如果你是计算机专业三年级学生千小伟，请你为参加“中国—东盟人力资源合作与开发论坛暨中国—东盟人力资源服务博览会”招聘会制作一份个人简历。

目标：利用 WPS 文字编辑工具制作一份个人简历，学习 WPS 艺术字、文本框、自选图形、本地图片、表格的插入方法，以及各类图形的格式、位置等图片工具的设置方法。

1. 制作基本信息栏

（1）插入圆角矩形。

方法与步骤：打开 WPS Office 组件，新建一个 WPS 文字文档。依次单击功能区的“插入”→“形状”→“矩形”→“圆角矩形”，如图 4－1 所示，在文档空白处单击鼠标，随即在文档中插入了一个圆角矩形。用鼠标左键按住圆角矩形的控制点，将圆角矩形缩放为一个竖长条的圆角矩形，随后将其移动至左侧，如图 4－2、图 4－3 所示。

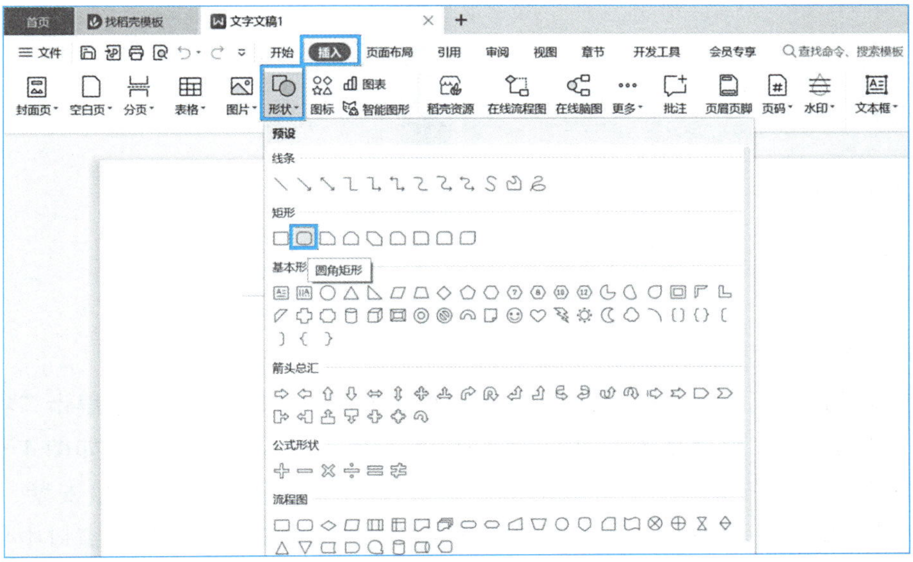

图 4－1　插入圆角矩形

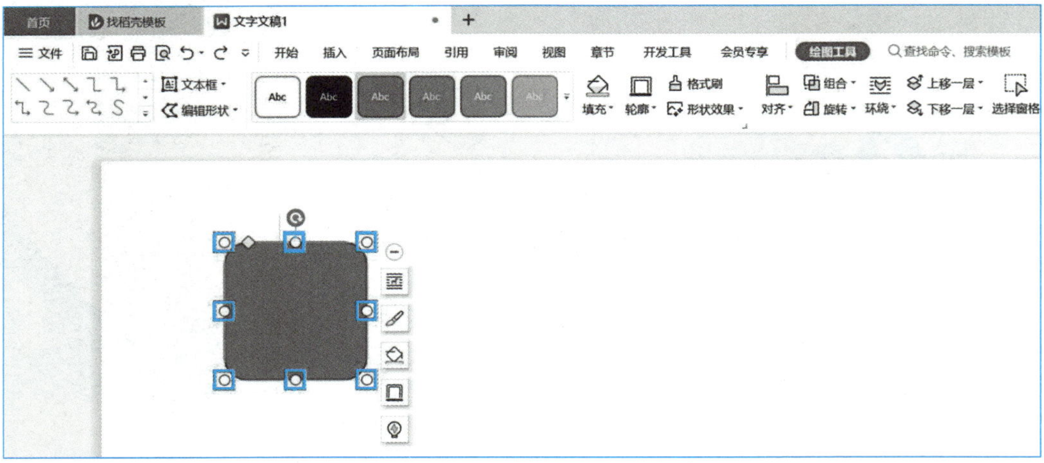

图 4－2　缩放圆角矩形

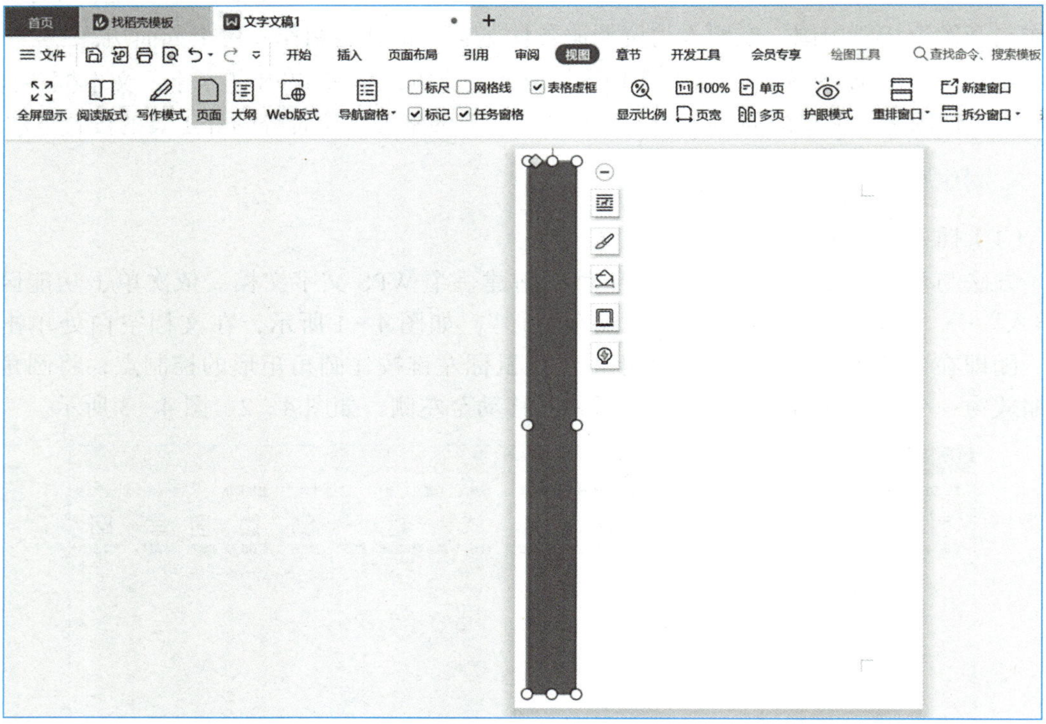

图 4－3　插入的圆角矩形最终效果

（2）设置形状填充色。

方法与步骤：双击圆角矩形，在右侧的任务窗格的“属性”窗口中单击“填充与线条”→“填充”→“纯色填充”，弹出圆角矩形的填充色设置对话框，如图 4－4 所示；或单击圆角矩形后在功能区中直接单击“填充”，“主题颜色”选择“培安紫，文本 2，深色 25%”，如图 4－5 所示。在右侧的任务窗格中的圆角矩形“属性”窗口中单击“填充与线条”→“线条”→“无线条”，如图 4－6 所示。

图 4－4　弹出填充色设置对话框

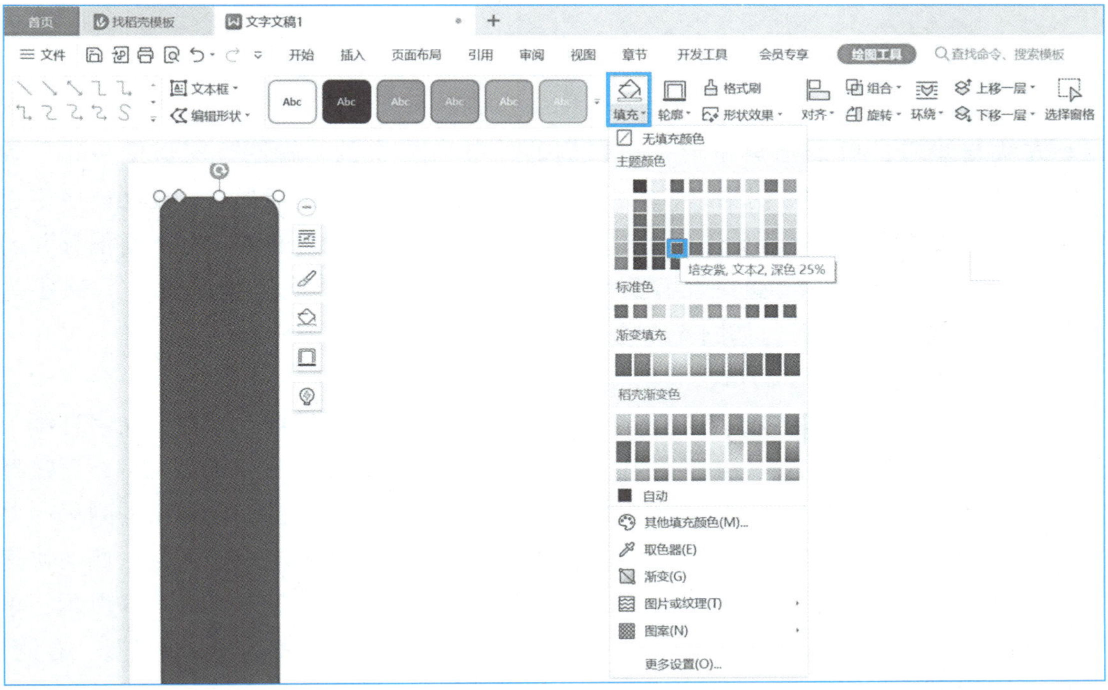

图 4－5　设置填充颜色

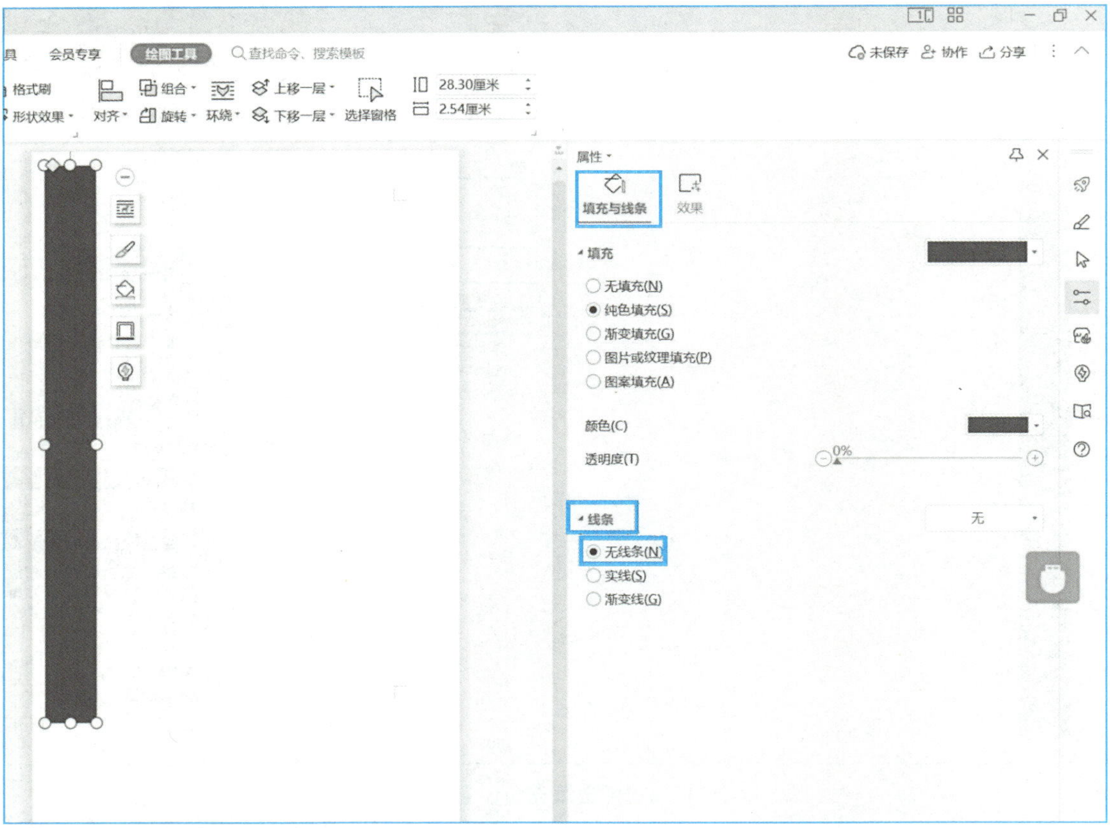

图 4－6　设置填充线条

（3）设置形状效果。

方法与步骤：单击圆角矩形，在右侧的任务窗格中的“属性”窗口中单击“效果”→“阴影”，弹出阴影对话框，如图 4－7 所示；或单击圆角矩形后，在功能区中直接单击“形状效果”→“阴影”→“外部”→“右上斜偏移”，进入“右上斜偏移”的设置框，如图 4－8 所示，进一步设置阴影的颜色为黑色，透明度为“65%”，大小为“100%”，模糊为“10 磅”，如图 4－9 所示。

（4）设置形状文字环绕方式。

方法与步骤：单击矩形区域右侧的快速工具栏中的“布局选项”下面“文字环绕”，选择“四周型环绕”，如图 4－10 所示；或单击功能区“绘图工具”下面的“环绕”选择“四周型环绕”，如图 4－11 所示；或单击选定矩形，单击鼠标右键，在弹出的列表中单击“文字环绕”，选择“四周型环绕”，如图 4－12 所示。继续单击矩形区域右侧的快速工具栏中的“布局选项”→“文字环绕”，选择“固定在页面上”，如图 4－13 所示；单击“查看更多 ...”→“位置”，将“水平”下的“绝对位置”设置为“1 厘米”，“右侧”选择“左边距”，如图 4－14 所示，将圆角矩形的位置固定在页面的左侧。

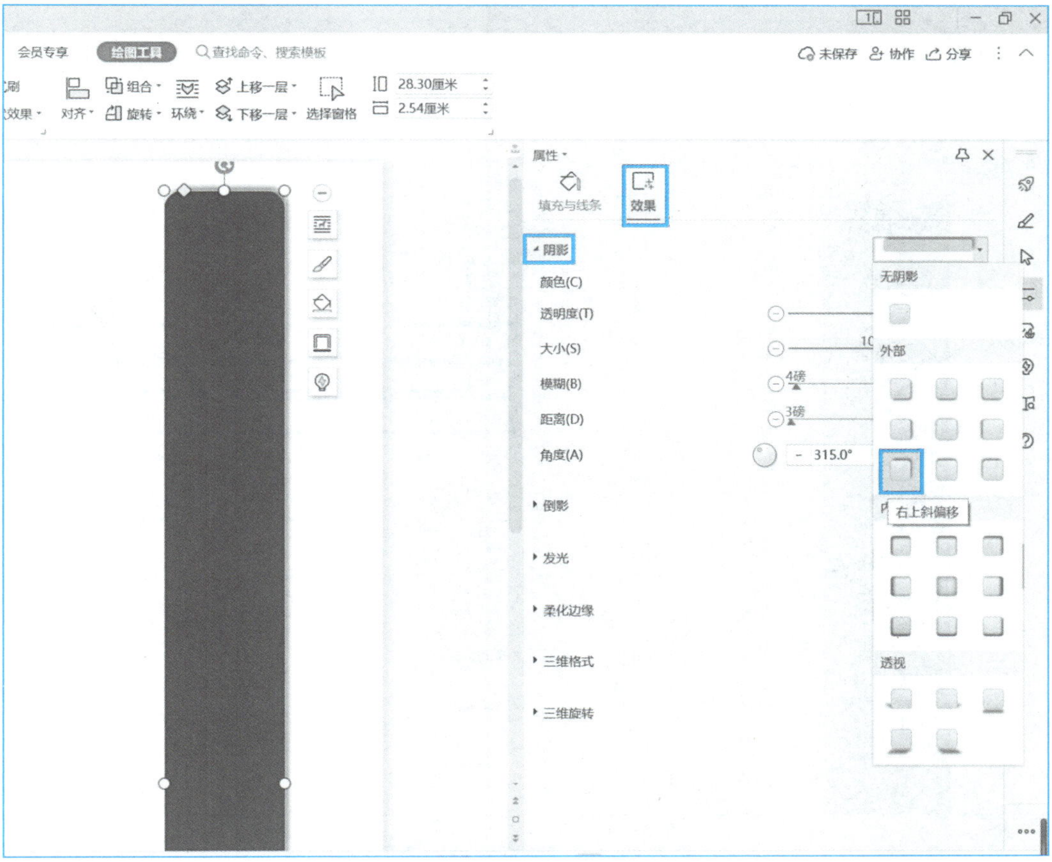

图 4－7　弹出阴影对话框

图 4－8　设置阴影效果

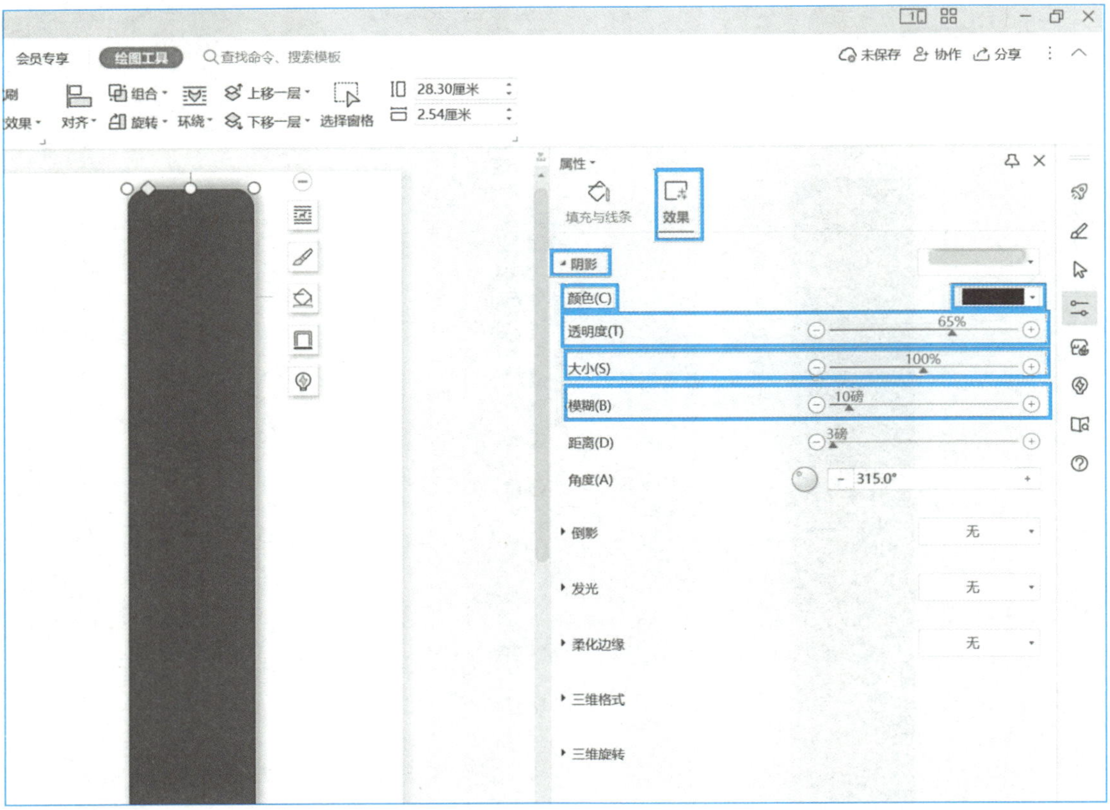

图 4－9　设置阴影颜色和透明度

图 4－10　选择“四周型环绕”1

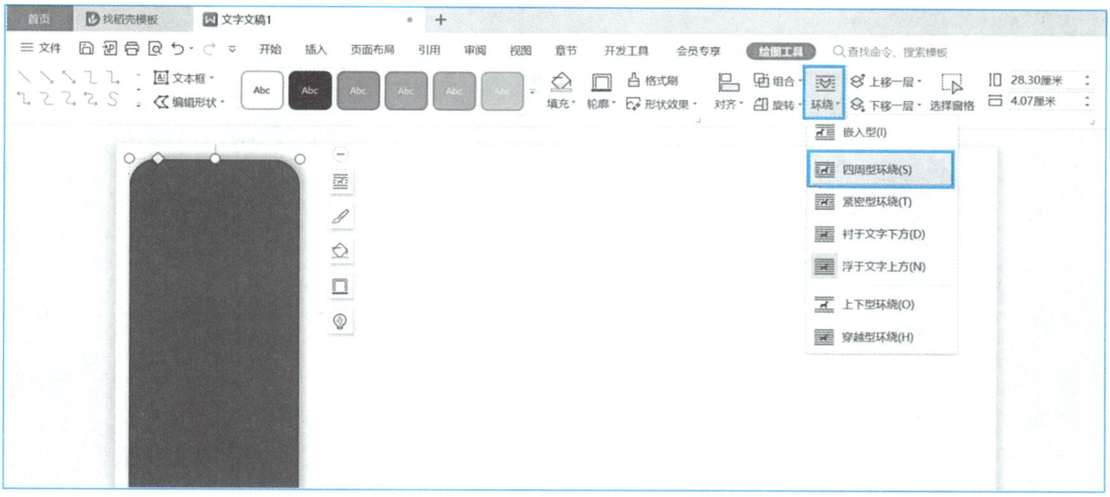

图 4－11　选择“四周型环绕”2

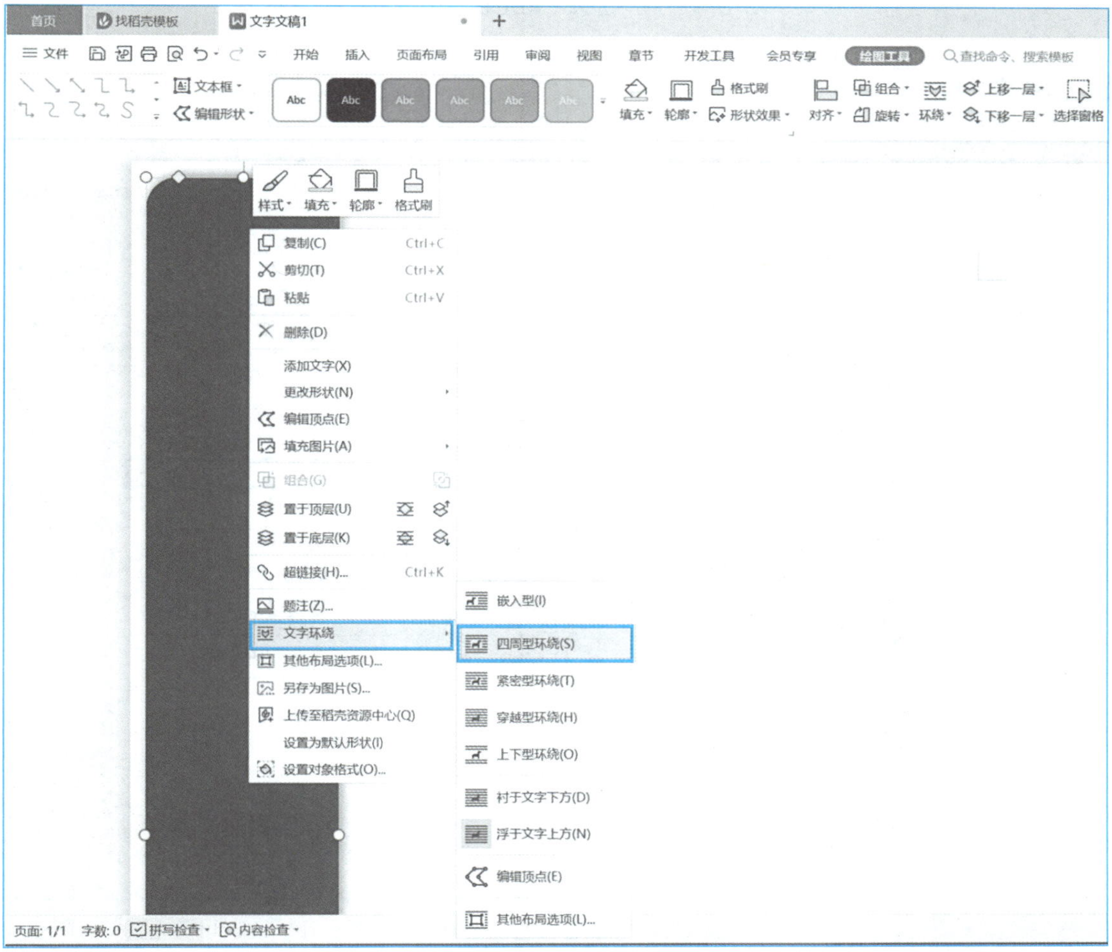

图 4－12　选择“四周型环绕”3

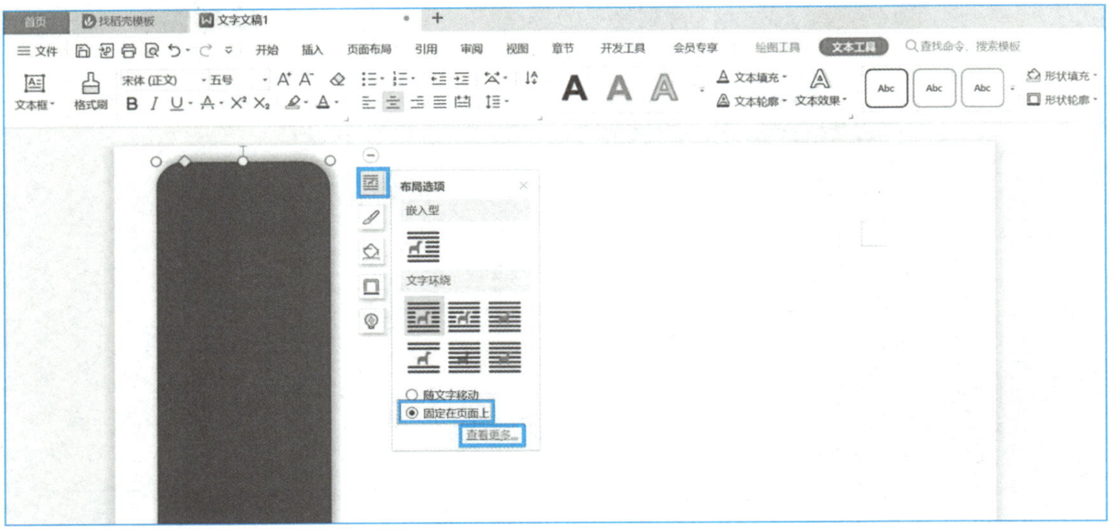

图 4－13　选择“固定在页面上”

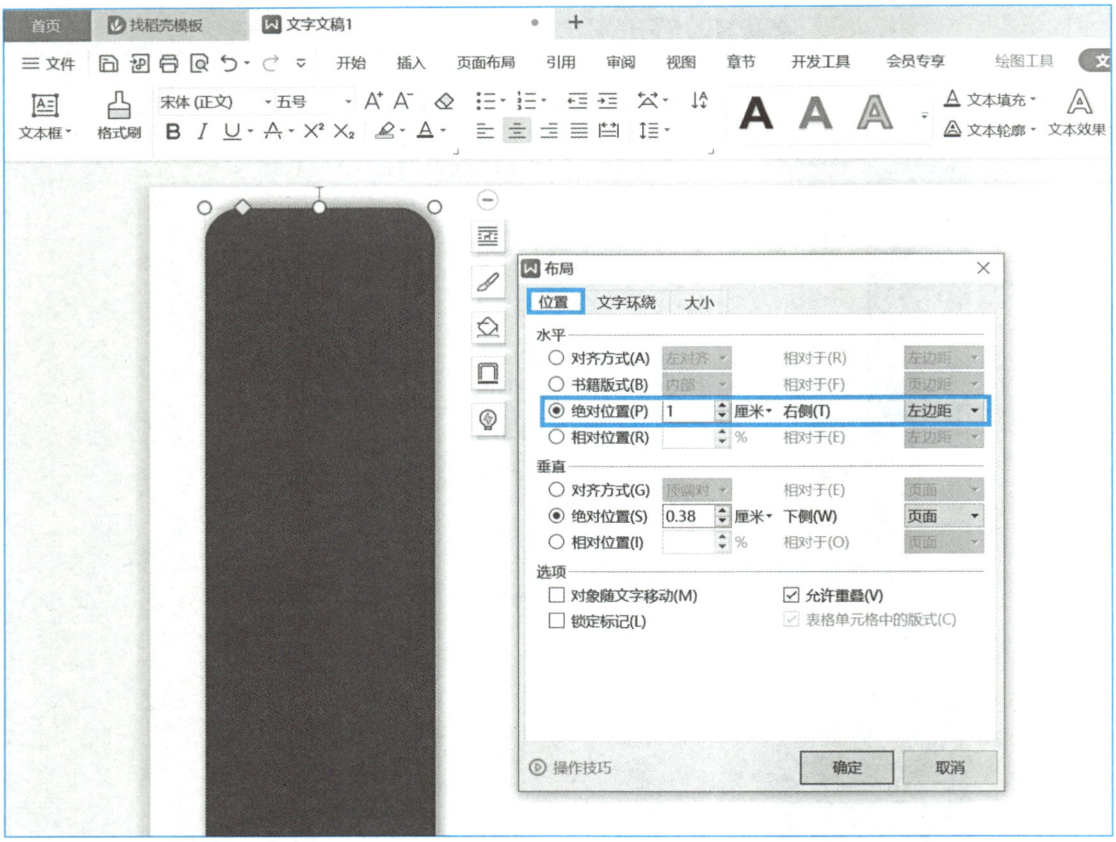

图 4－14　设置圆角矩形的位置

（5）插入本地图片。

方法与步骤：依次单击功能区的“插入”→“图片”→“本地图片”，如图 4－15 所示，在弹出的“插入图片”对话框中单击选定图片“P4 人物头像.png”，单击“打开”按钮，将本地计算机上的图片插入文档，如图 4－16 所示。

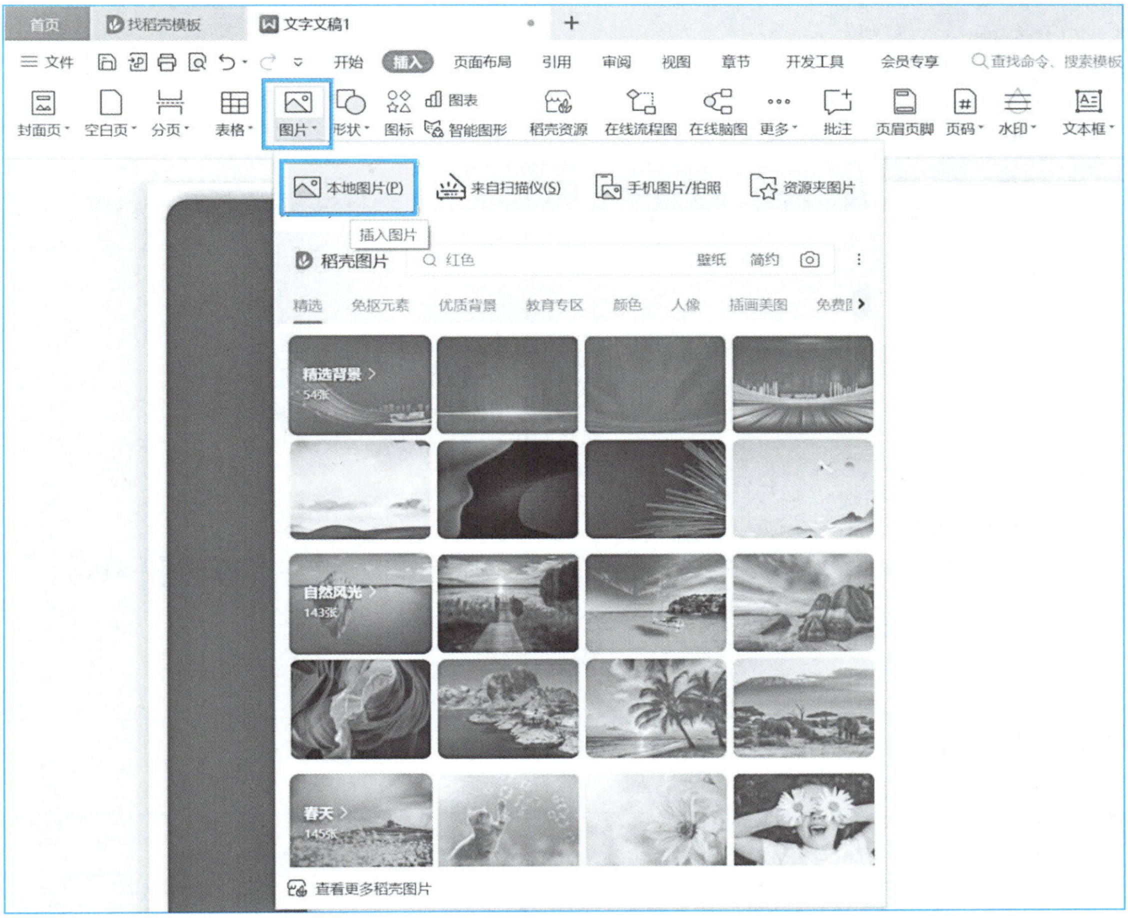

图 4－15　插入本地图片

（6）设置图片格式。

方法与步骤：单击选定图片，将图片的文字环绕方式设置为“四周型环绕”，利用控制点调整图片至合适的大小，直接单击功能区的“上移一层”下拉列表中的“置于顶层”，如图 4－17 所示；或单击鼠标右键，在弹出的列表中选择“置于顶层”，如图 4－18 所示。将插入的图片放置在文档中合适的位置，如图 4－19 所示。

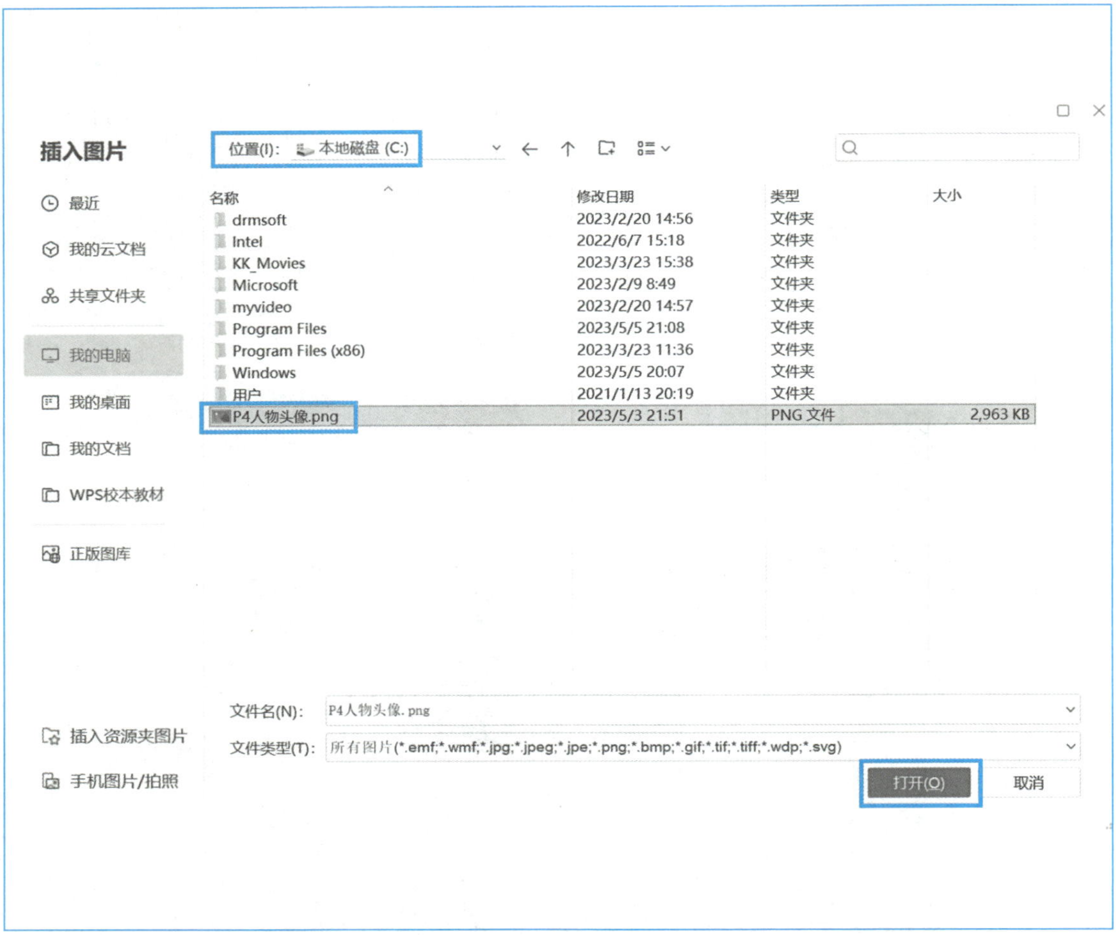

图 4－16　选择图片

图 4－17　设置“置于顶层”1

图 4－18　设置“置于顶层”2

图 4－19　设置“置于顶层”最终效果

（7）插入文本。

方法与步骤：依次单击功能区的“插入”→“文本框”→“横向”，如图 4－20 所示，在文档中单击鼠标左键，插入一个文字方向为横向的文本框。在文本框中输入文本内容“千小伟”，如图 4－21 所示。设置文本的字体为黑体、字号为二号、字体颜色为“巧克力黄，着色 2，浅色 40%”，如图 4－22 所示。

图 4－20　插入横向文本框

图 4－21　输入文本内容“千小伟”

（8）设置文本框格式。

方法与步骤：单击文本框，在右侧的任务窗格中的属性窗口中单击“形状选项”→“填充”选择“无填充”，单击“线条”选择“无线条”。将文本框拖放至个人照片的下方，最终效果如图 4－23 所示。

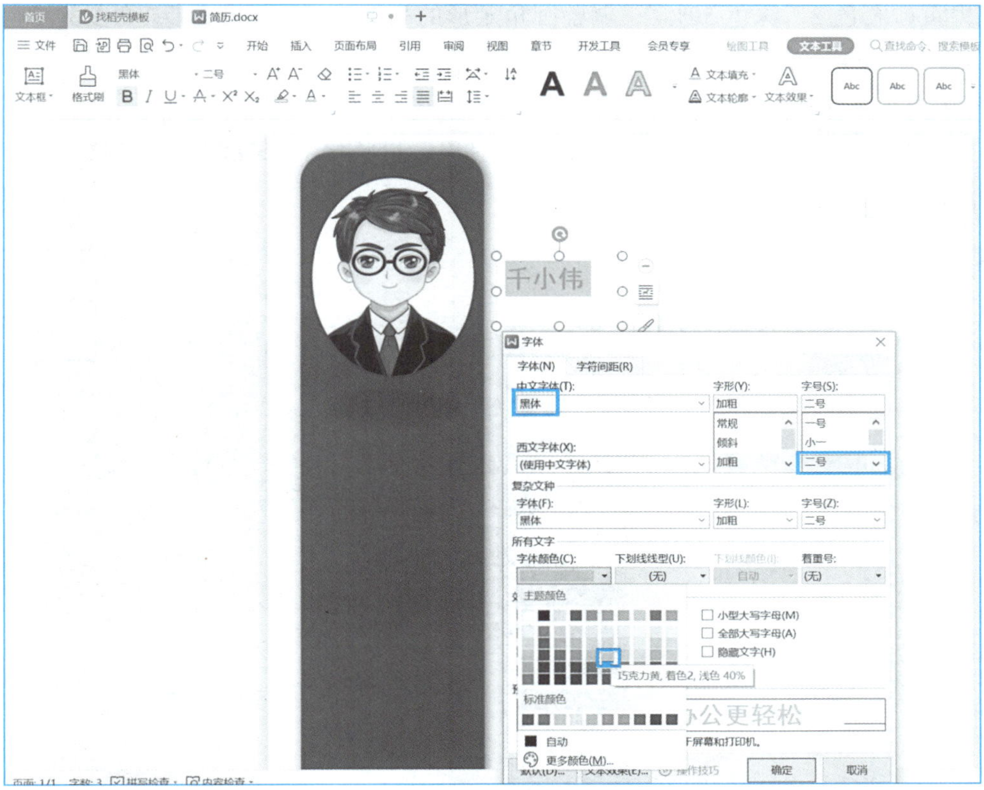

图 4 - 22　设置文本格式

图 4 - 23　将文本框拖放至个人照片的下方

（9）制作分隔栏。

方法与步骤：插入两个圆角矩形，将圆角矩形的填充色设置为“主题颜色”中的

"巧克力黄，着色 2，深色 50%"，调整圆角矩形的高度为"0.15 厘米"，宽度为"4.00 厘米"，如图 4 - 24 所示。将圆角矩形调整至合适位置制作分隔栏。按住键盘"Shift"键不放，依次单击两个圆角矩形，单击功能区的"绘图工具"→"组合"，选择"组合"，如图 4 - 25 所示，将两个圆角矩形组合成一个对象，可将该对象复制至导航栏下方作为第二个分隔栏。

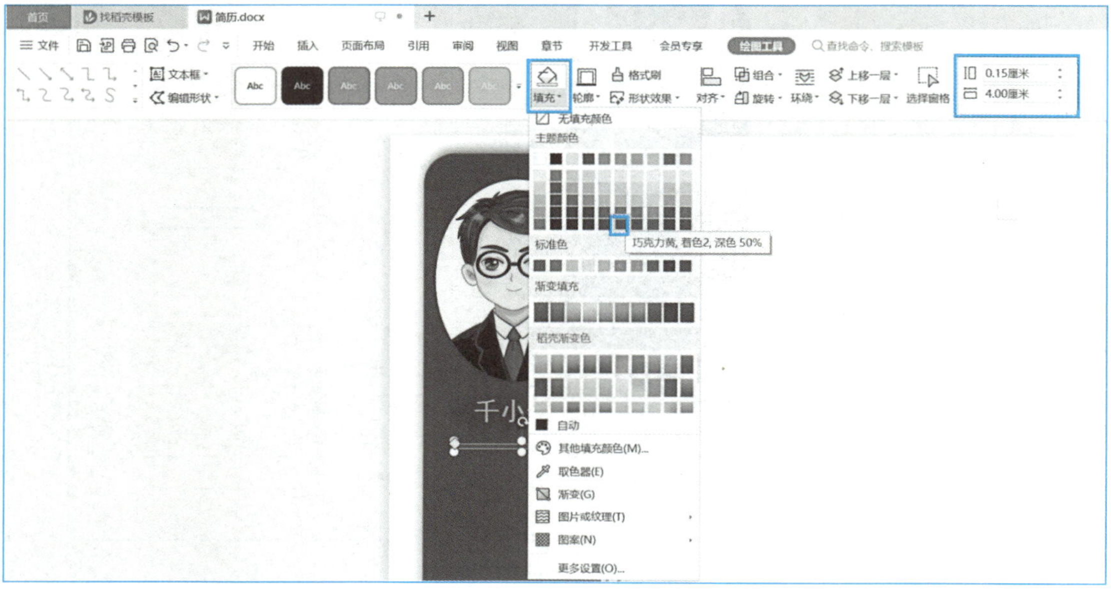

图 4 - 24　设置圆角矩形的填充颜色、高度和宽度

图 4 - 25　将两个圆角矩形组合成一个对象

（10）制作“个人信息”和“联系方式”信息栏。

利用文本框的插入以及格式设置的方法制作“个人信息”和“联系方式”信息栏，最终效果如图 4－26 所示。

图 4－26　“个人信息”和“联系方式”信息栏最终效果

2. 制作标题栏

方法与步骤：插入两个对角圆角矩形，将两个矩形叠放在一起，选定下方的矩形，单击功能区的“绘图工具”→“旋转”，选择“水平翻转”，将下方矩形进行水平翻转，如图 4－27 所示；设置两个矩形的颜色、大小、阴影，并将其放置合适的位置。插入一个文本框，输入标题文字“千小伟简历”，如图 4－28 所示。

3. 制作主页面区

（1）制作主页面的其他图形与信息栏。

利用图形、文本框的插入和格式设置的方法制作主页面的其他图形与信息栏。

（2）插入表格。

方法与步骤：插入一个横向文本框，将光标定位于文本框内部，单击功能区的“插入”→“表格”，在插入表格区域选择 4 行 × 3 列表格，如图 4－29 所示，或在“表格”

下拉列表中单击“插入表格”，在“插入表格”窗口中将“列数”设置为“3”，“行数”设置为“4”，单击“确定”按钮，即可在文本框内部插入一个 4 行 × 3 列的表格，如图 4 - 30、图 4 - 31 所示。在表格中输入文本内容，如图 4 - 32 所示。单击表格的“”按钮，将表格全选，单击鼠标右键，在弹出列表中单击“自动调整”，选择“根据内容调整表格”，即可将表格设置为根据表格内容自动调整列宽，如图 4 - 33 所示。单击“”按钮，将表格移动至合适位置。

图 4 - 27　将下方矩形进行水平翻转

图 4 - 28　输入标题文字“千小伟简历”

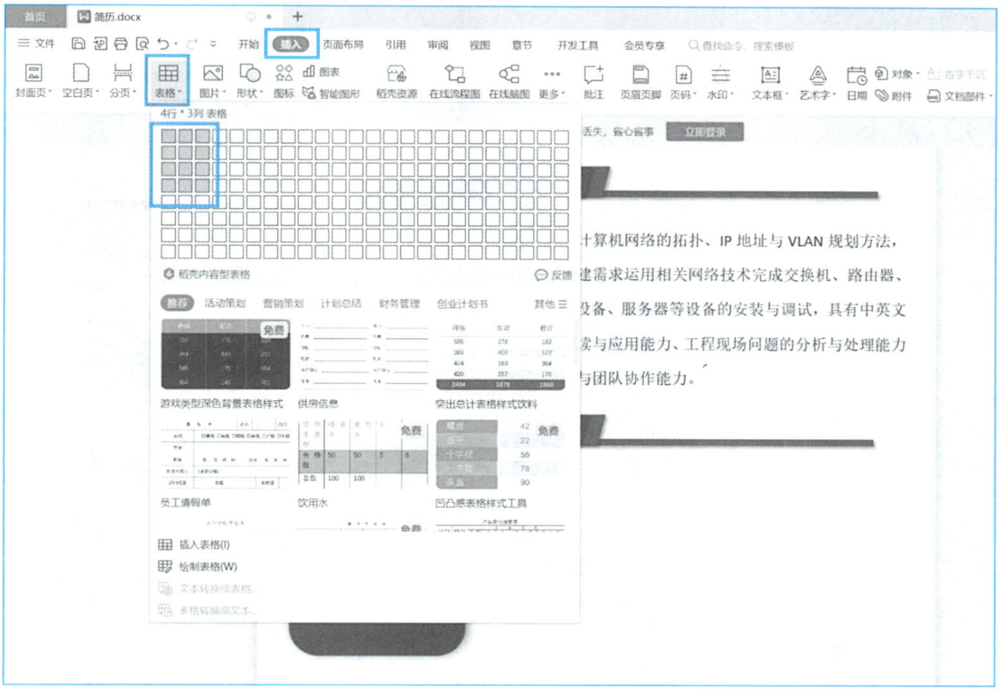

图 4－29　插入 4 行×3 列表格 1

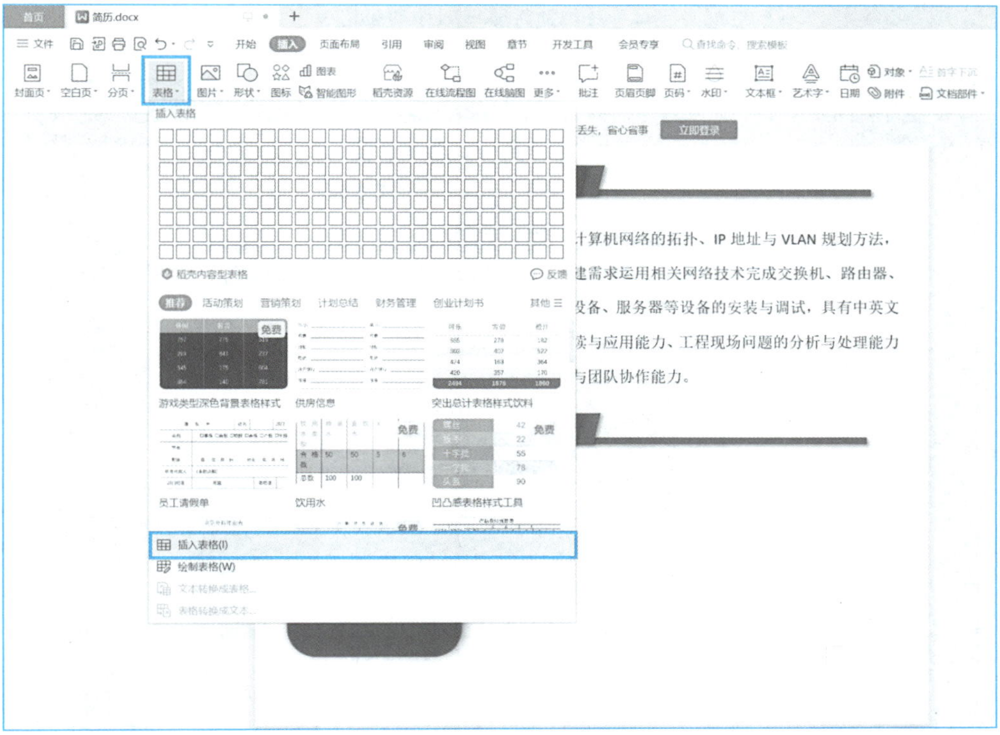

图 4－30　插入 4 行×3 列表格 2

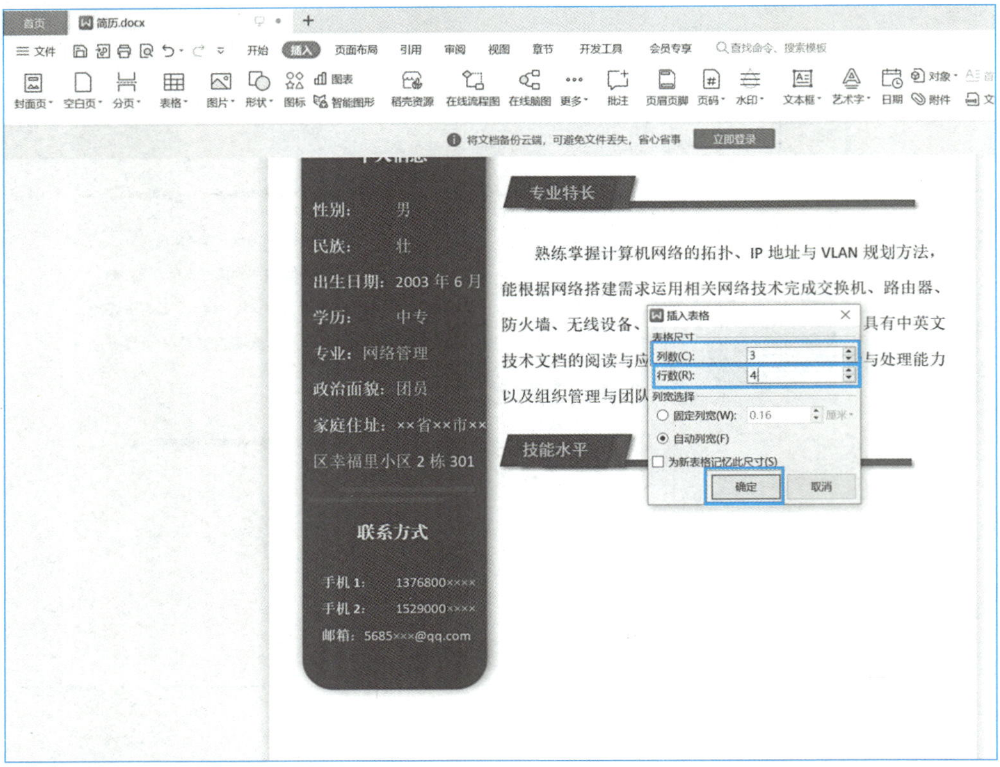

图 4－31　插入 4 行 ×3 列表格 3

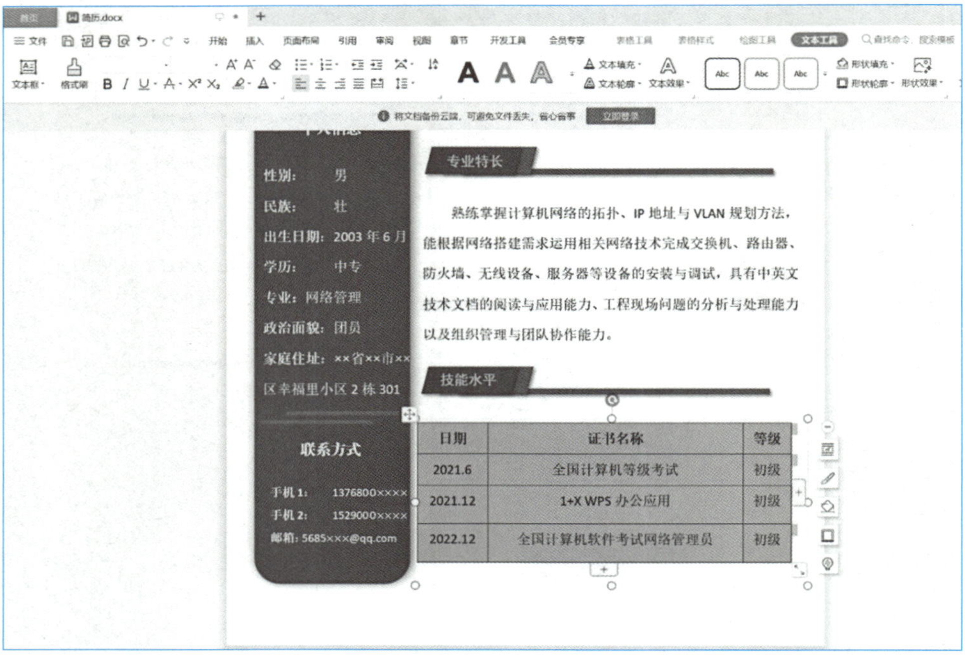

图 4－32　在表格中输入文本内容

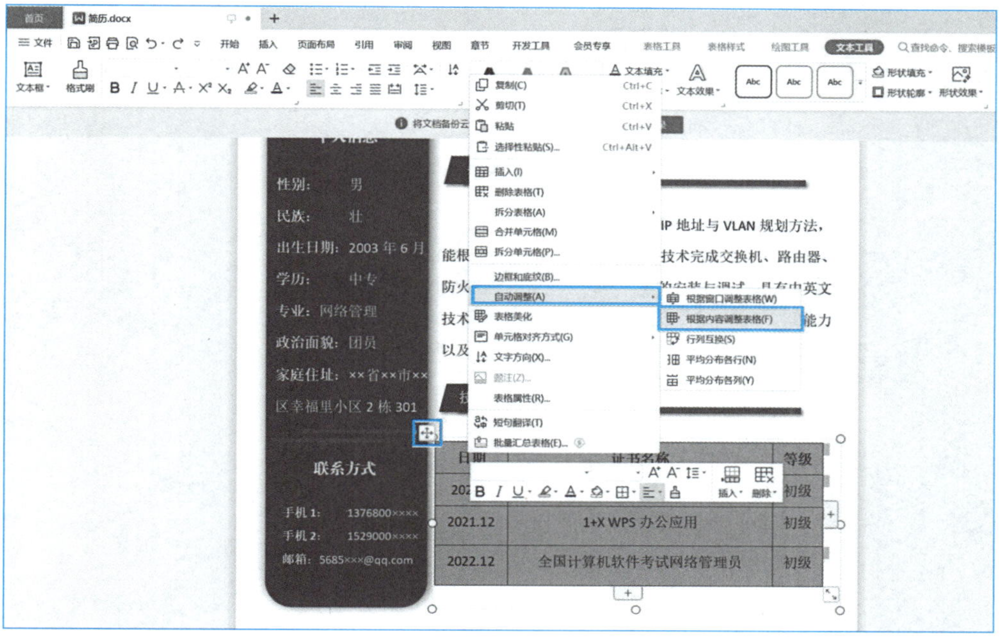

图 4-33　根据表格内容自动调整列宽

简历案例完成效果如图 4-34 所示。

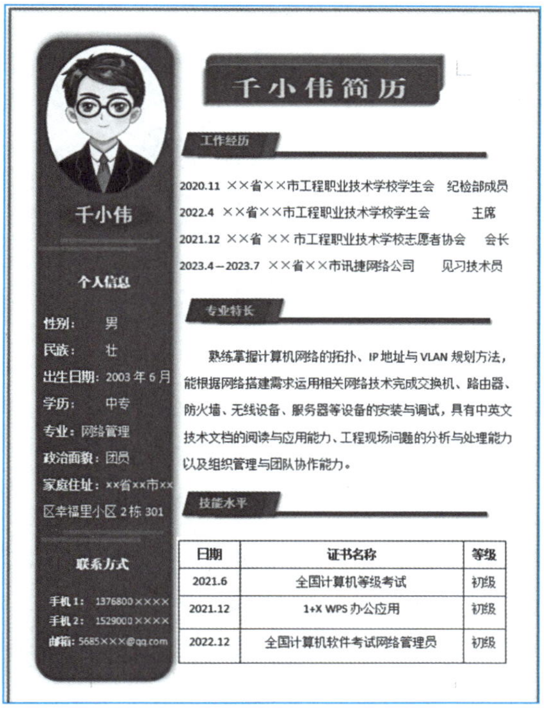

图 4-34　简历案例完成效果

第5章 排版

任务：如果你是班级宣传委员孙兴，请你根据学校“贯彻落实党的二十大精神　大力倡导绿色、低碳、环保、文明的校园生活”主题活动的要求制作一份垃圾分类的电子板报，宣传垃圾分类的知识。

目标：通过利用 WPS 文字制作垃圾分类电子板报，学习 WPS 文字页面布局设置，艺术字插入，页码、页眉、页脚插入，分栏以及项目符号的添加等操作方法。

1. 艺术字插入

给文档插入一个艺术字标题。

方法与步骤：在 WPS 中打开文档“垃圾分类”，在文档最前端按下“ Enter”键两次，在文章最前端空出 2 行，单击功能区的“插入”→“艺术字”，“预设样式”选择“渐变填充，金色，轮廓，着色 4”，如图 5－1 所示。输入艺术字标题的内容“垃圾分类，守护我们的家园”，单击选定艺术字，单击功能区的“文本轮廓”，“主题颜色”选择“橙色，着色 4，浅色 40%”，如图 5－2 所示。

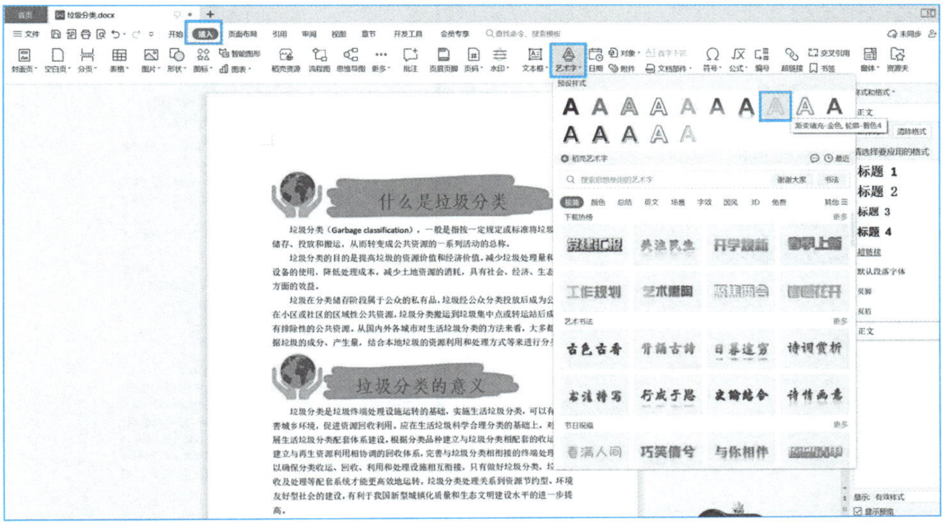

图 5－1　输入标题内容

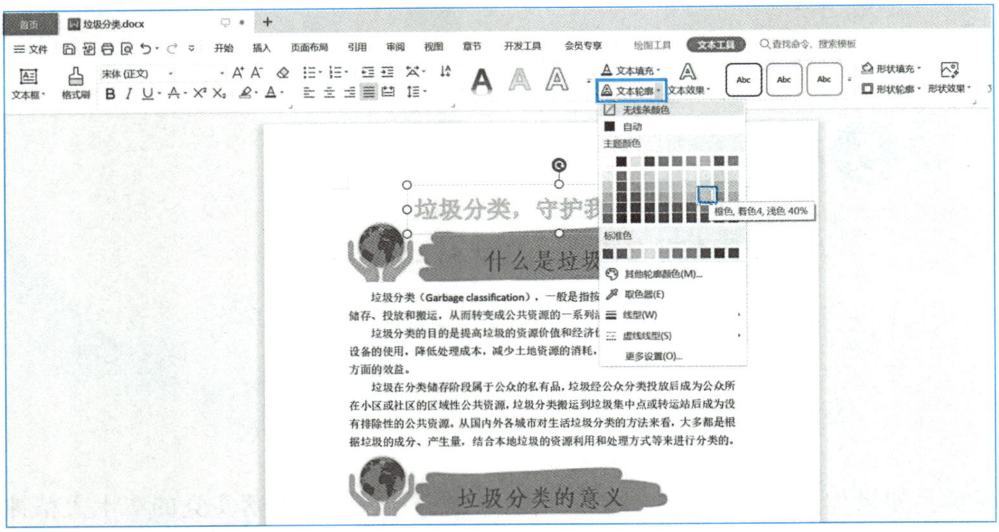

图 5－2　设置艺术字

2. 设置页面布局

方法与步骤：在功能区中单击“页面布局”→“页边距”→“自定义页边距”，在弹出的“页面设置”窗口中，单击“页边距”，将文档的上、下、左、右边距分别设置为“2 厘米、2 厘米、2 厘米、2 厘米”，纸张方向设置为“横向”，如图 5－3、图 5－4 所示；单击“纸张”，“纸张大小”选择“A4（210×297mm）”，如图 5－5 所示；单击“分栏”，“预设”选择“两栏”，如图 5－6 所示。也可以在功能区“页边距”设置框中输入页边距大小，同理，纸张大小、分栏也可以在功能区直接设置，如图 5－7 所示。

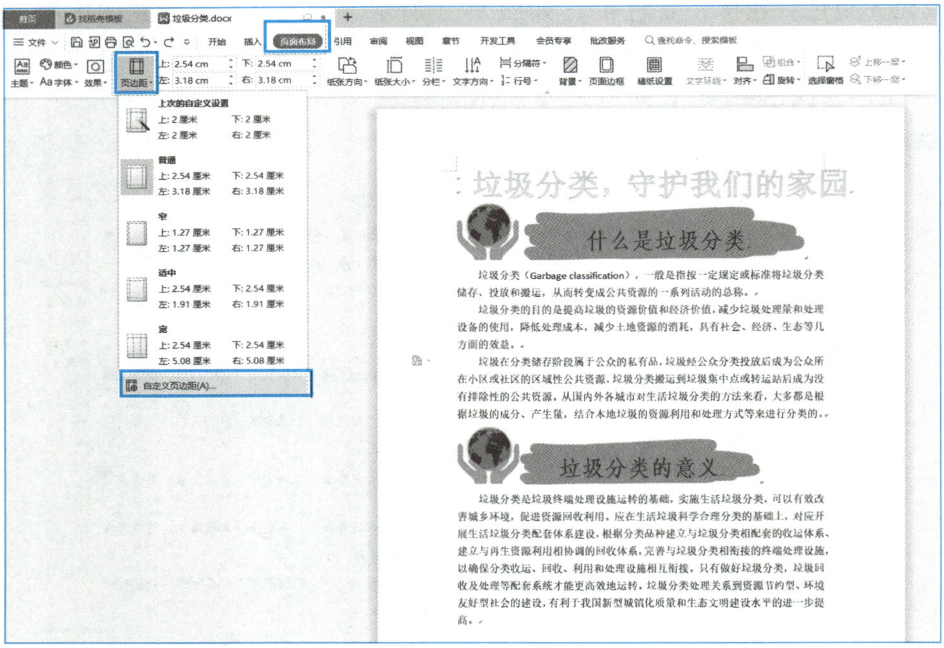

图 5－3　自定义页边距

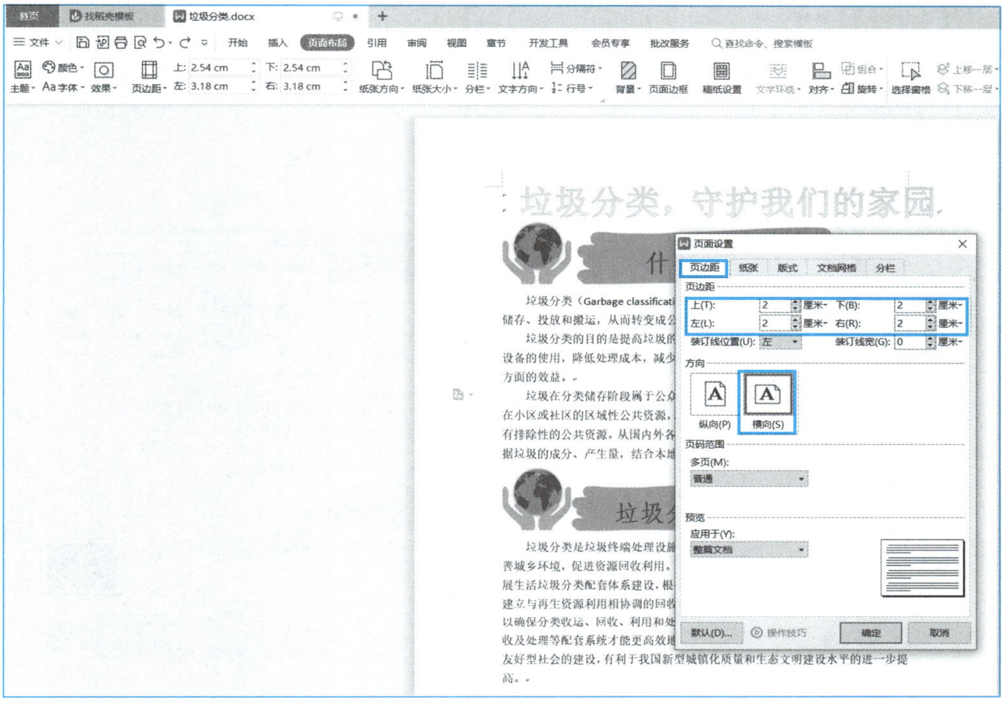

图 5－4　设置页边距数值和纸张方向

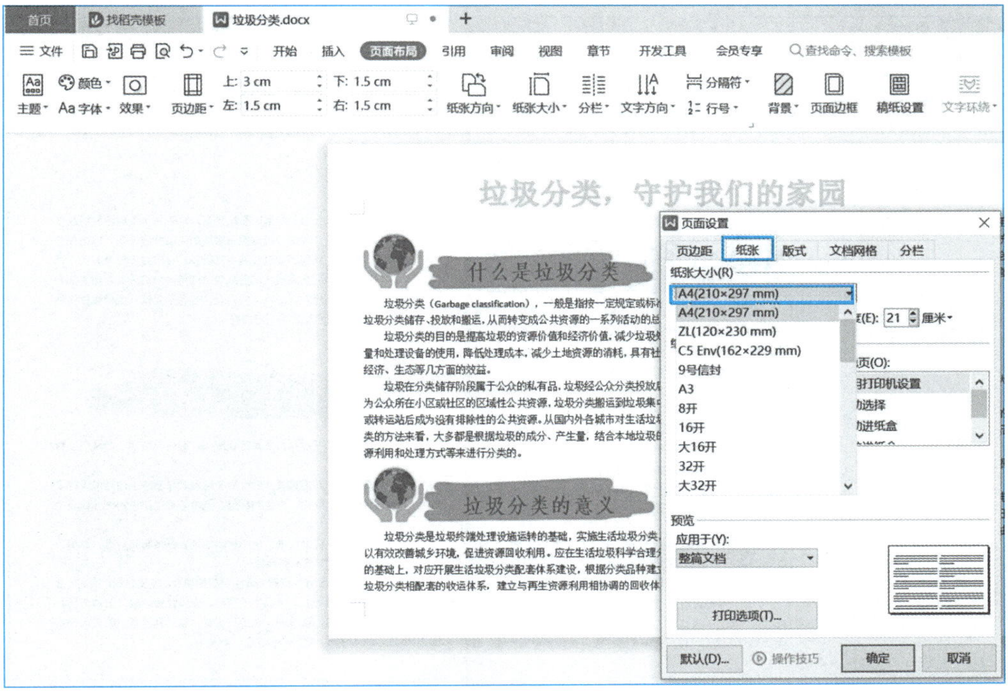

图 5－5　设置纸张大小

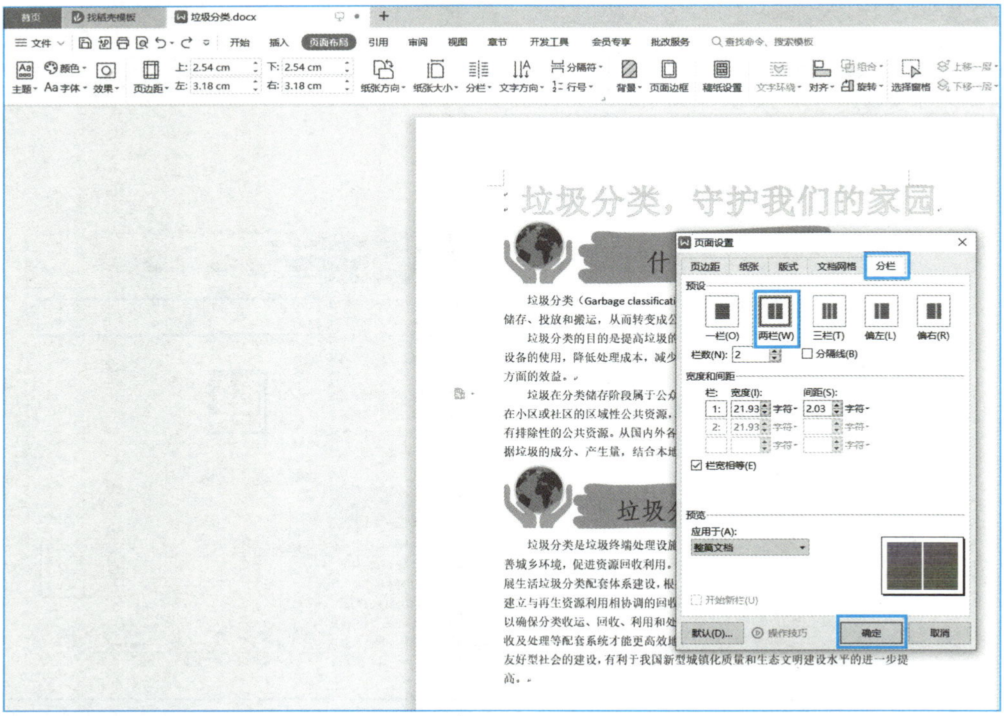

图 5-6　设置“分栏”为“两栏”

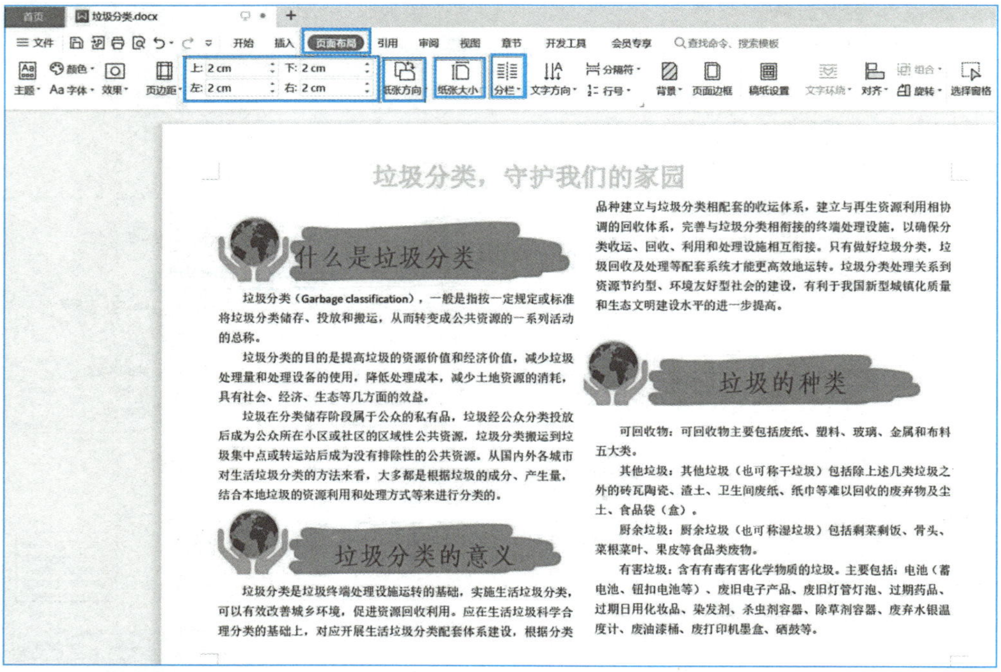

图 5-7　在功能区中直接设置

3. 插入页码、页眉、页脚

方法与步骤：单击功能区的“插入”→“页码”，“预设样式”选择“页脚中间”，如图 5－8 所示，即可在文档底部中间插入页码。单击功能区的“插入”→“页眉页脚”，如图 5－9 所示；“页眉顶端距离”设置为“1.50 厘米”，“页脚底端距离”设置为“1.50 厘米”，在页眉内容框中输入页眉内容“ ×× 省 ×× 市第四届中职生信息技术活动”，即可在文档顶部插入一个页眉，如图 5－10 所示；选定页眉内容，单击“开始”选择“右对齐（Ctrl+R)”，可以将页眉放置于页面顶端右侧，如图 5－11 所示。单击“页眉页脚切换”，如图 5－12 所示，即可切换至页脚设置，输入页脚内容“ ×× 省 ×× 市第一中等职业技术学校”，单击“开始”选择“右对齐（Ctrl+R)”，将页脚放置于页面底端右侧。

图 5－8　设置页码样式

4. 设置项目符号

方法与步骤：全选“垃圾的种类”下面的段落，单击功能区的“开始”→“项目符号”，选择“带填充效果的大圆形项目符号”，如图 5－13 所示。

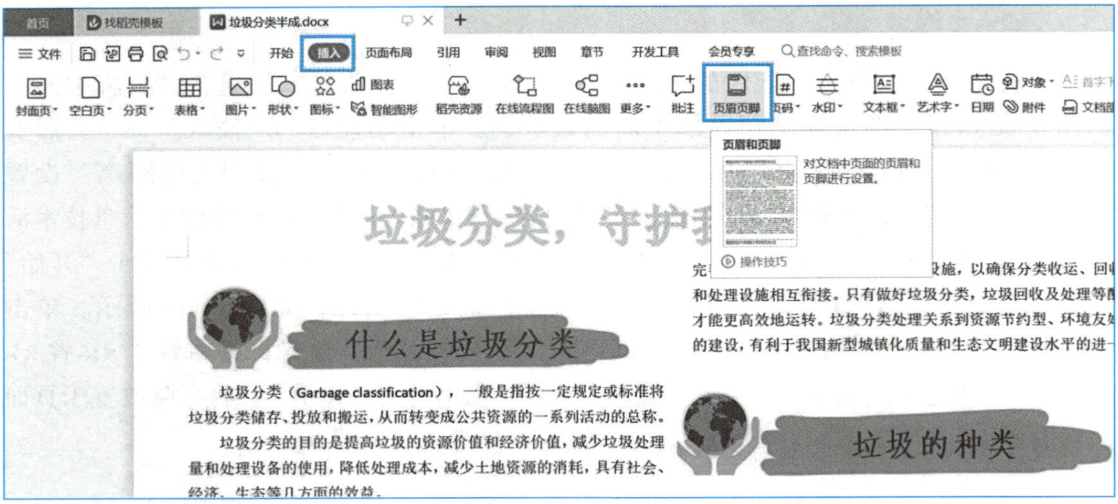

图 5－9　在功能区选择“页眉页脚”

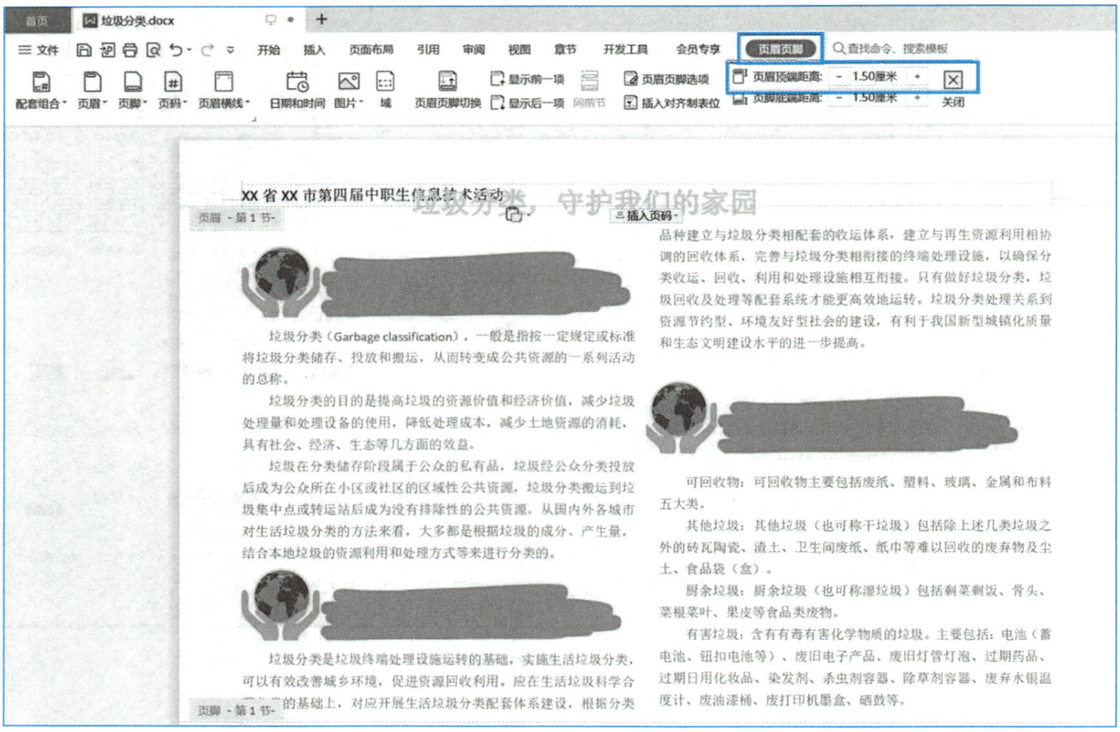

图 5－10　设置页眉顶端和底端距离，并输入页眉内容

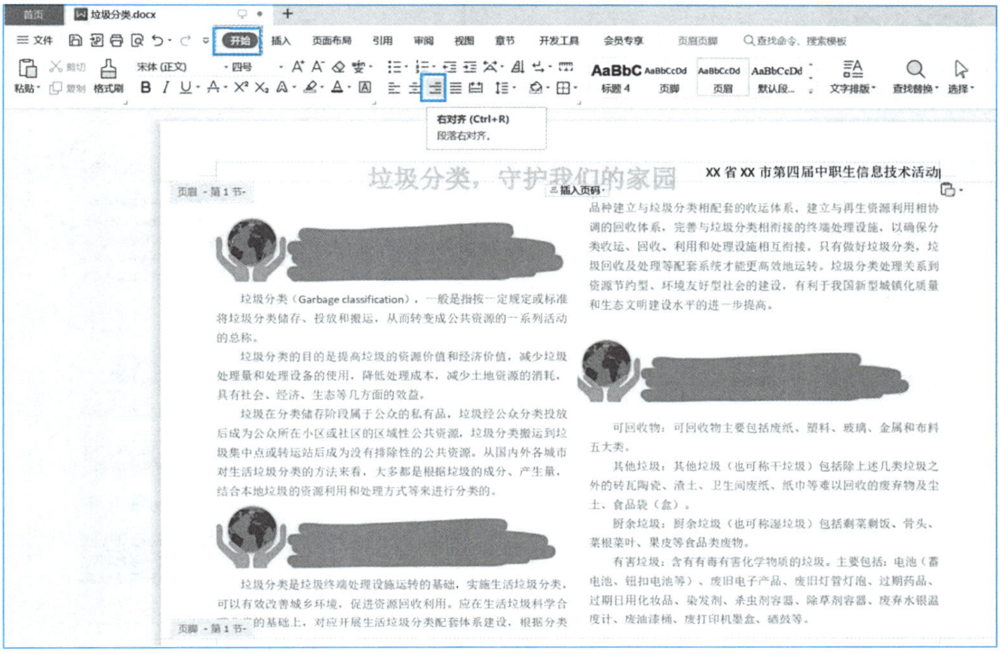

图 5-11　将页眉放置于页面顶端右侧

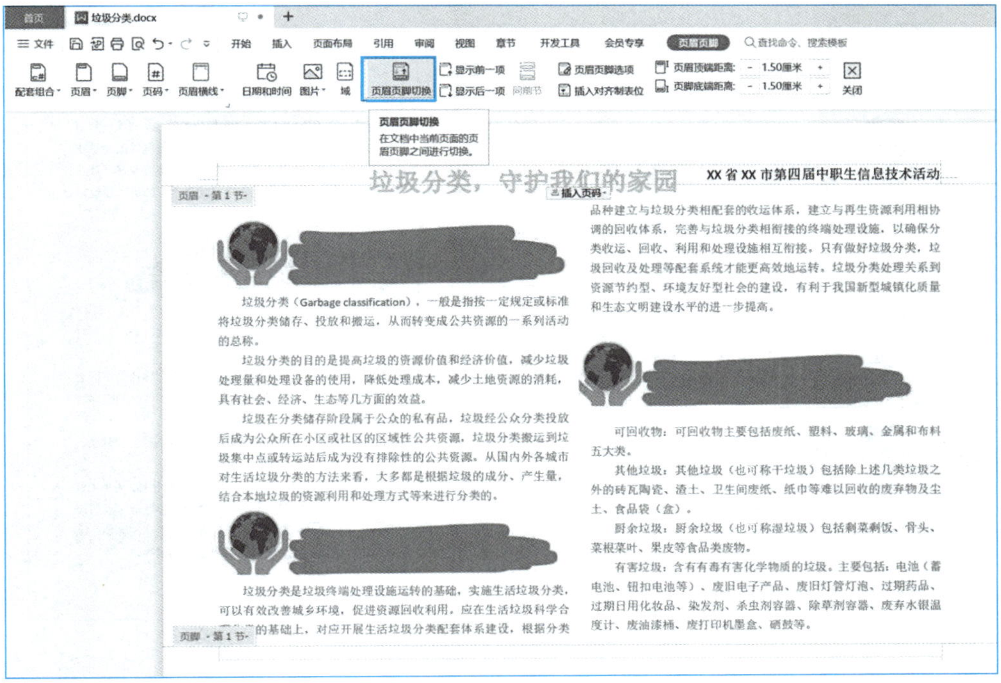

图 5-12　页眉页脚切换

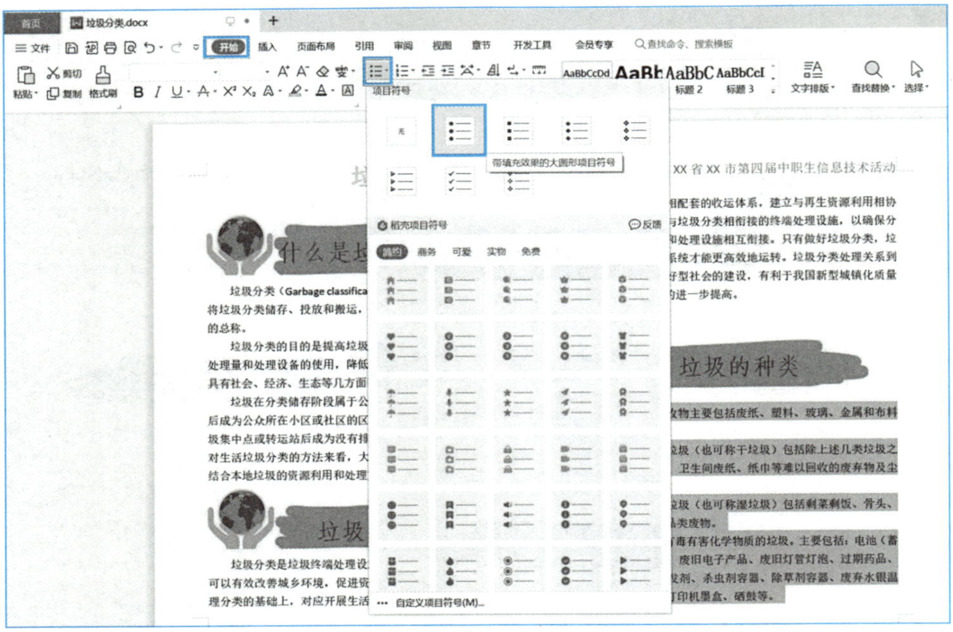

图 5－13　选择“带填充效果的大圆形项目符号”

垃圾分类案例完成效果如图 5－14 所示。

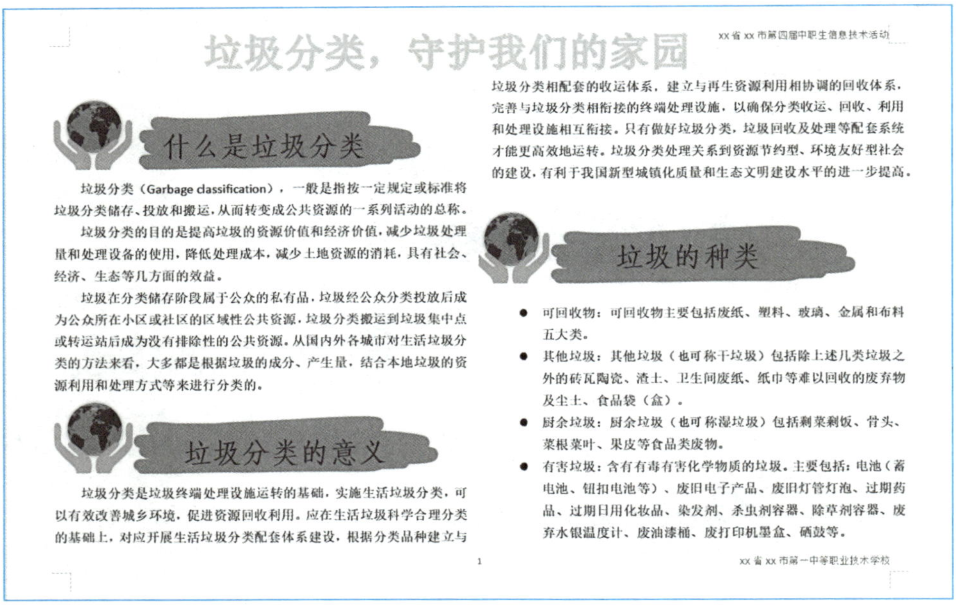

图 5－14　垃圾分类案例完成效果

实践案例： 2023 年是“一带一路”倡议提出十周年，请根据学校的要求制作一份有关“一带一路”的电子板报，参加学校组织的信息技术活动电子板报比赛。（参考教材学习资源）

第6章

文字排版高级应用

任务： 如果你是计算机专业三年级学生李华，毕业在即，根据学校要求，你需要写一份毕业论文，请你根据要求制作一份标准的毕业论文。

目标： 通过利用 WPS 文字制作毕业论文，学习 WPS 文字页面布局设置、大纲设置、生成目录、生成 PDF 文档等操作方法。

1. 设置文本的字体、字号、对齐方式等

打开“毕业论文参考样章”文件，对文本的字体、字号、对齐方式等进行设置，插入 9 行×2 列的表格，设置表格宽 12cm、高 10.8cm，第一列宽度为 4.2cm，第二列宽度为 7.8cm，表格边框为无。

步骤 1：打开“毕业论文参考样章.doc”，全选论文封面内容，在功能区设置字体属性，字体：隶书，如图 6－1 所示；选择论文封面标题“×××学校毕业生毕业论文”，在功能区设置字号：二号，如图 6－2 所示；在功能区单击选择“格式刷”，再刷内容“——‘寿文化’中的生命意识和发展创造意识”，如图 6－3 所示；选择论文封面标题“从‘寿’字看中国多元生态文明”，在功能区设置字号：一号，如图 6－4 所示；选择标

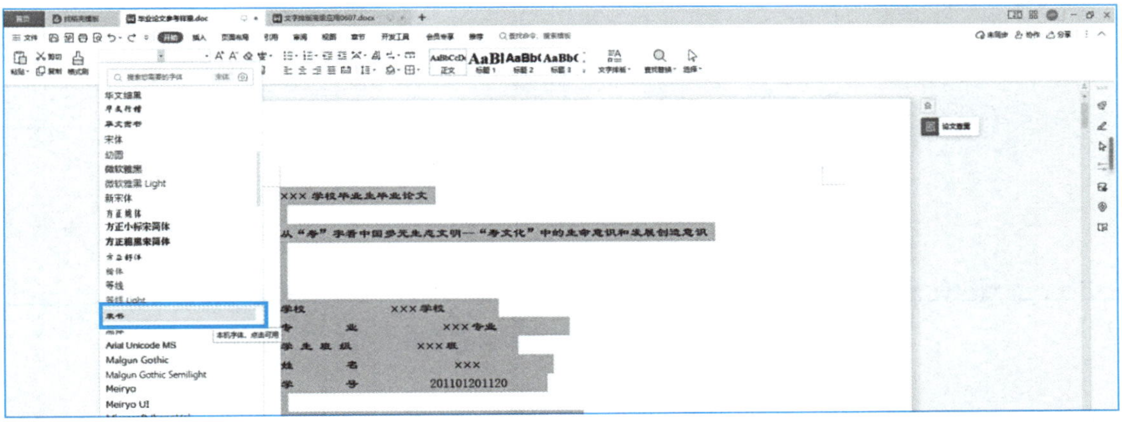

图 6－1　设置字体

题“×××学校……发展创造意识”，单击鼠标右键选择“段落”，在弹出的“段落”对话框中，“对齐方式”选择“居中对齐”，单击“确定”按钮即可，如图 6－5 所示。

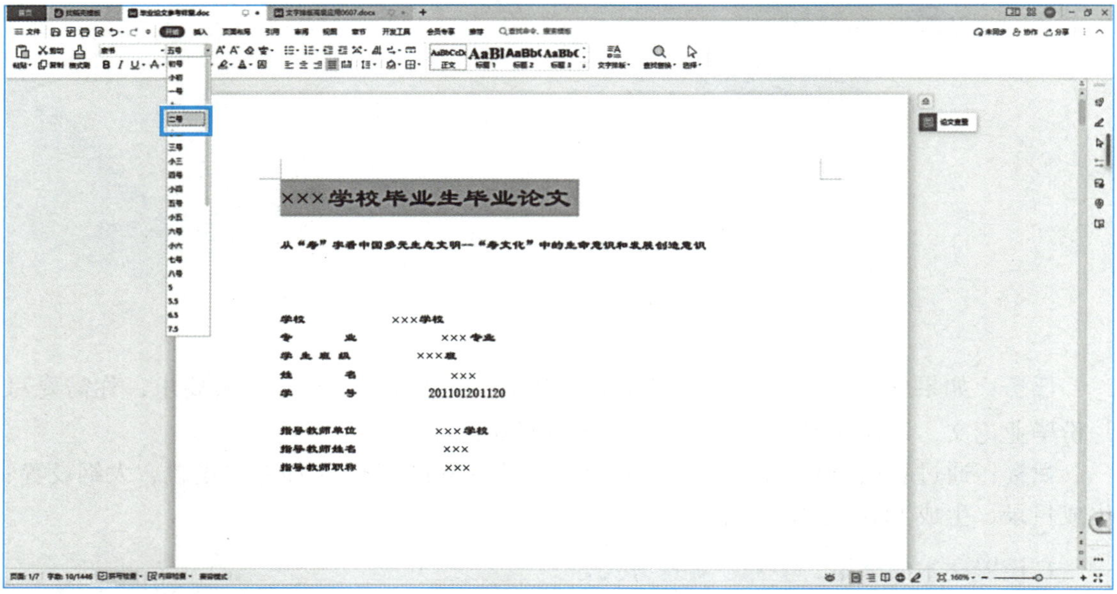

图 6－2　在功能区设置论文封面标题的字号

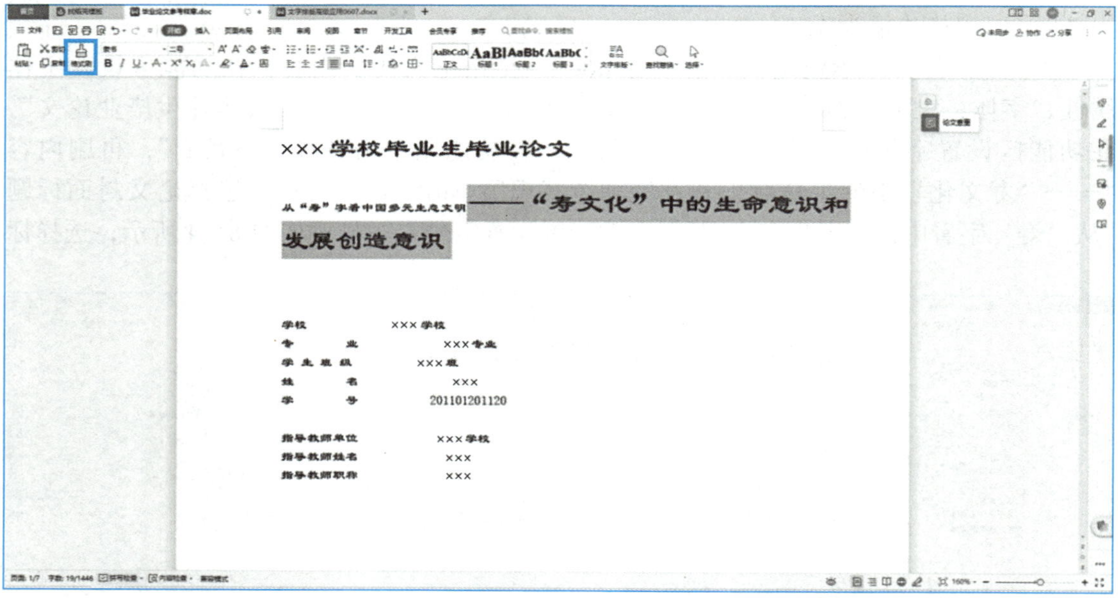

图 6－3　利用格式刷设置字号

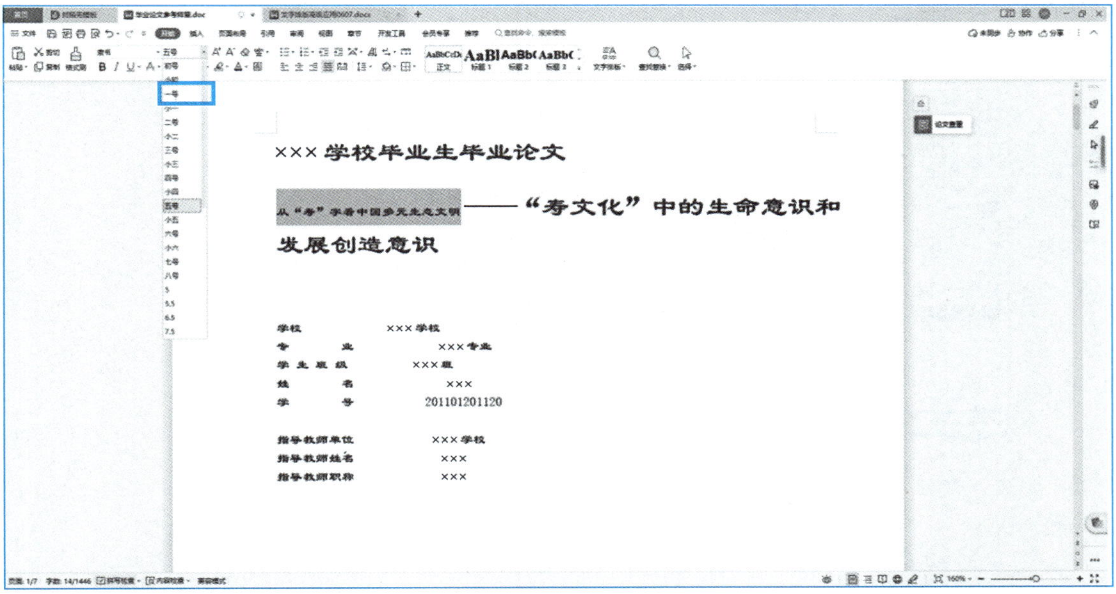

图6-4　在功能区设置字号

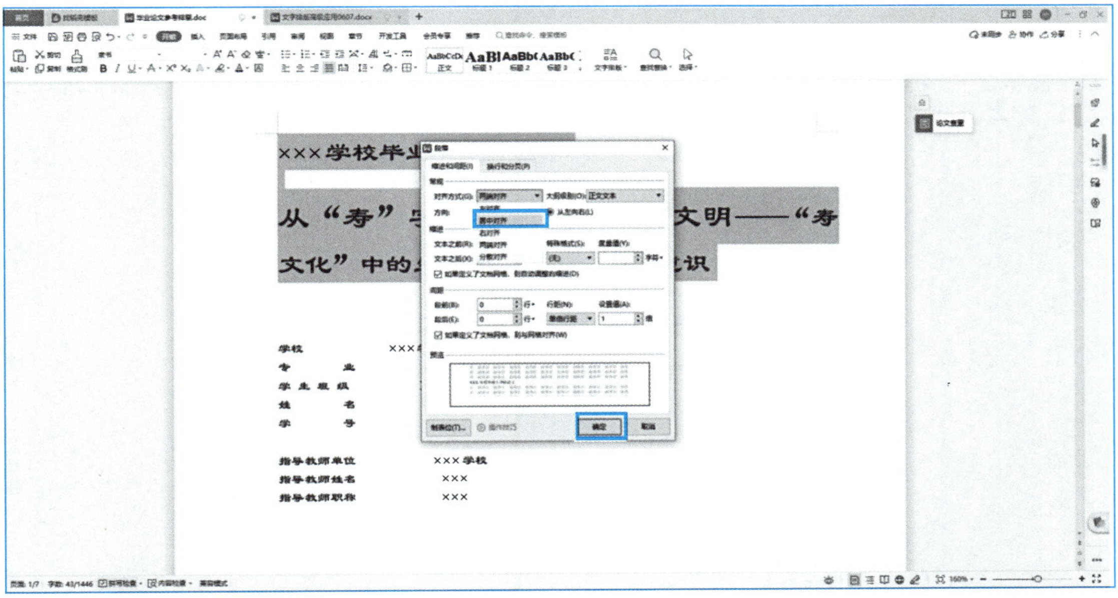

图6-5　在“段落”对话框中设置对齐方式

步骤2：在功能区单击“插入”→“表格”→“插入表格”；在弹出的对话框中，输入列数为：2列，行数为：9行，单击“确定”按钮即可，如图6-6、图6-7所示。

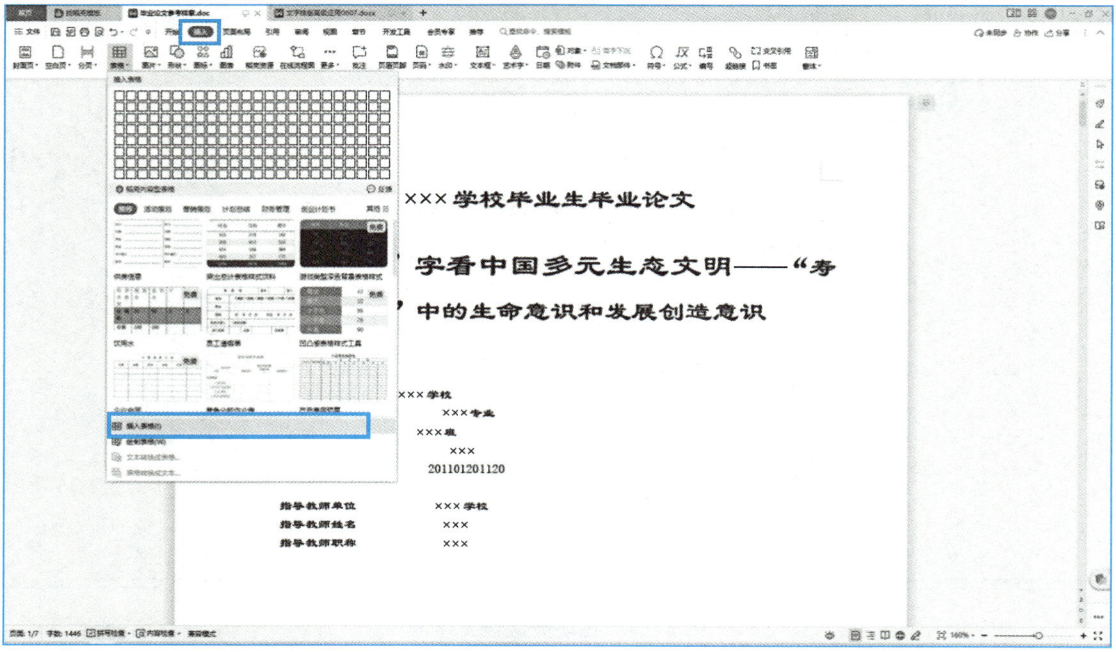

图 6－6　插入表格

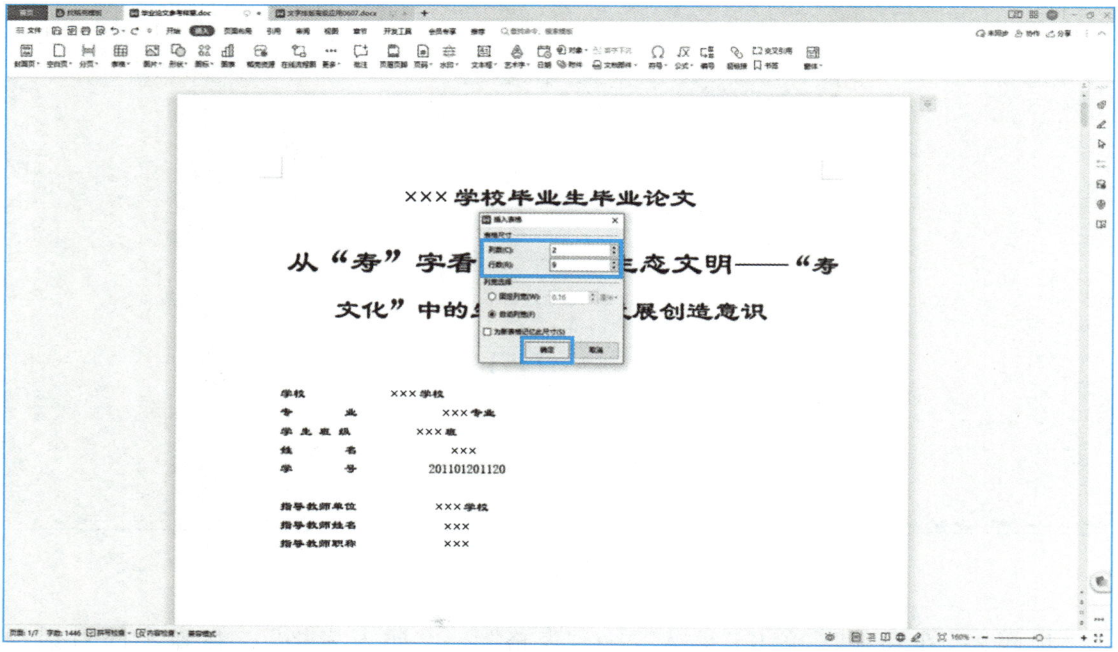

图 6－7　设置插入表格的行数和列数

步骤 3：选择表格第 1 列，单击鼠标右键，选择“表格属性”，在“列”下面指定第 1 列的宽度为：4.2 厘米；依照以上方法把第 2 列宽度设置为 7.8 厘米，如图 6－8、图 6－9、图 6－10 所示。

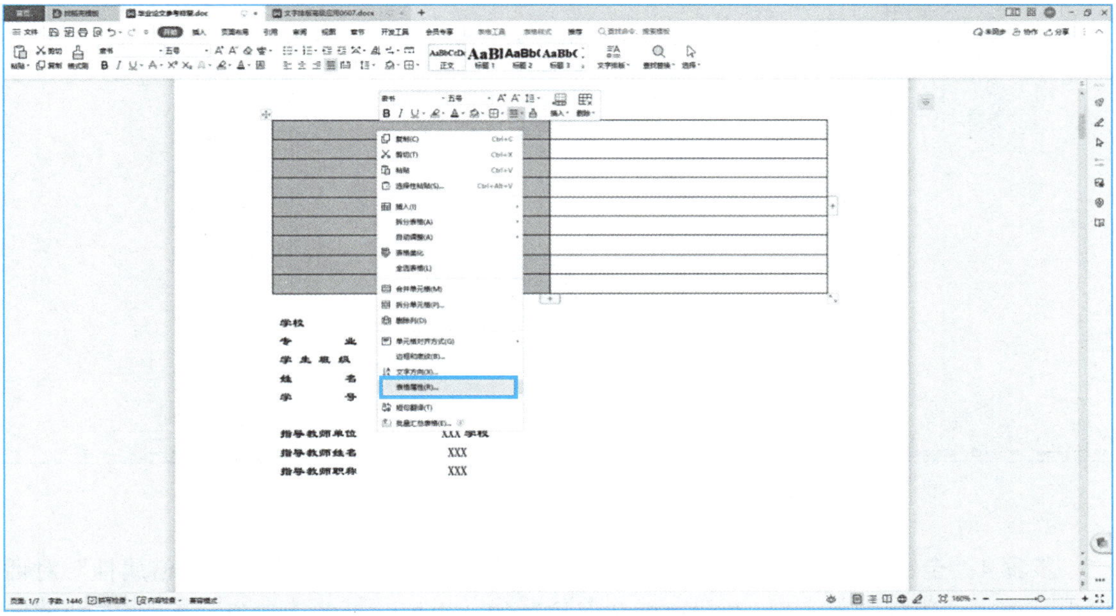

图 6－8　设置表格属性

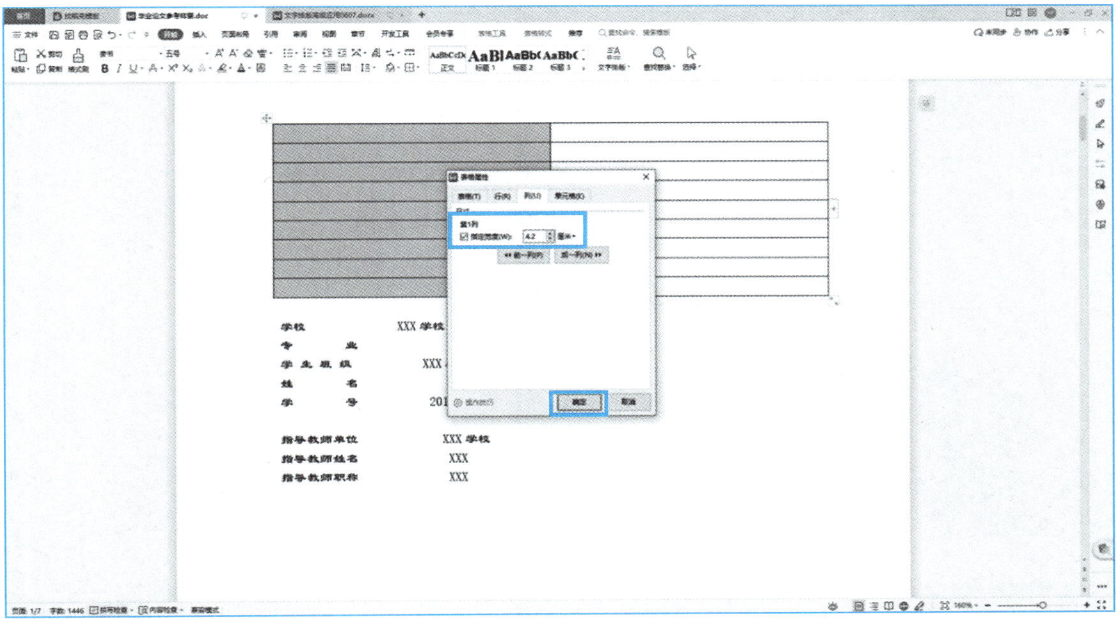

图 6－9　在“表格属性”对话框中设置第 1 列的指定宽度

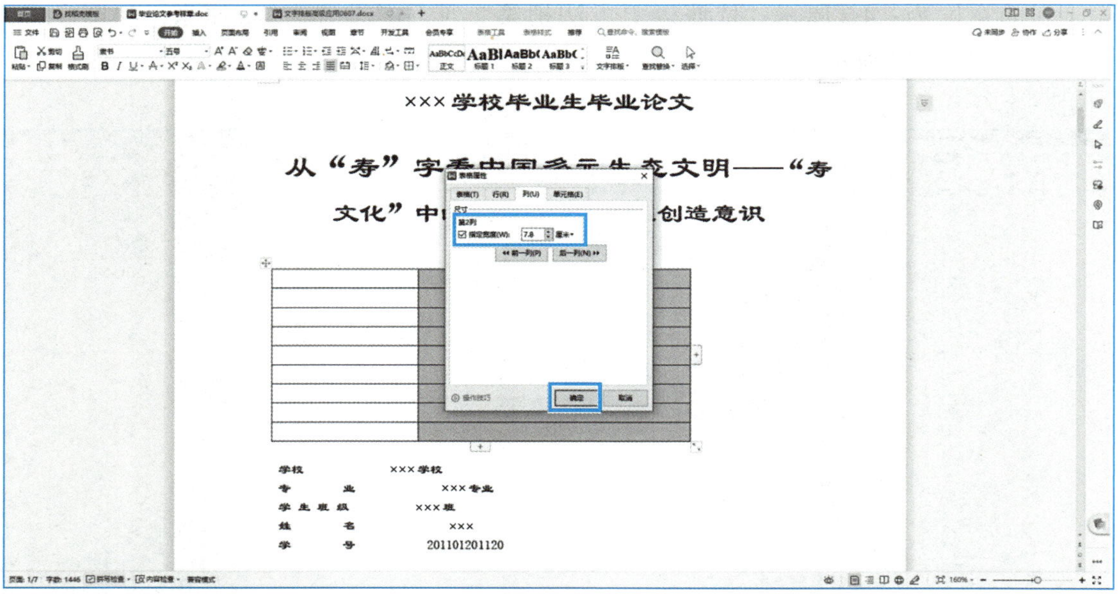

图 6－10　在“表格属性”对话框中设置第 2 列的指定宽度

步骤 4：全选表格，单击鼠标右键，选择“表格属性”，在弹出的“表格属性”对话框中，单击“边框和底纹”，在“边框和底纹”的“边框”设置中选择“无”，在功能区中单击“居中对齐（Ctrl+E）”，如图 6－11、图 6－12、图 6－13 所示。

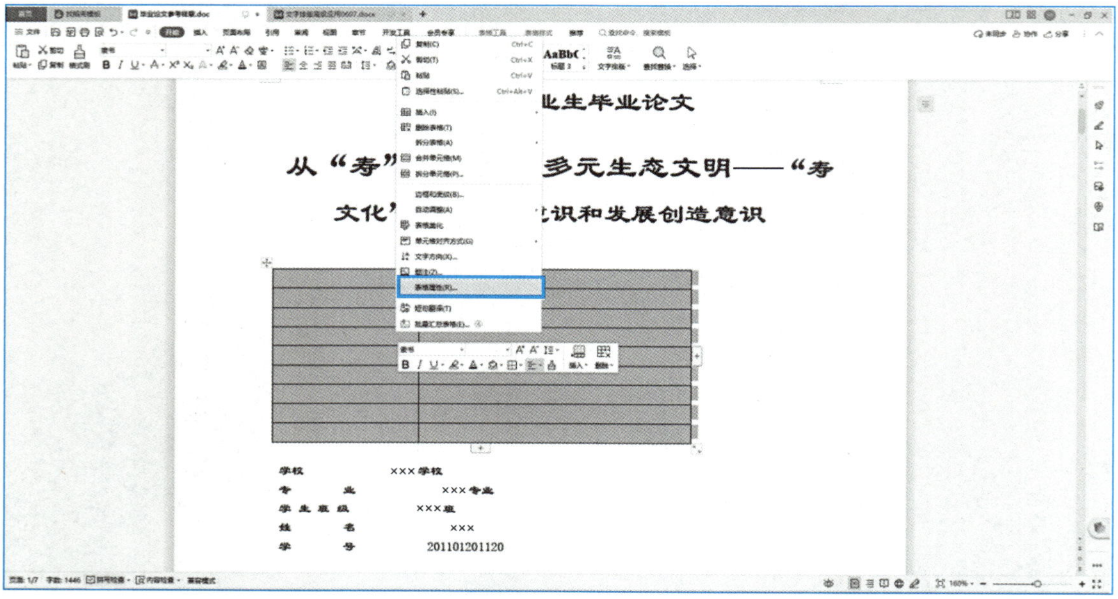

图 6－11　选择“表格属性”

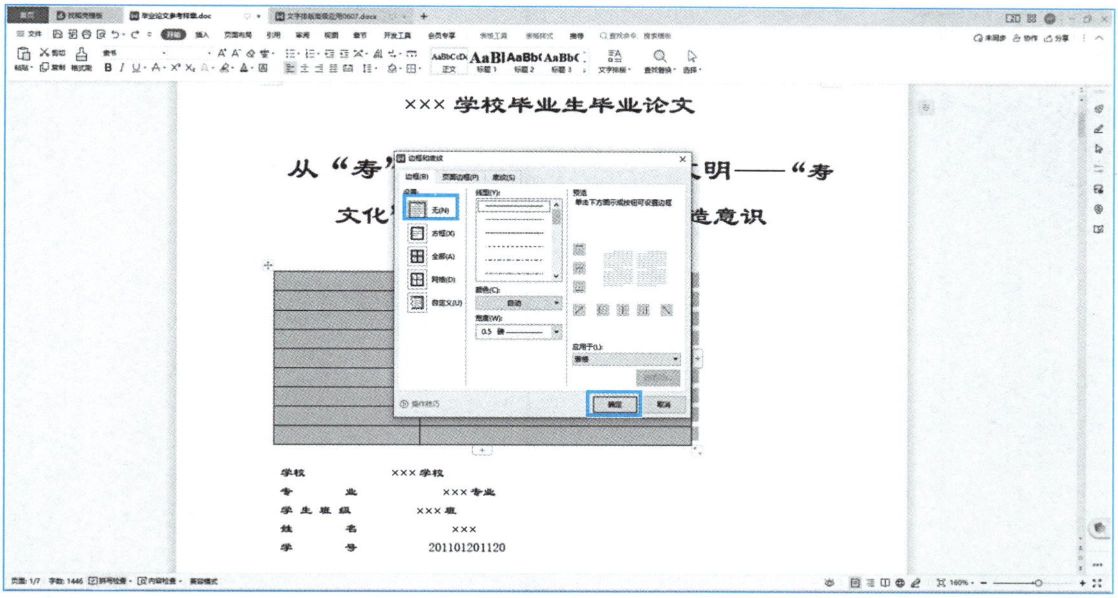

图 6 - 12 “边框和底纹”的“边框”设置中选择“无”

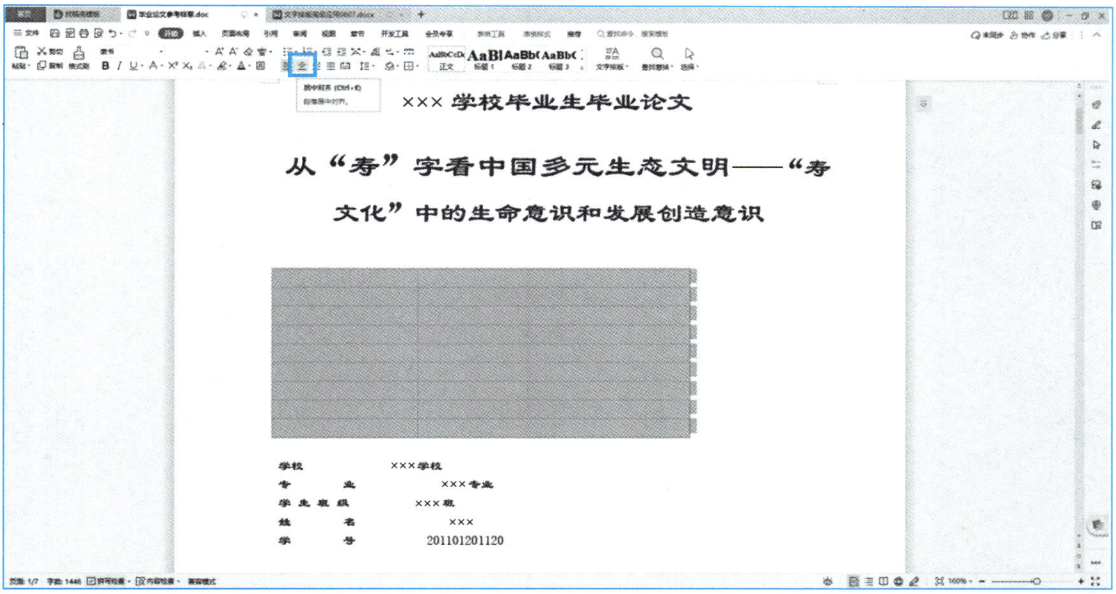

图 6 - 13 选择“居中对齐（Ctrl+E）”

步骤 5：选择论文封面内容“学校……指导教师职称 ×××”，按“Ctrl+X”组合键剪切内容，再全选表格，按“Ctrl+V”组合键把内容粘贴到表格中，如图 6 - 14 所示；选择表格第 1 列内容，在功能区设置字号：三号，对齐方式：分散对齐，如图 6 - 15 所示；选择表格第二列内容，在功能区设置字号：三号，对齐方式：居中对齐，如图 6 - 16 所示。

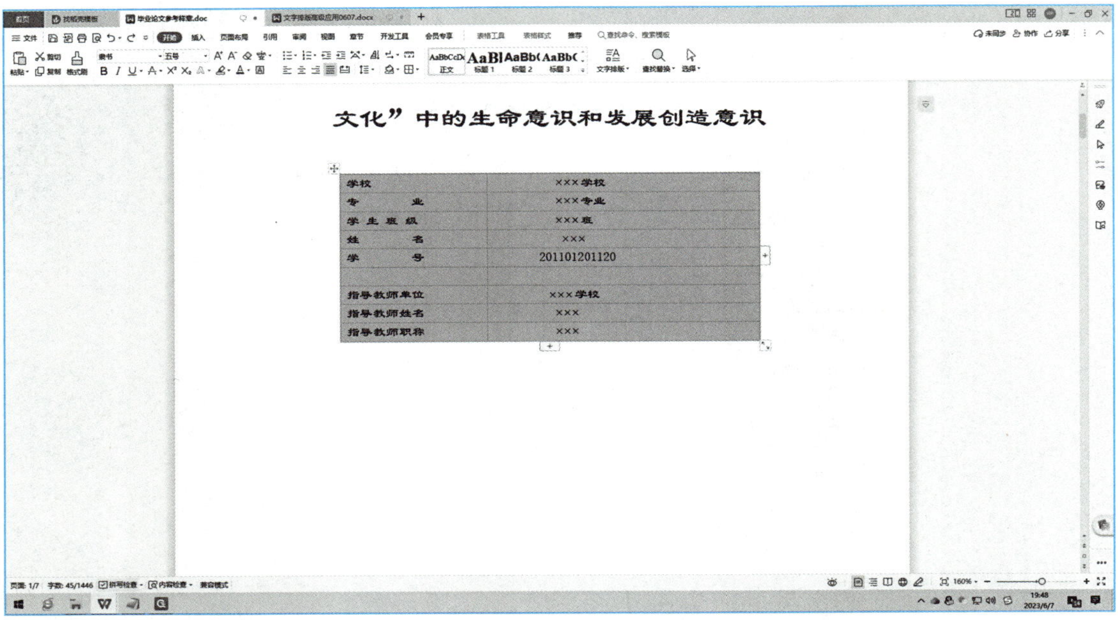

图 6－14　把内容粘贴到表格中

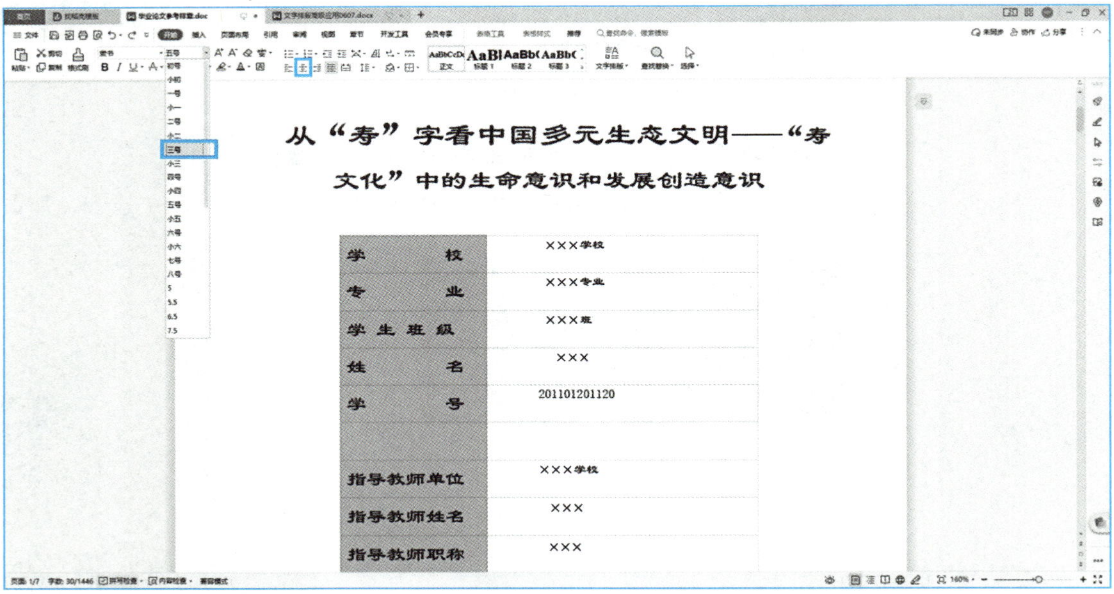

图 6－15　设置字号和对齐方式 1

2. 设置文本格式

对论文内容进行段落对齐、文本前、文本后、段前、段后、特殊格式、字体、字号、字形等设置。

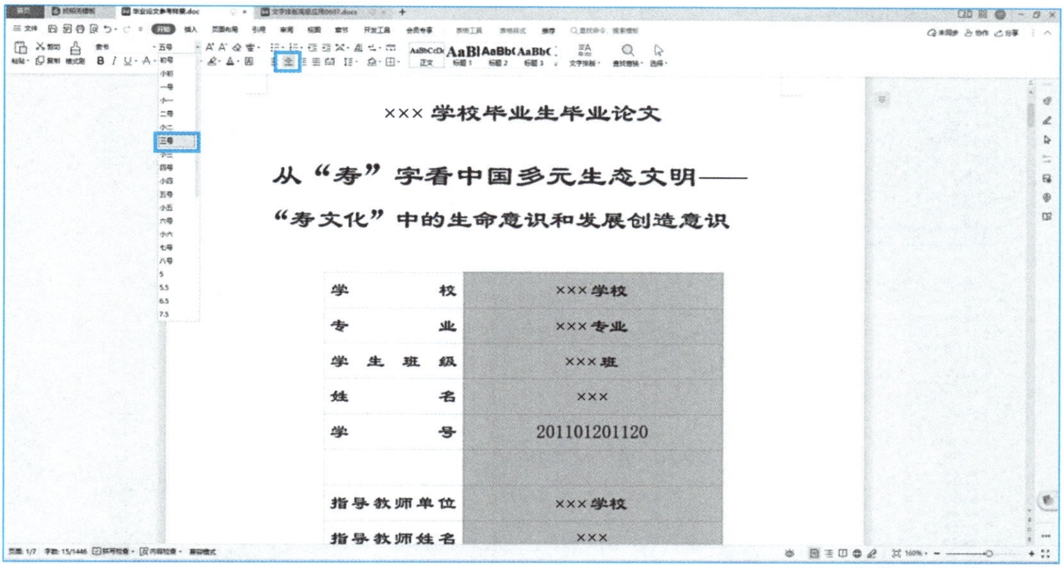

图 6－16　设置字号和对齐方式 2

方法与步骤：

步骤 1：打开“毕业论文素材 .doc”，全选论文内容，单击鼠标右键选择“段落”，在弹出的对话框中“对齐方式”的下拉框中选择“左对齐”，在“间距”下面设置段前、段后均为 7.8 磅，设置 1.5 倍行距，设置值为“1.5 倍”，单击“确定”按钮即可，如图 6－17 所示；在功能区设置字体属性，字体：宋体，字号：小四，如图 6－18 所示。

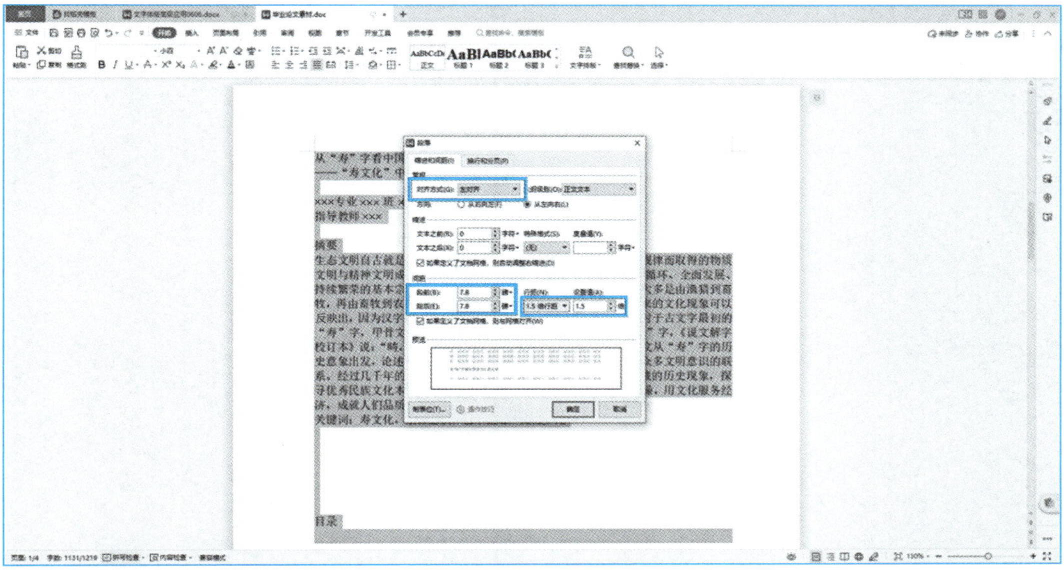

图 6－17　设置段前段后间距

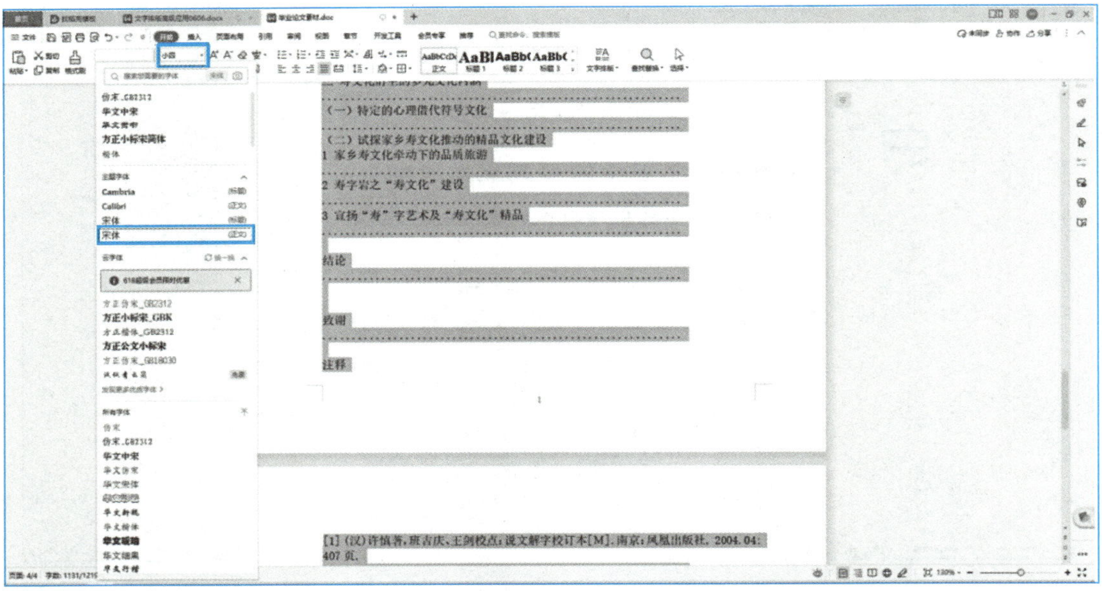

图 6－18　在功能区设置字体、字号

步骤 2：选择标题“从‘寿’字看中国多元生态文明”进行以下修改：单击鼠标右键选择“段落”，在弹出的对话框中对齐方式的下拉框处选择“居中对齐”，设置“单倍行距”，设置值为“1 倍”，如图 6－19 所示；在功能区设置字体属性，字体：黑体，字号：三号，如图 6－20 所示；在功能区单击选择格式刷工具，如图 6－21 所示，再刷内容“目录”。

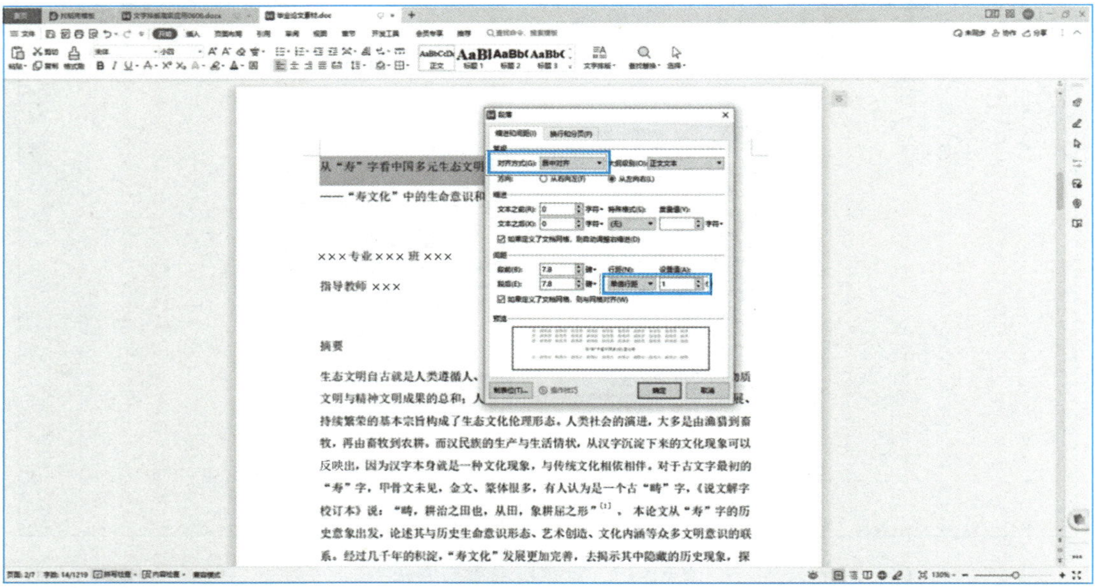

图 6－19　设置“居中对齐”和“单倍行距”

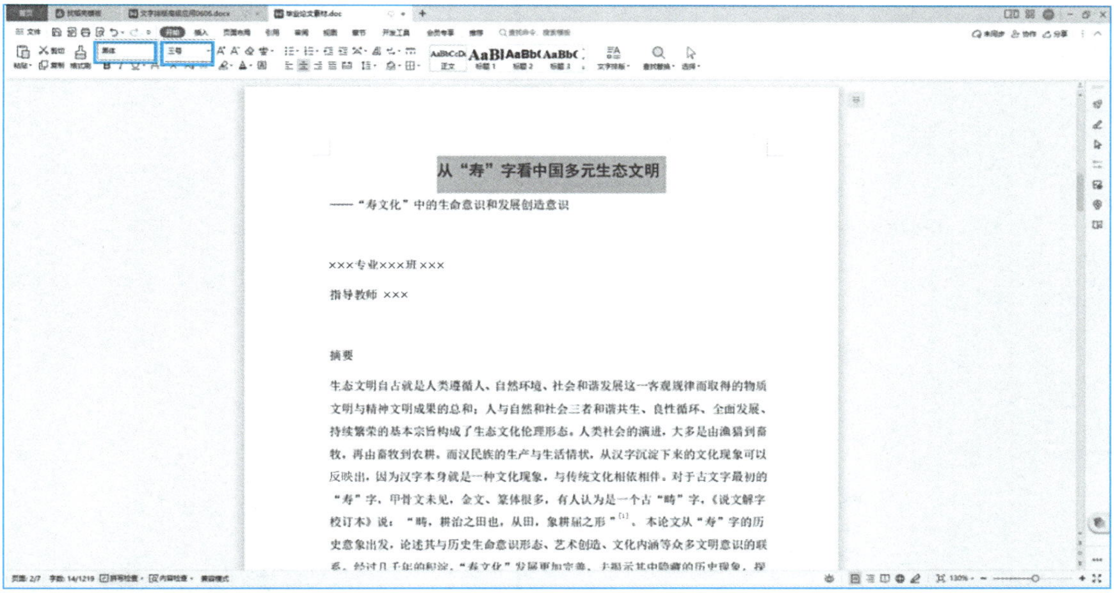

图 6－20　设置字体和字号

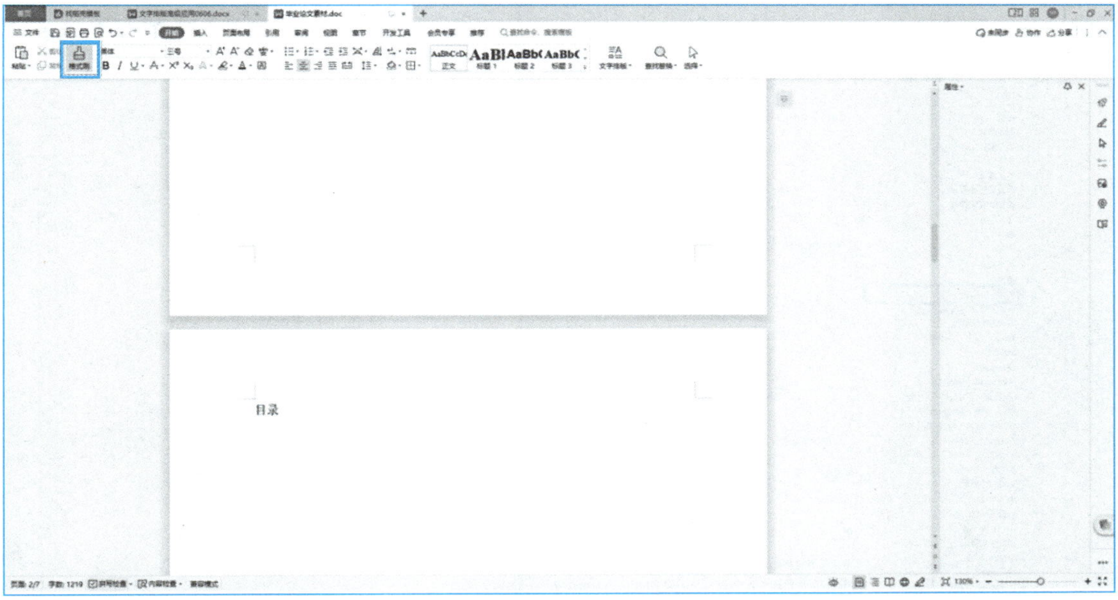

图 6－21　选择格式刷工具

步骤 3：选择标题内容“——‘寿文化’中的生命意识和发展创造意识”进行以下修改：单击鼠标右键选择“段落”，在弹出的对话框中“对齐方式”的下拉框处选择“居中对齐”，设置“单倍行距”，设置值为“1 倍”，单击“确定”按钮，如图 6－22 所示；在功能区设置字体属性，字体：黑体，字号：四号，如图 6－23 所示；在功能区单击选择格式刷工具，如图 6－24 所示，再刷内容“摘要”。

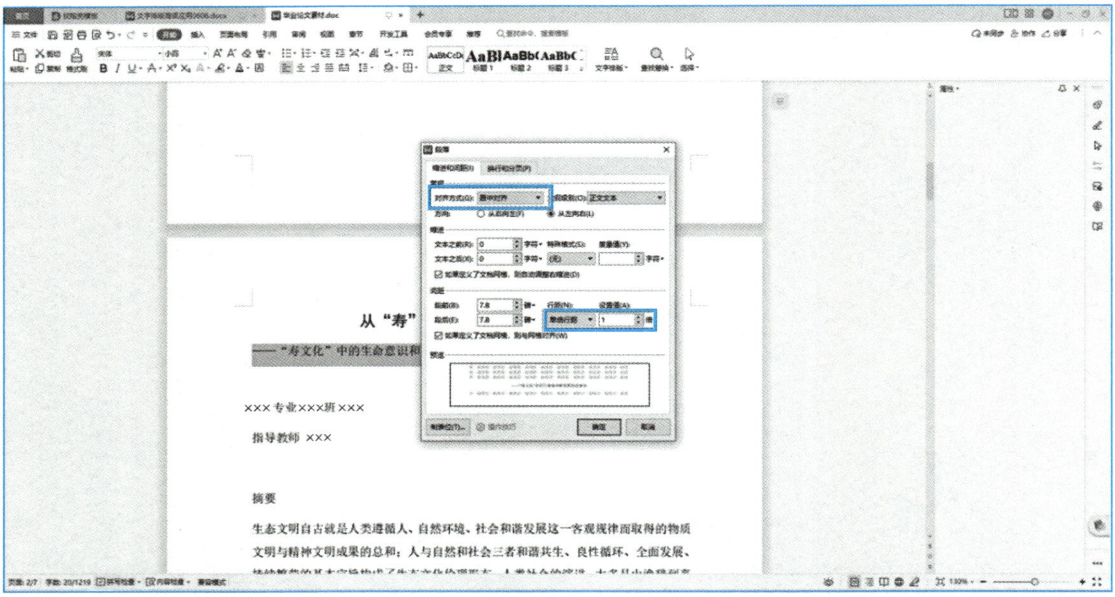

图 6－22　设置“居中对齐”和“单倍行距”

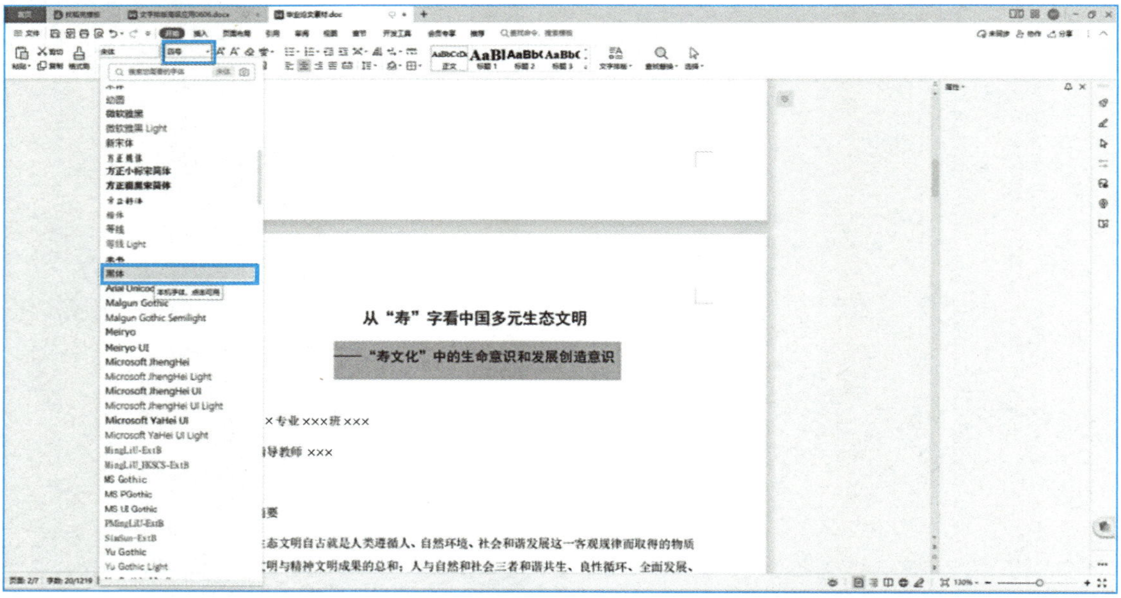

图 6－23　在功能区设置字体属性

步骤 4：选择内容“×××专业×××……指导教师×××”进行以下修改：单击鼠标右键选择“段落”，在弹出的对话框中“对齐方式”的下拉框处选择“居中对齐”，单击“确定”按钮，如图 6－25 所示。

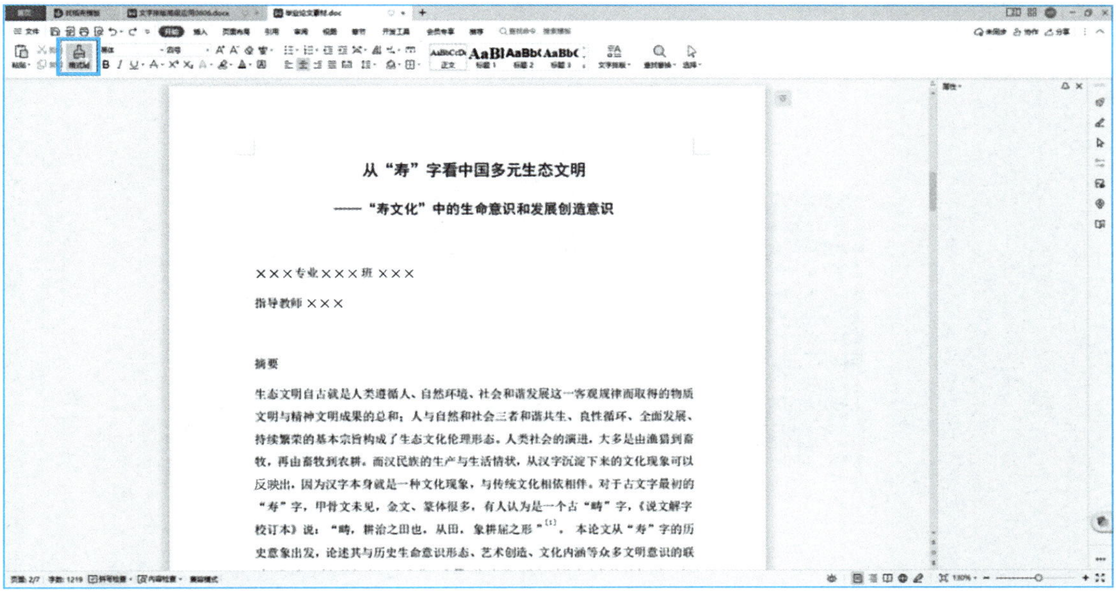

图 6-24　选择格式刷工具

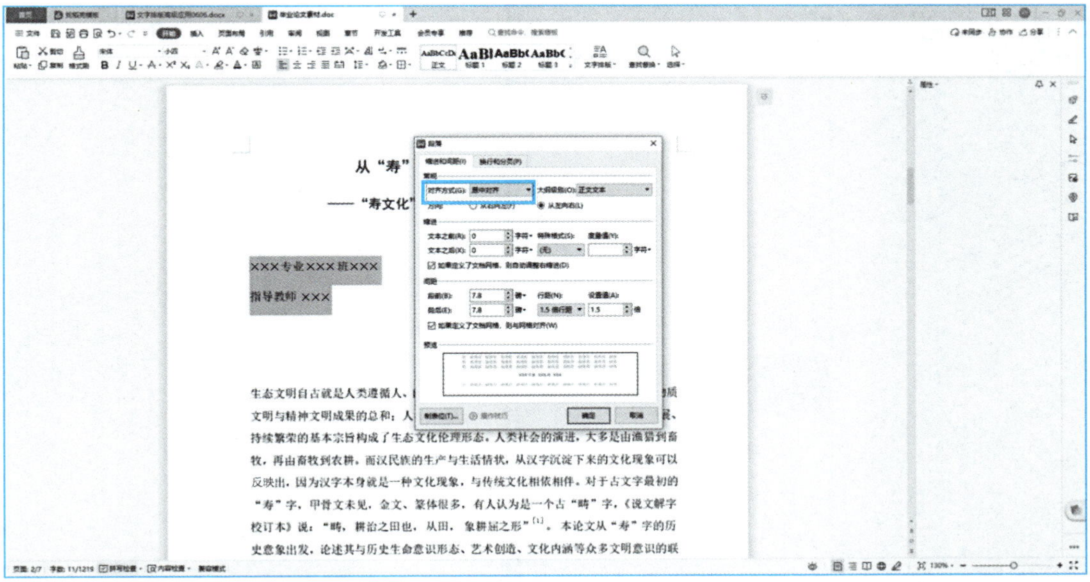

图 6-25　选择“居中对齐”

步骤 5：选择内容“生态文明自古……成就人们品质生活。”进行以下修改：单击鼠标右键选择“段落”，在弹出的对话框中“特殊格式”的下拉框处选择“首行缩进”，“度量值”选择“2 字符”，单击“确定”按钮，如图 6-26 所示；在功能区选择格式刷工具，再刷除大标题外的所有段落内容，如图 6-27 所示。

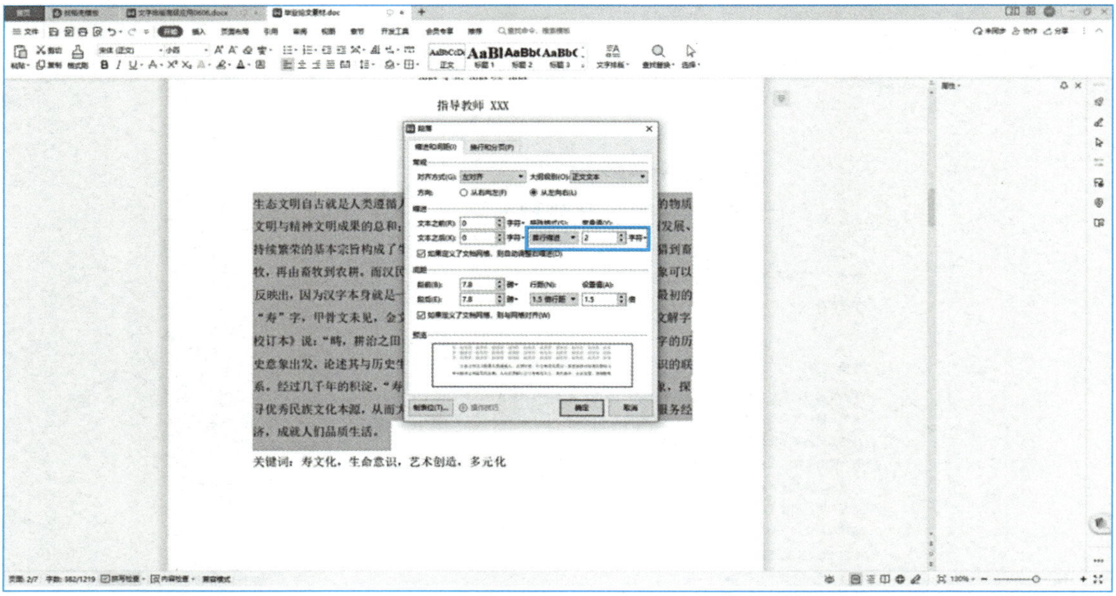

图 6－26　设置首行缩进

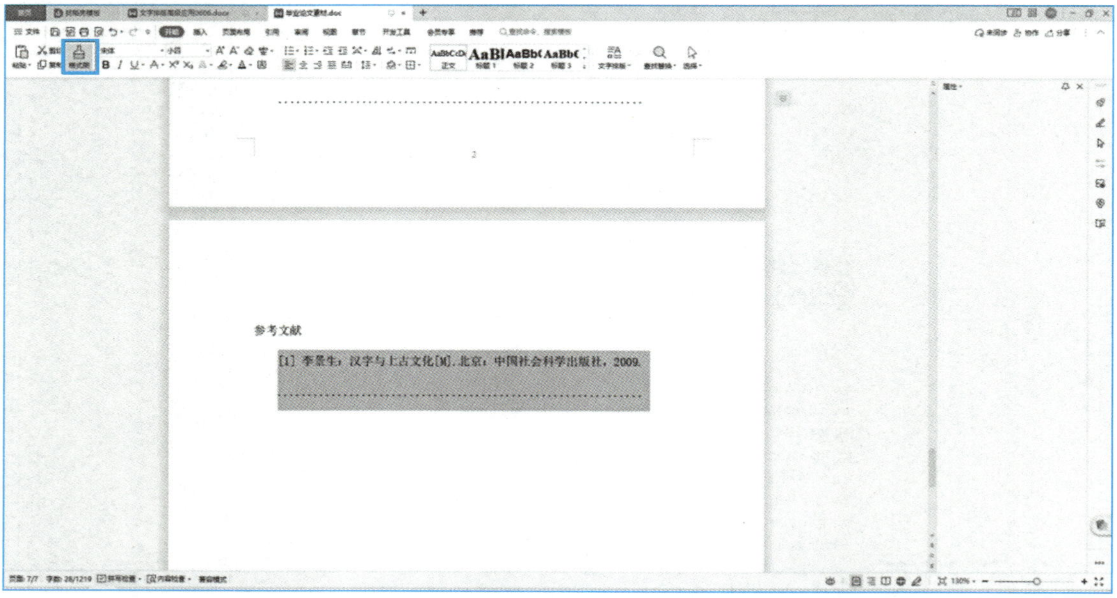

图 6－27　利用格式刷设置格式

温馨提醒：单击格式刷，只能使用一次；双击格式刷，可以使用多次。

步骤 6：选择内容“关键词:”进行以下修改：在功能区设置字体属性，字形：加粗，如图 6－28 所示；选择标题内容“引言”做同样的修改：单击鼠标右键选择“段落”，在弹出的对话框中“对齐方式”的下拉框中选择“居中对齐”，“大纲级别”选择“1 级”，单击“确定”按钮，如图 6－29 所示；在功能区双击选择格式刷工具，再刷每一个段落 1 级标题的内容，如图 6－30 所示。

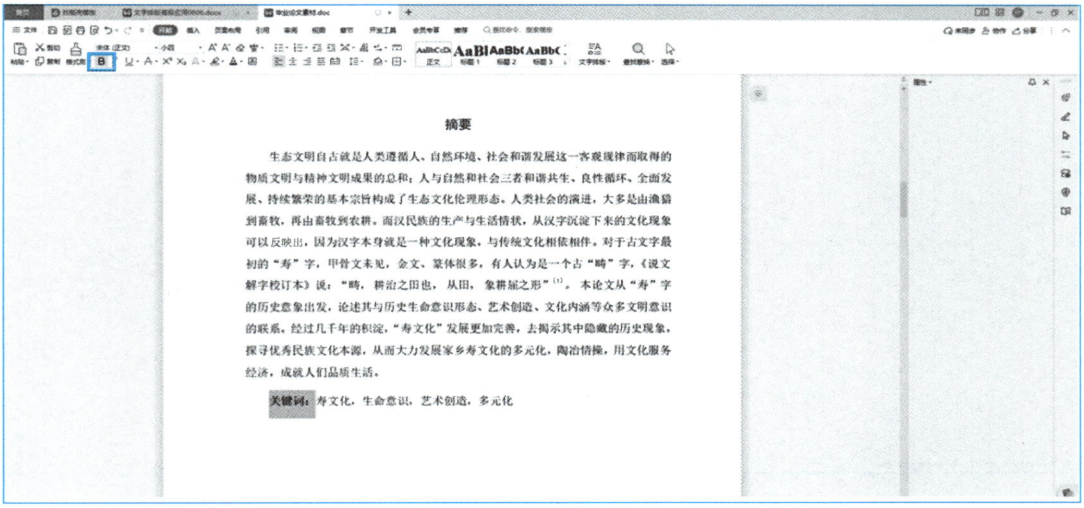

图 6－28　在功能区设置字体属性

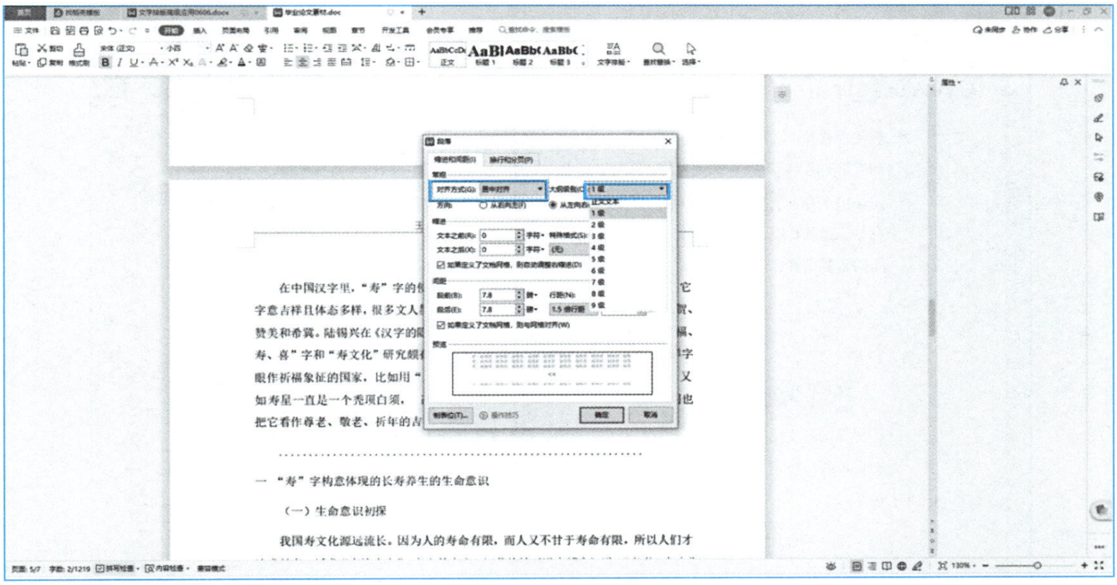

图 6－29　设置“居中对齐”和大纲级别

步骤 7：选择标题内容“（一）生命意识初探”进行以下修改：在功能区设置字体属性，字形：加粗，如图 6－31 所示；单击鼠标右键选择“段落”，在弹出的对话框中“大纲级别”的下拉框中选择“2 级”，单击“确定”按钮，如图 6－32 所示；在功能区双击选择格式刷工具，再刷每一个段落 2 级标题的内容，如图 6－33 所示。

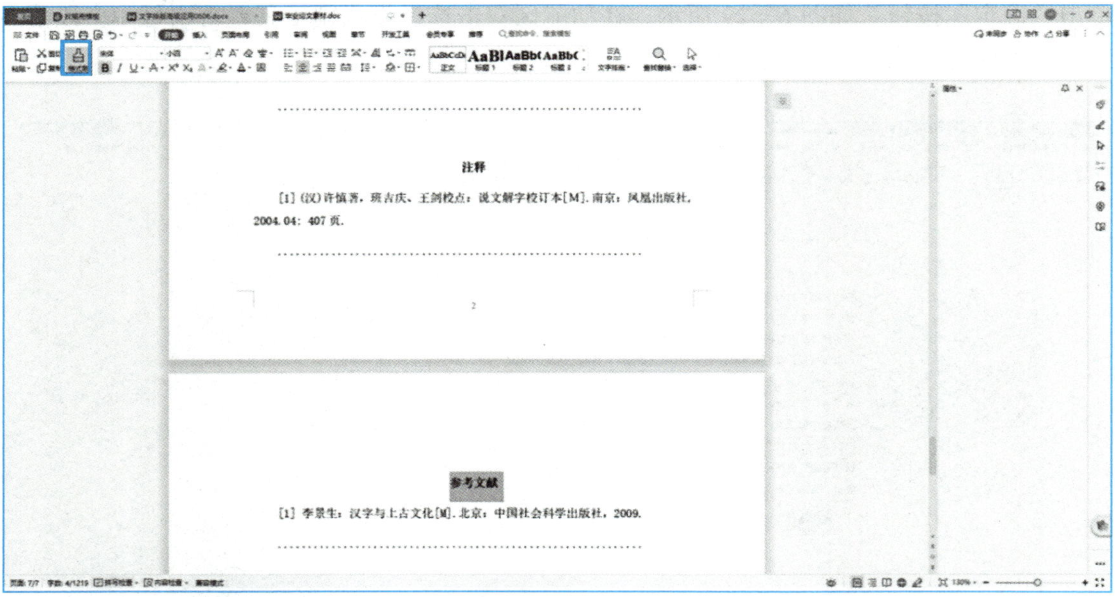

图 6－30　利用格式刷设置格式

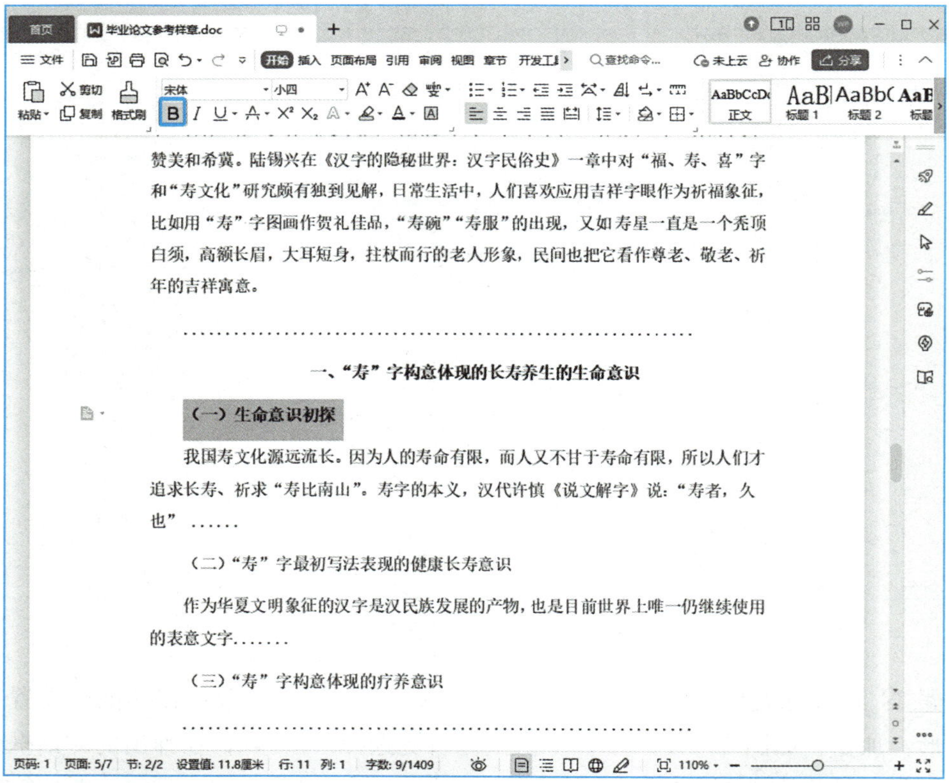

图 6－31　在功能区设置字体属性

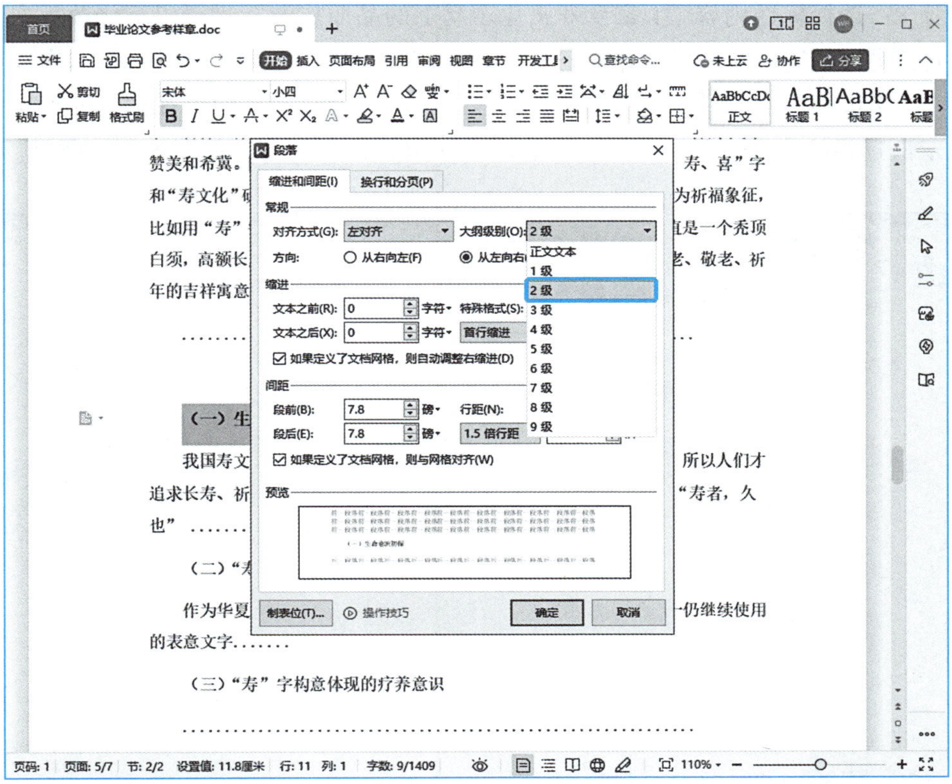

图 6－32　设置“大纲级别”

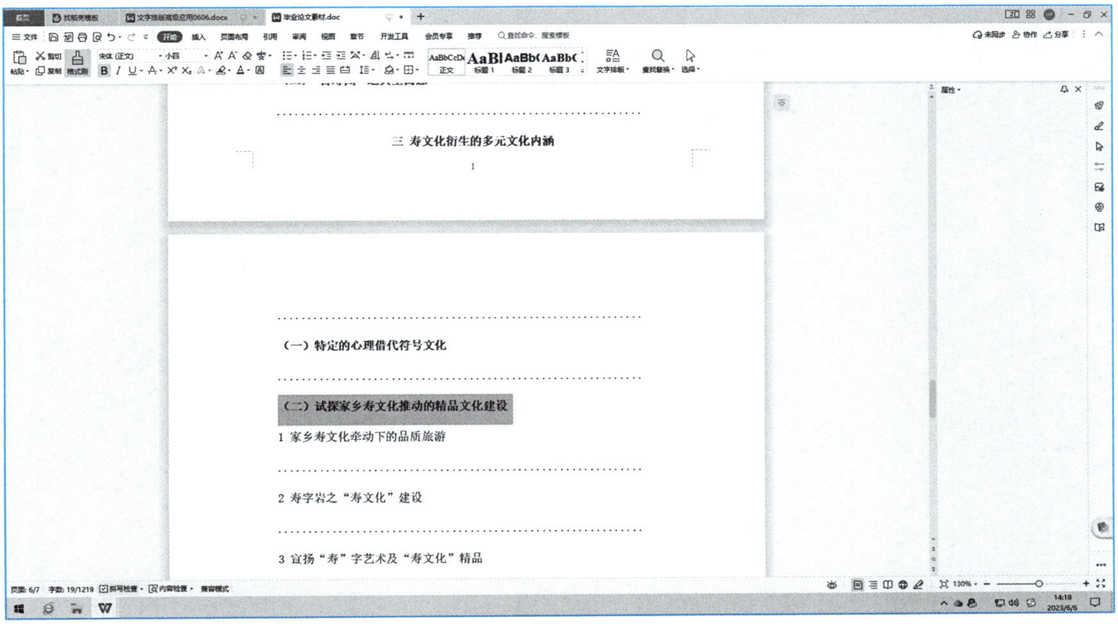

图 6－33　利用格式刷工具设置格式

步骤 8：选择标题内容“1 家乡寿文化牵动下的品质旅游”进行以下修改：在功能区设置字体属性，字形：加粗，如图 6－34 所示；单击鼠标右键选择“段落”，在弹出的对话框中“大纲级别”的下拉框中选择“3 级”，单击“确定”按钮，如图 6－35 所示；在功能区双击选择格式刷工具，再刷每一个段落 3 级标题的内容，如图 6－36 所示。

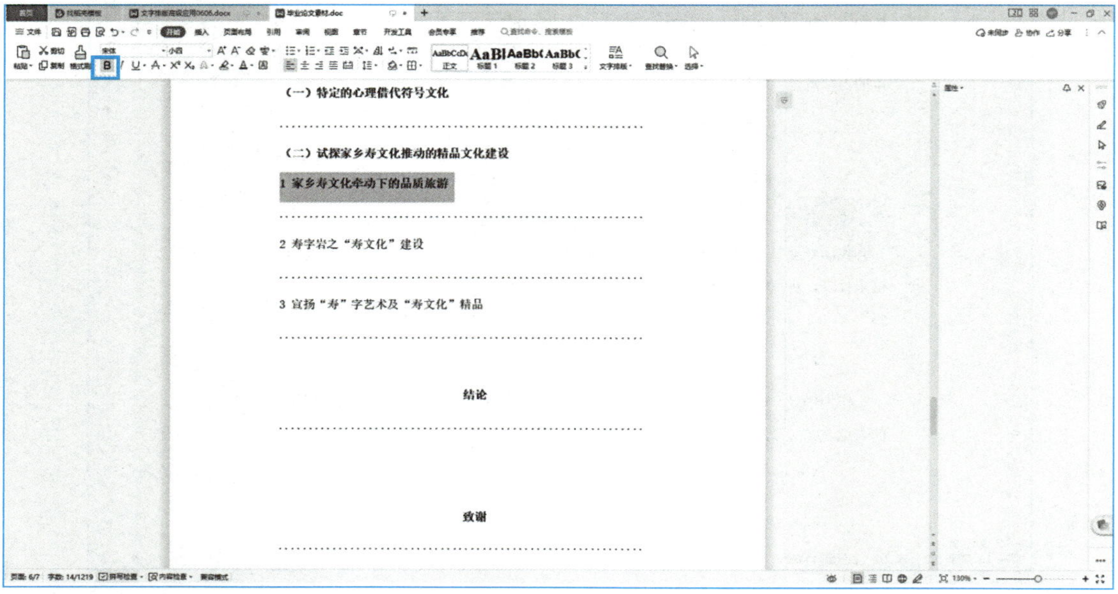

图 6－34　设置字体属性

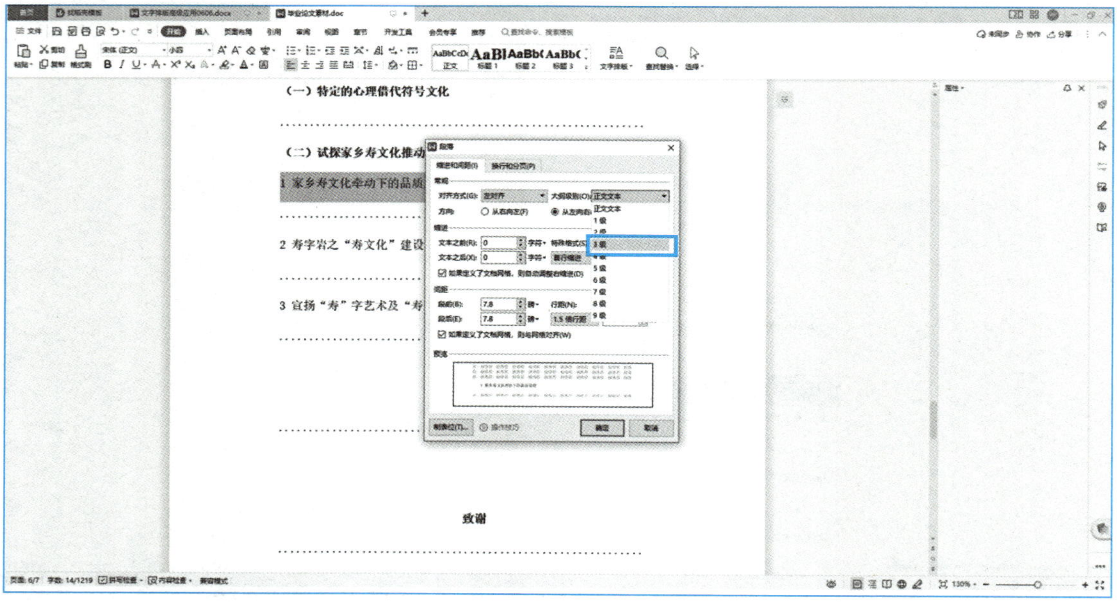

图 6－35　设置“大纲级别”

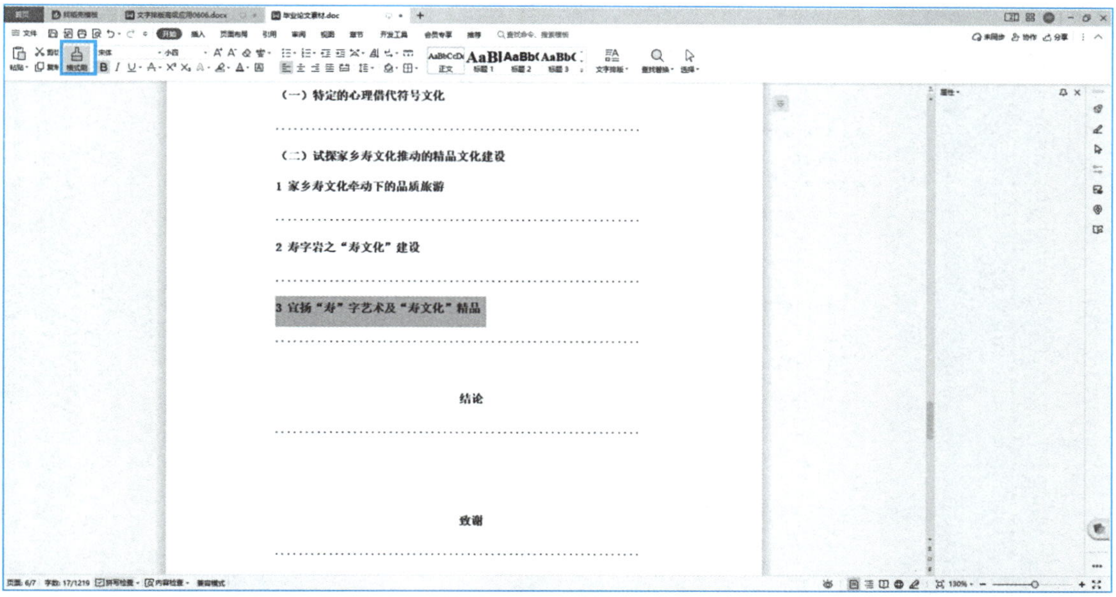

图 6－36　利用格式刷工具设置格式

3. 设置页码

在“目录”以下的位置，设置页码、分页符、删除页码等。

方法与步骤：将光标定位在“目录”以下的位置，在功能区单击“页面布局”→“分隔符”→“下一页分节符”，如图 6－37 所示；在“引言”页底部，单击“插入”→“页码”，选择“页脚外侧”，如图 6－38 所示；在“引言”的上一页定位光标，按“Delete”键后删除一页，再把光标定位在“目录”页，双击该页的页码，单击“删除页码”，选择“本节”，在功能区单击“关闭”按钮，即可删除封面至目录的页码，如图 6－39 所示。

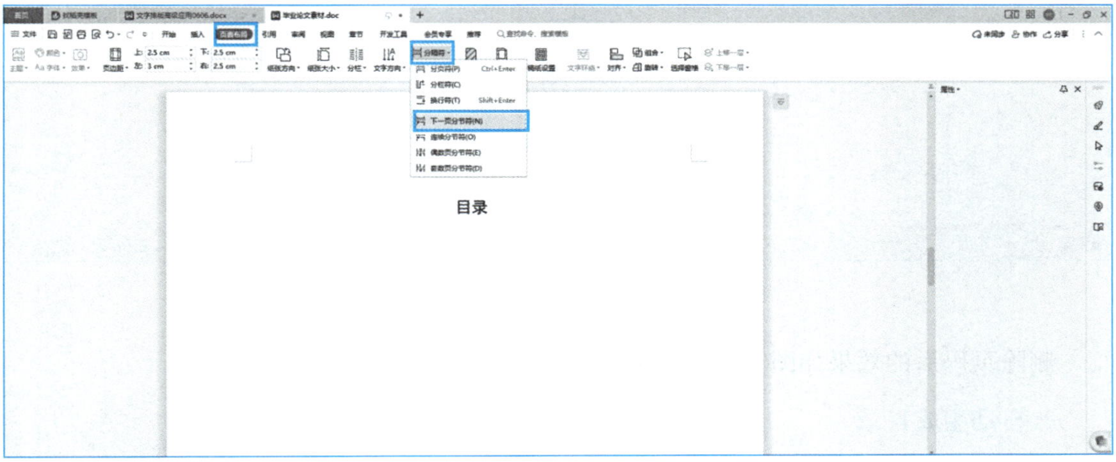

图 6－37　选择“下一页分节符”

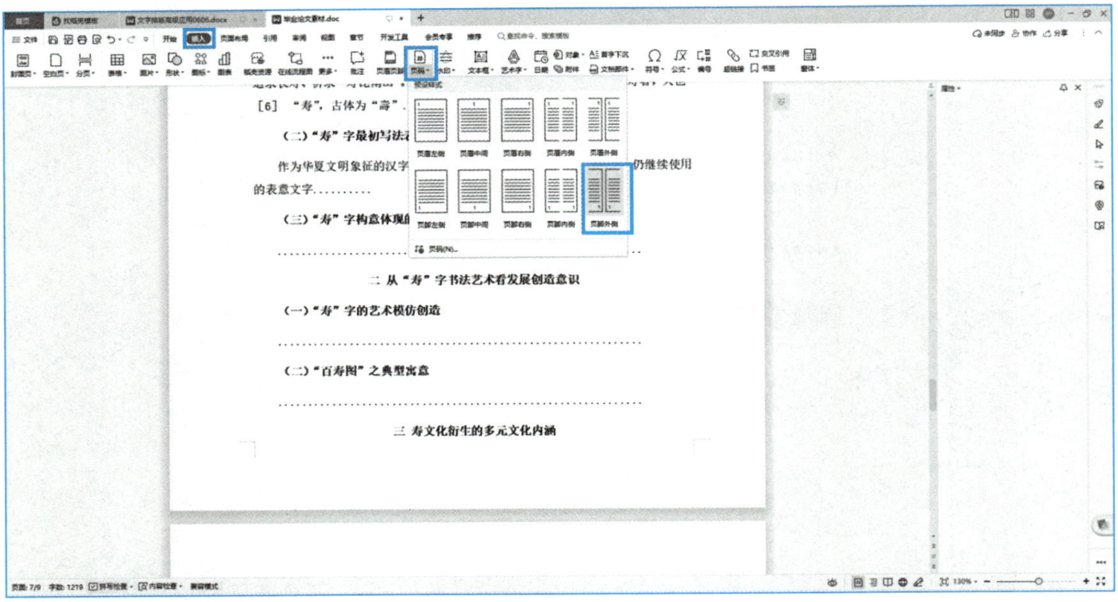

图 6－38　插入页码位置

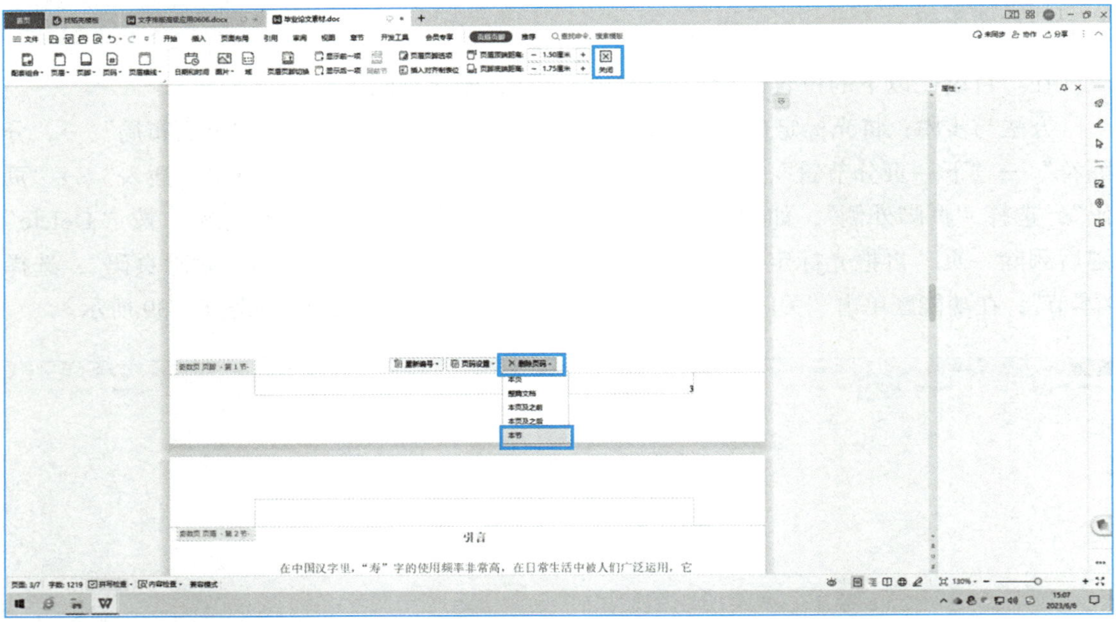

图 6－39　删除页码

删除页码后的效果如图 6－40 所示。

4. 自动生成目录

在“目录”以下的位置，通过引用、自定义目录来生成论文目录。

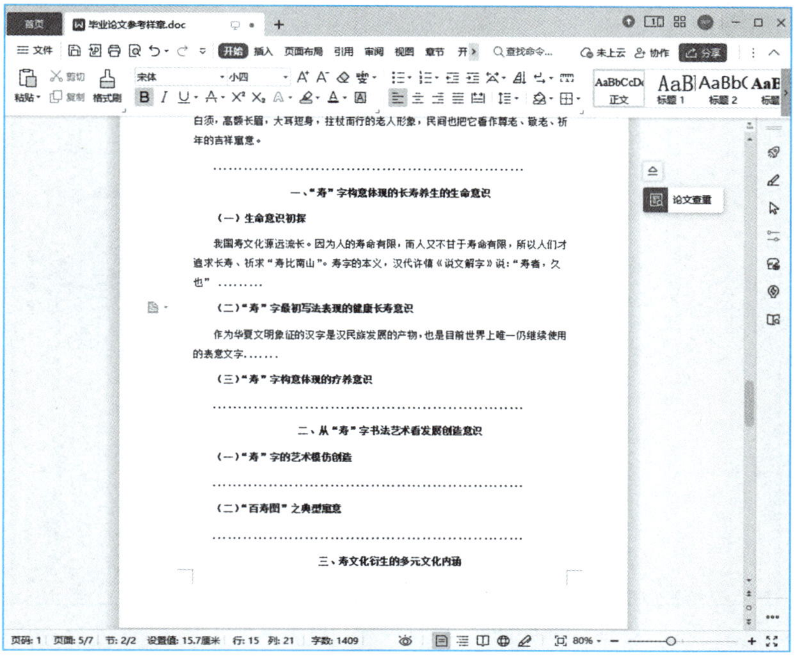

图 6－40　删除页码后的效果

步骤 1：将光标定位在"目录"以下的位置，在功能区单击"引用"→"目录"，选择"自定义目录"，如图 6－41 所示；在弹出的对话框中选择"显示级别"为"3"级，单击"确定"按钮，即可生成目录，如图 6－42 所示。

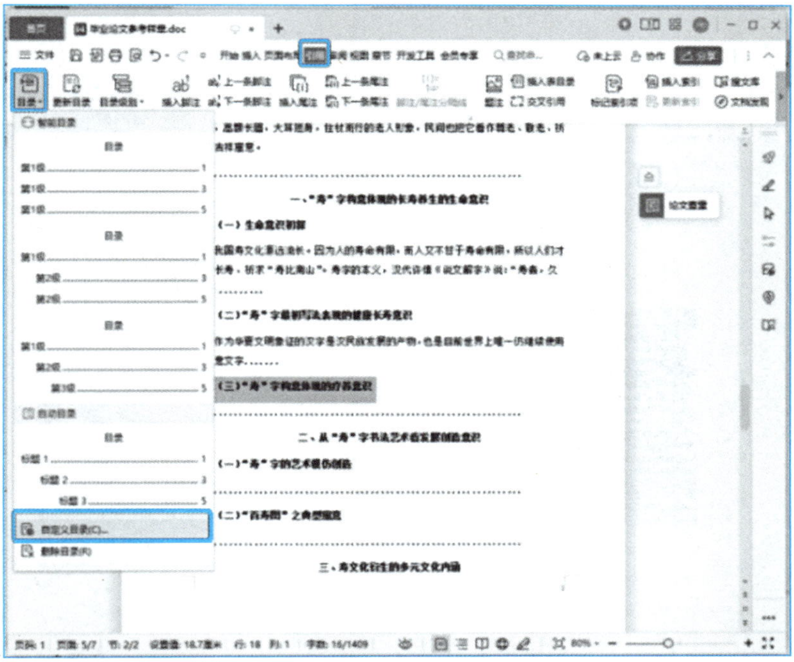

图 6－41　自定义目录

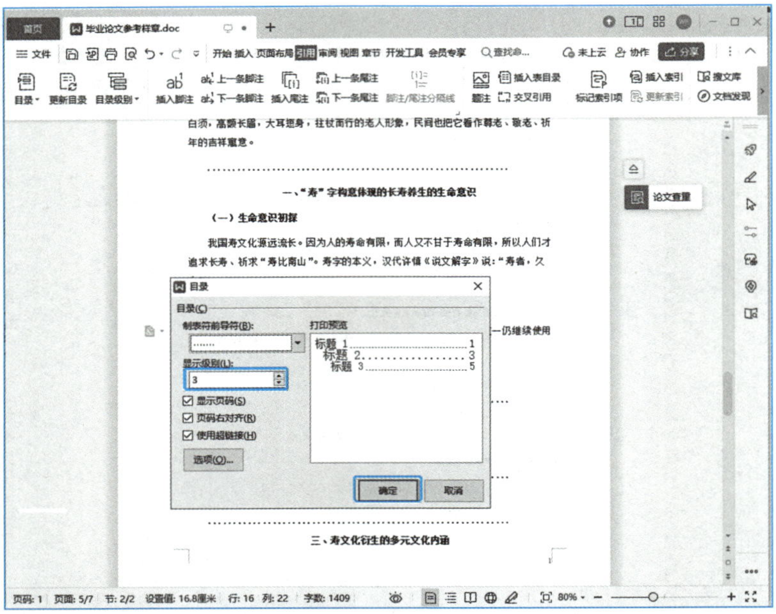

图 6－42　设置目录“显示级别”

步骤 2：选择“目录”页内容进行以下修改：单击鼠标右键选择“段落”，在弹出的对话框中，在“缩进”下面选择“文本之前 0 字符、文本之后 0 字符”，在“间距”下面选择“段前 0 行、段后 0 行”，设置“1.5 倍行距”，设置值为“1.5 倍”，单击“确定”按钮，如图 6－43 所示；在功能区设置字体属性，字体：宋体（正文），字号：小四，字形：加粗，如图 6－44 所示。

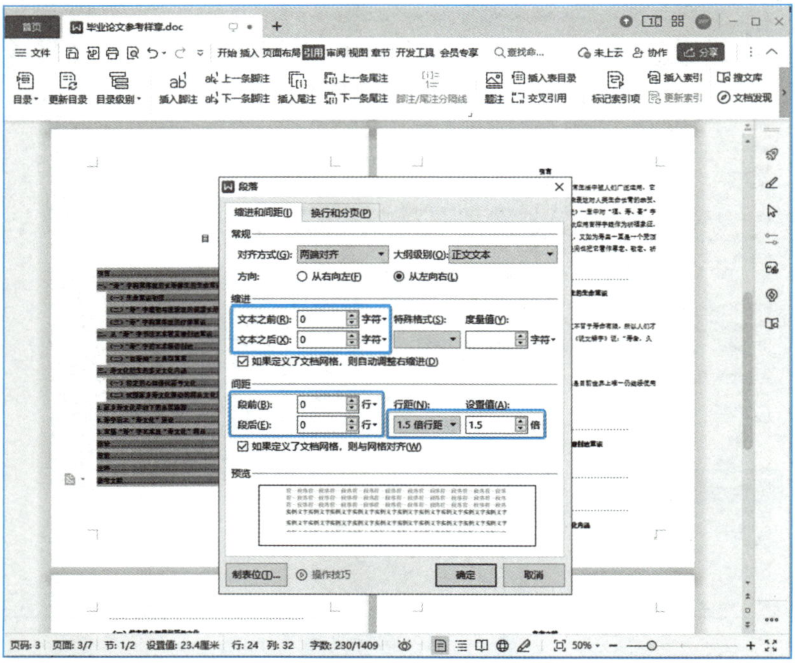

图 6－43　在“段落”对话框中设置缩进和间距

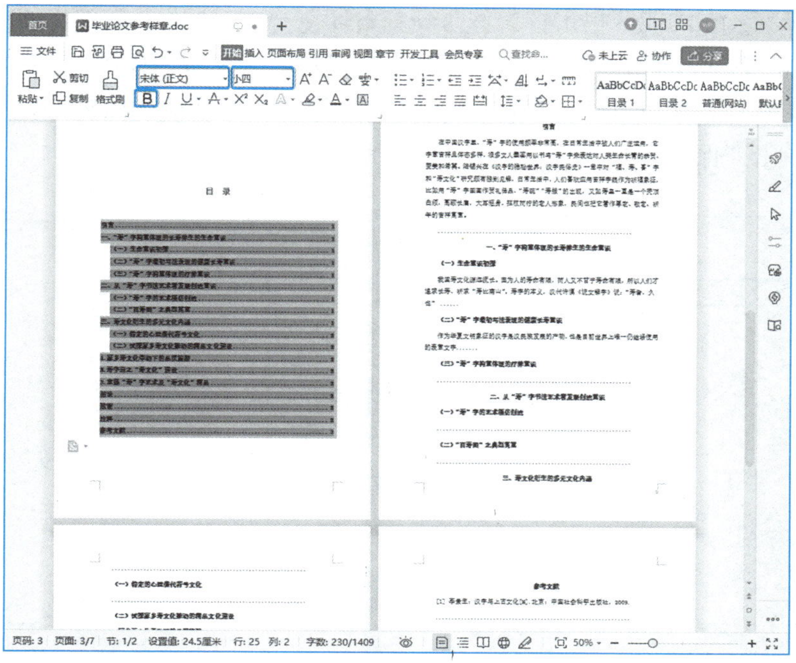

图 6-44　在功能区设置字体属性

任务完成效果如图 6-45 所示。

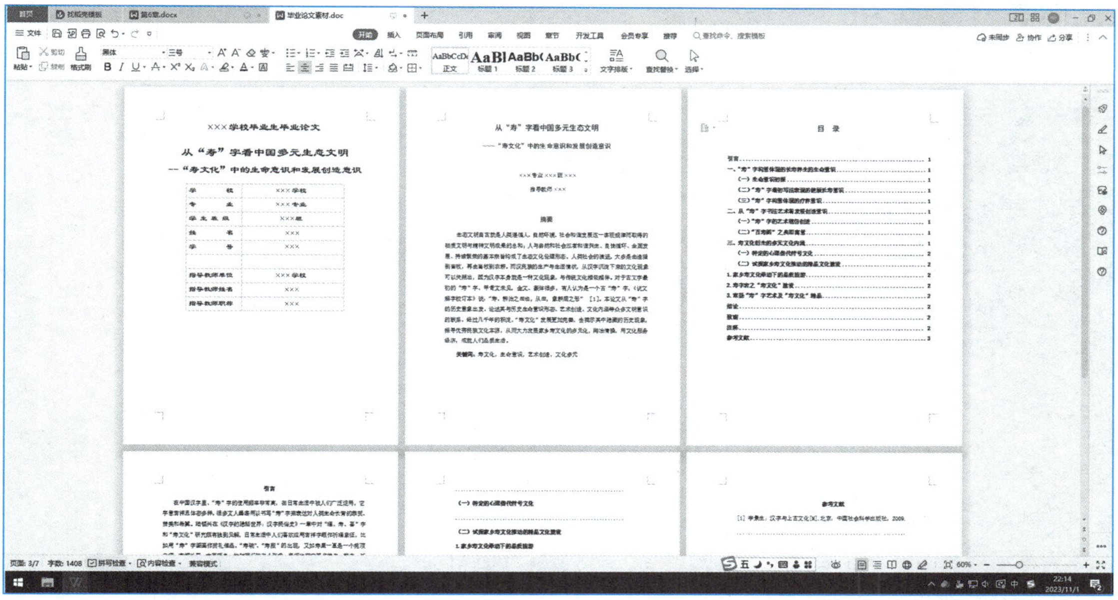

图 6-45　任务完成效果

5. 生成 PDF

通过文件打印输出的方式，生成固定格式的文档。

方法与步骤：在功能区单击“文件”→“打印”→“打印”；在弹出的对话框中名称的下拉框选择“Microsoft Print to PDF”，单击“确定”按钮，如图 6－46、图 6－47 所示；在弹出的对话框中选择需要打印输出 PDF 文档的保存路径，在文件名的文本框中输入文件名，单击“保存”按钮，如图 6－48 所示，即可生成 PDF 文档。

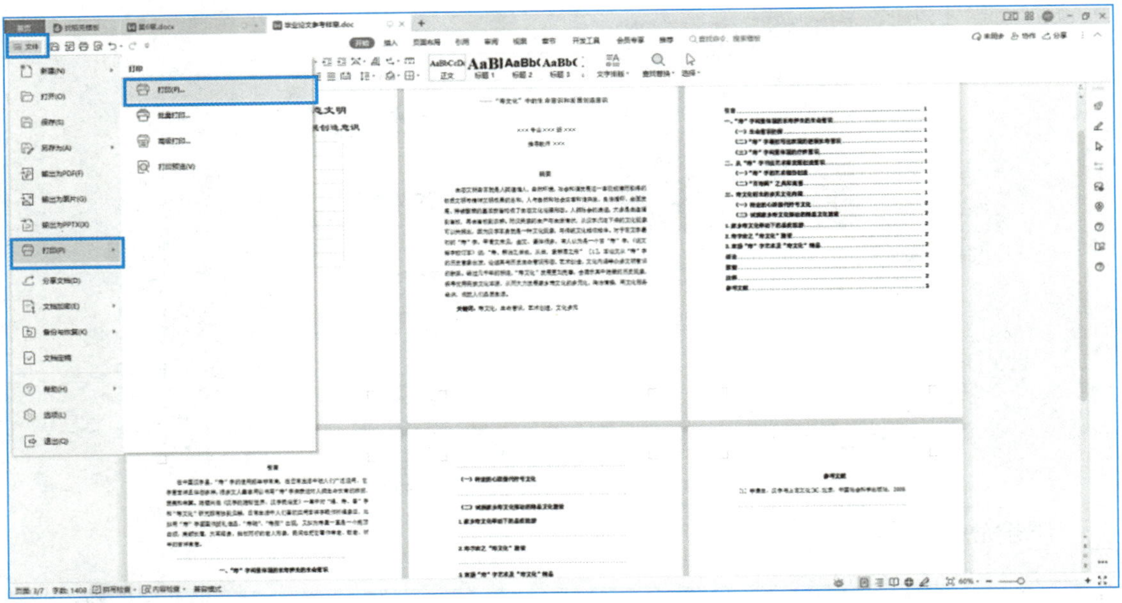

图 6－46　选择“打印”

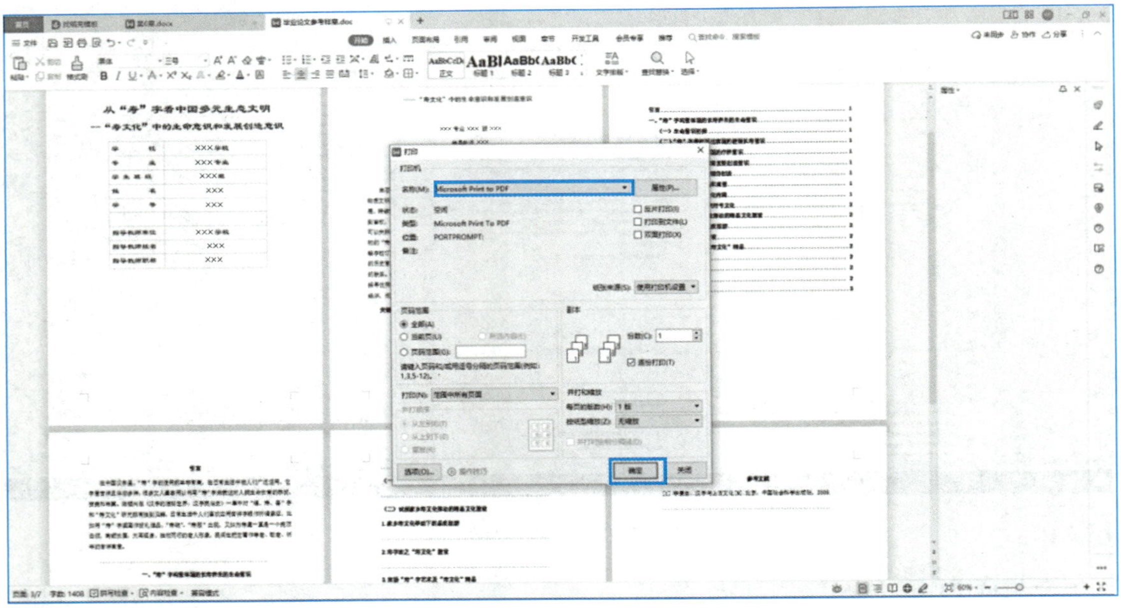

图 6－47　打印文件

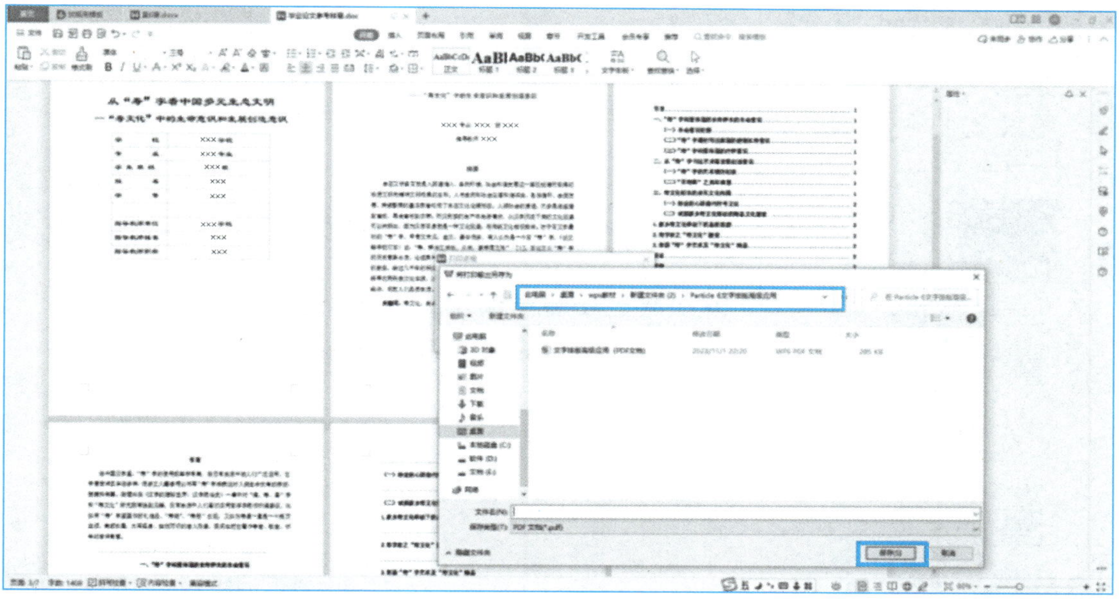

图 6－48　输入文件名并保存

任务完成效果如图 6－49、图 6－50 所示。

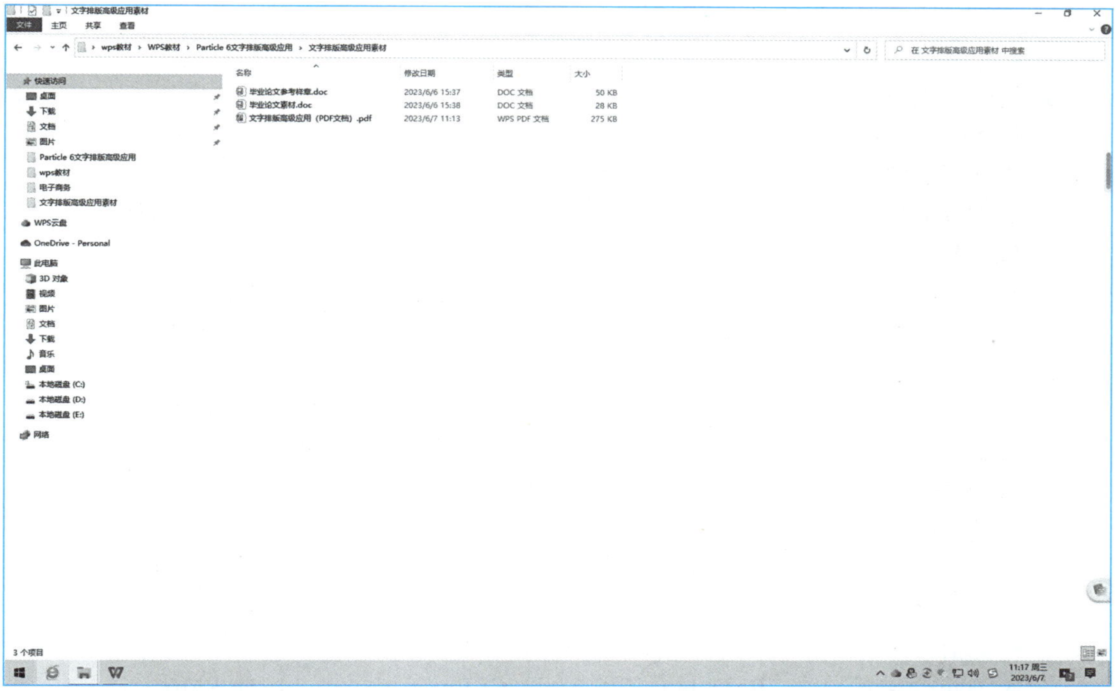

图 6－49　生成的 PDF 文档

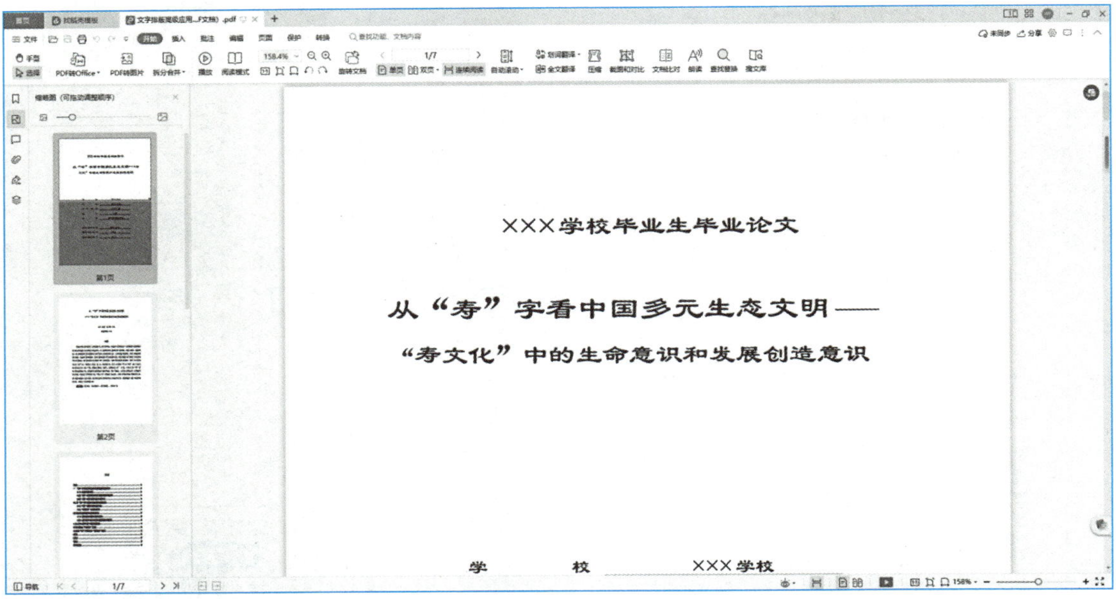

图 6－50 查看生成的 PDF 文档

习题一

一、单选题

1. 下列方式中，不能关闭当前文字文档的方式是（　　）。
   A. 标签上的“关闭”按钮
   B. 右击标签栏，在弹出的右键菜单中选择“关闭”
   C. “Ctrl+F4”组合键
   D. “Alt+Esc”组合键
2. 在 WPS 文字中，可以在（　　）选项卡中设置纸张方向为横向。
   A. 开始　　B. 插入　　C. 页面布局　　D. 格式
3. 在 WPS 文字中设置文字的字号，（　　）设置出来的字最大。
   A. 五号　　B. 四号　　C. 三号　　D. 一号
4. 在 WPS 文字中，要进行文本复制操作，首先要（　　）。
   A. 单击“开始”选项卡中的“复制”按钮
   B. 单击“开始”选项卡中的“粘贴”按钮
   C. 单击“开始”选项卡中的“剪切”按钮
   D. 选定想要复制的文本
5. 按键盘上（　　）键，可以删除光标前的字符。
   A. Backspace　　B. Delete　　C. Enter　　D. Shift
6. WPS 文字中，如果想改变文字的颜色，应该选择（　　）工具按钮。
   A. B　　B. I　　C. U　　D. A

7. 在 WPS 文字中，图片、艺术字、形状、文本框都在（　　）选项卡中。

A. 开始　　B. 插入　　C. 页面布局　　D. 格式

8. WPS 文字具有分栏功能，下列关于分栏的说法正确的是（　　）。

A. 最多可以设 4 栏　　B. 各栏的宽度必须相同

C. 各栏的宽度可以不同　　D. 各栏之间的间距是固定的

9. 在编辑状态下进行字体设置操作后，按新设置的字体显示的文字是（　　）。

A. 插入点所在段落后的文字　　B. 文字文档中被选定的文字

C. 插入点所在行中的文字　　D. 文字文档的全部文字

10. 在 WPS 文字中，（　　）选项卡可以设定打印的纸张大小。

A. 开始　　B. 插入　　C. 页面布局　　D. 视图

11. 在 WPS 文字中若要为文字文档添加表格，应当使用（　　）选项卡中的命令。

A. 开始　　B. 插入　　C. 引用　　D. 表格

12. 在 WPS 文字中，段落对齐方式有左对齐、居中、右对齐、（　　）和分散对齐 5 种。

A. 上对齐　　B. 下对齐　　C. 两端对齐　　D. 平行对齐

13. 在 WPS 文字中，除第一行外，其余各行都缩进一定值的缩进方式称为（　　）。

A. 左缩进　　B. 右缩进　　C. 首行缩进　　D. 悬挂缩进

14. 在 WPS 文字中，可单击（　　）选项卡中的“水印”按钮，为文字文档添加水印。

A. 开始　　B. 插入　　C. 引用　　D. 审阅

15. 使用（　　）组合键，可以快速创建一个空白文字文档。

A. Shift+N　　B. Ctrl+N　　C. Shift+M　　D. Ctrl+O

16. 在录入或编辑文字文档时，如果操作失误，可以使用（　　）功能，返回之前的操作。

A. 恢复　　B. 撤销　　C. 返回　　D. 重新编辑

17. 如果文字文档有多处相同的错误，可以使用（　　）功能查找并替换为其他文本。

A. 查找　　B. 替换　　C. 返回　　D. 恢复

18. 在 WPS 文字中，若要把原有的文字文档“a.docx”改为以“b.docx”文件名进行存盘，应使用“文件”菜单中的（　　）。

A. 保存　　B. 另存为　　C. 打开　　D. 输出

19. 使用（　　）组合键，可快速选中整篇文字文档。

A. Ctrl+A　　B. Ctrl+N　　C. Ctrl+M　　D. Ctrl+F4

20. 如果绘制表格出错，可以单击“表格工具”选项卡中的（　　）按钮进行擦除。

A. 绘制表格　　B. 擦除　　C. 删除　　D. 返回

二、多选题

1. WPS 文字的工作界面主要包括（　　）、编辑区、导航窗格、任务窗格、状态栏等部分。

A. 标签栏　　B. 功能区　　C. 文本框　　D. 图片

2. 在 WPS 文字中，若想保存文字文档，可以（　　）。

A. 在快速访问工具栏上，单击“保存”按钮

B. 按 F12 键

C. 选择“文件”菜单中的“保存”

D. 选择“文件”菜单中的“另存为”

3. 在 WPS 文字中，页面设置主要包括（　　）。

A. 设置页边距　　B. 设置纸张大小

C. 设置首行缩进　　D. 设置字体大小

4. 在 WPS 文字中，下列有关选择操作正确的是（　　）。

A. 按 Ctrl 键，可以不选择连续的文本　　B. 在段落中双击，可以选中该段落

C. 按 Shift 键，可以选中矩形区域　　D. 在选中栏双击将选取光标所指段落

5. 在 WPS 文字中，“底纹”可以应用于（　　）。

A. 节　　B. 文字　　C. 段落　　D. 整篇文档

三、填空题

1. 在 WPS 文字中，新建文档的默认纸张大小是__________。

2. 在 WPS 文字中，“格式刷”按钮的作用是______________。

3. 在 WPS 文字中，当前编辑的是桌面上的某个文档，要将该文档保存到 U 盘，应当使用“文件”菜单中的____________。

4. WPS 文字软件的主要功能是____________。

5. 在 WPS 文字中，若要将一些选中的文字内容设置为粗体字，则单击工具栏上的________按钮。

6. 在 WPS 文字中，如果选中了一段文字，不小心按了空格键，则大段文字将被一个空格所代替，此时可用________操作还原到原先的状态。

7. WPS 文档的扩展名是________。

8. 在 WPS 文字的编辑状态下，调整左右边界的快捷方法是使用________。

9. 在 WPS 文字中，可以通过“格式”菜单中的______来设置段落的对齐方式。

10. 在 WPS 文字中，要选取某个自然段，可将鼠标移到该段选取栏区域，然后双击________。

第 2 单元

WPS 表格

WPS 表格是 WPS Office 中的另一个主要组件，具有强大的数据处理能力，主要用于制作电子表格。WPS 表格初级主要讲解电子表格的基本操作、格式设置、函数使用、图表制作、审阅与安全以及打印等。

WPS 表格的工作界面主要包括标签栏、窗口控制区、功能区、视图控制区、名称框、编辑栏、工作表编辑区、工作表列表区等，如下图所示。

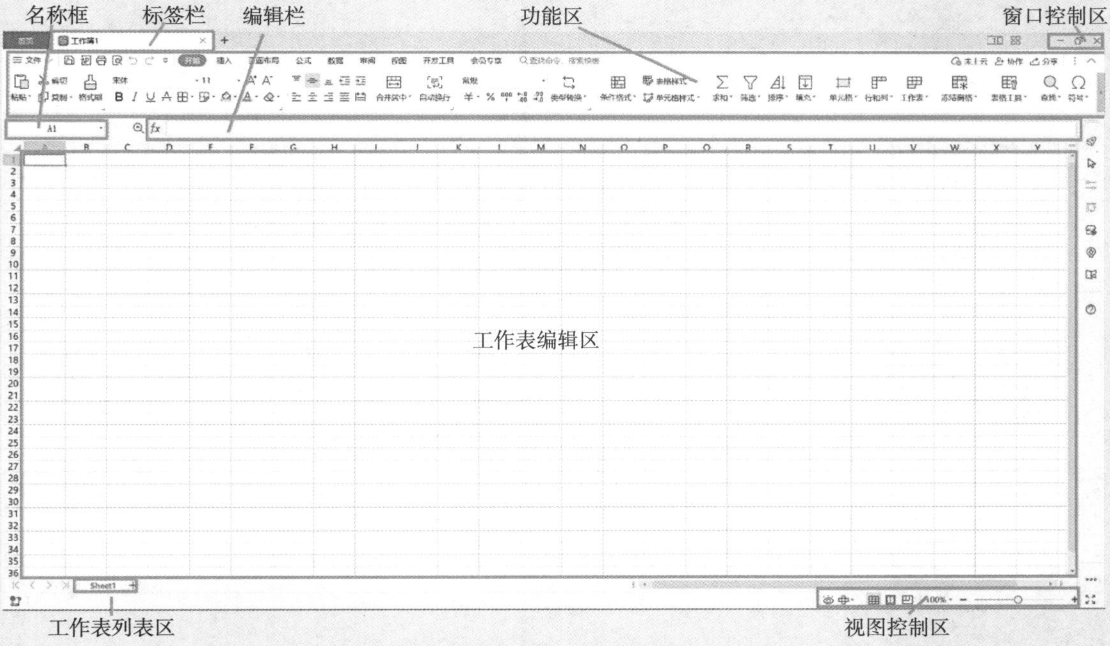

WPS 表格的工作界面

标签栏：主要用于显示文件名和访问、切换、新建电子表格。

窗口控制区：主要用于窗口控制，包括最小化窗口、缩放窗口和关闭窗口。

功能区：主要有快速访问工具栏及“开始”、“插入”、“页面布局”、“公式”、“数据”、“审阅”、“视图”和“开发工具”等选项卡，单击功能区的任意选项卡，可以显示其按钮和命令。

视图控制区：主要用于切换页面视图方式和显示比例，常见的视图方式有全屏显示、普通视图、页面布局、分页预览、阅读模式等。

名称框：主要用来显示单元格名称。例如，将鼠标光标定位到第 1 行 A 列单元格中，就可以在单元格名称框中看到该单元格的名称，即 A1。

编辑栏：位于单元格名称框的右侧，用户可以在选定单元格后直接输入数据，也可以选定单元格后通过编辑栏输入数据。在单元格中输入的数据将同步显示到编辑栏中，并且可以通过编辑栏对数据进行插入、修改及删除等操作。

工作表编辑区：WPS 表格工作窗口中间的空白网状构成单元格的区域即工作表编辑区。工作表编辑区主要由行号标志、列号标志、编辑区域及水平和垂直滚动条组成。

工作表列表区：默认情况下打开的新工作簿中只有 1 个工作表，被命名为 Sheet1。如果默认的工作表数量不能满足需求，可以单击工作表标签栏右侧的新建工作表按钮“+”，快速添加一个新的空白工作表。新添加的工作表以 Sheet2、Sheet3……命名。

第7章

电子表格的输入

任务： 你是人事部文员李莉，公司人事部在春季招聘会招录了一批新员工，请你制作一个 WPS 电子表格，将新员工的信息输入到电子表格中。

目标： 通过制作 ×× 公司新入职员工登记表，学习 WPS 电子表格文本、数字、日期、数列、动态下拉列表、等比数列等的输入方法。

工号	部门	姓名	性别	出生日期	电话号码
01023001	工程部	韦昱杨	女	2001/3/7	13700000001
01023002	工程部	韦文扬	男	2001/12/14	13700000002
01023003	工程部	林国建	男	1999/5/15	13700000003
01023004	工程部	黄小梅	女	2000/8/6	13700000004
01023005	工程部	李航	男	2000/7/8	13700000005
01023006	工程部	陆芳丽	女	2000/2/18	13700000006
01023007	工程部	黎洪源	男	2000/9/19	13700000007
01023008	工程部	彭雯雯	女	2000/12/10	13700000008
01023009	工程部	陈伟	男	2000/5/21	13700000009
01023010	工程部	甘承霖	男	2000/3/14	13700000010

1. 输入工号信息

利用输入纯数字文本和序列的方法输入新员工的工号信息。

方法与步骤：

（1）输入纯数字文本：输入一个英文状态的单引号，再输入数字工号信息，如图 7－1 所示；或选定输入工号的单元格区域 A2:A11，单击鼠标右键，选择“设置单元格格式”→“数字”→“分类”→“文本”，如图 7－2、图 7－3 所示，设置单元格格式为“文本”后，再输入工号。

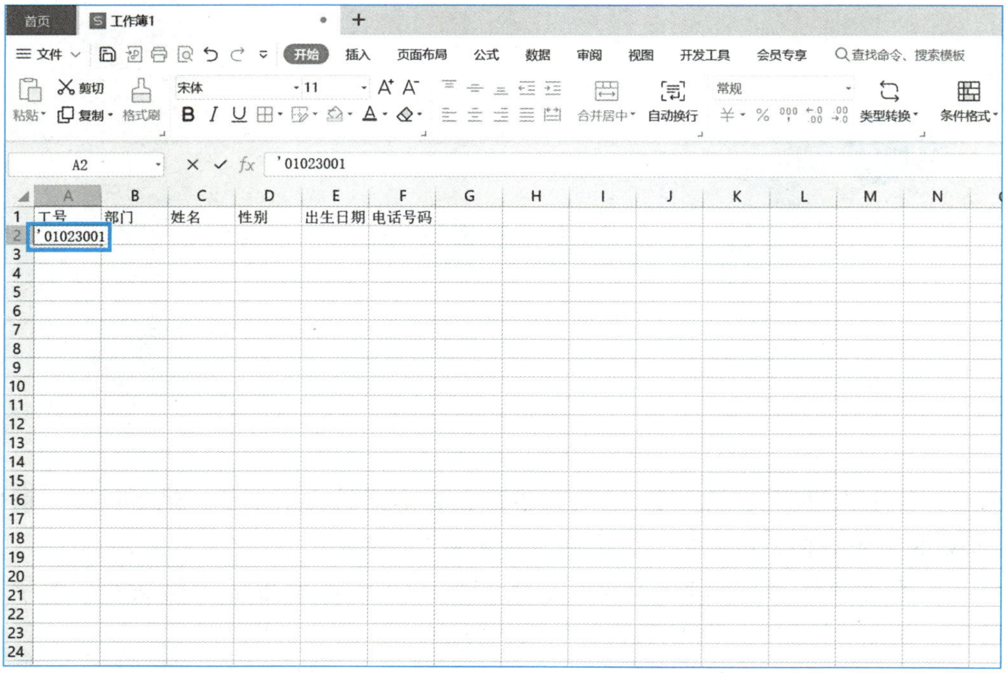

图 7－1　输入数字工号信息

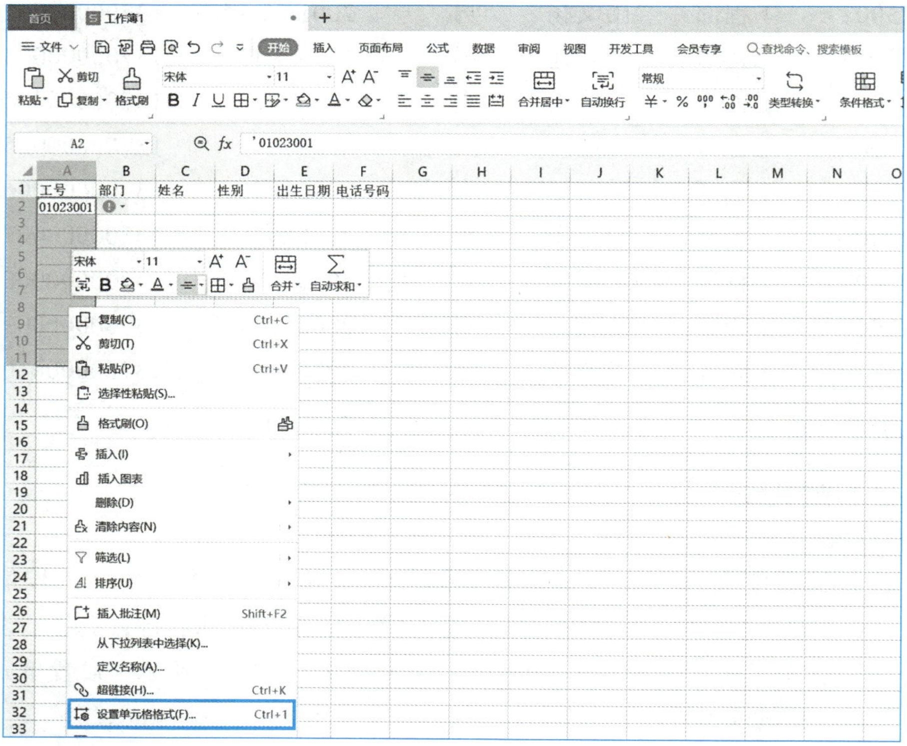

图 7－2　设置单元格格式

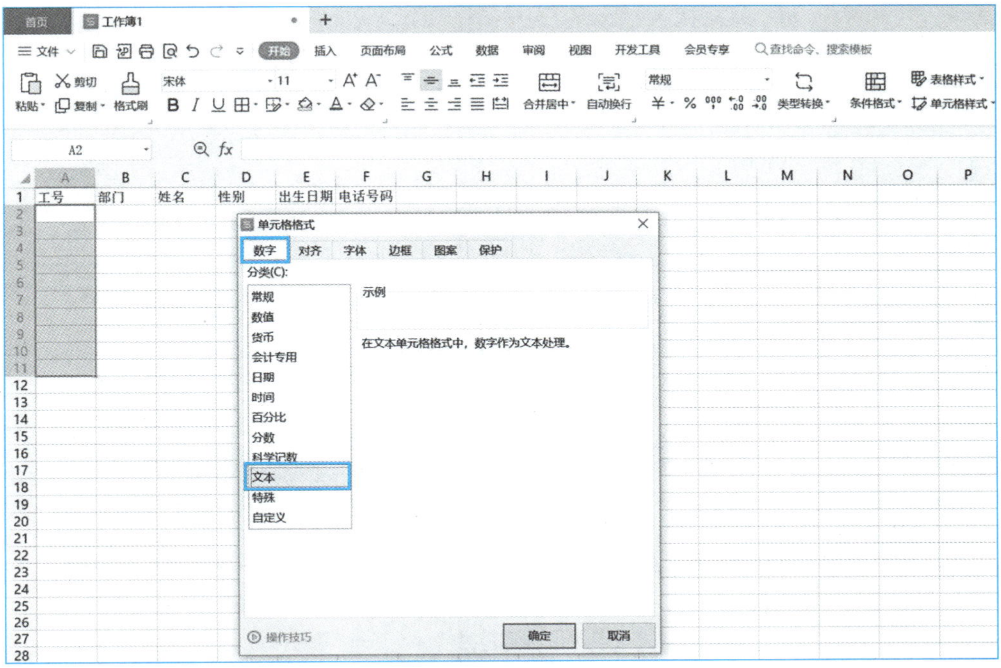

图 7－3　设置单元格格式为“文本”

（2）填充序列：在 A2、A3 单元格处输入“01023001”“01023002”两行信息后，选定 A2、A3 单元格，将光标移至选区右下角，当光标形状变为“＋”，按下鼠标左键，将余下的工号按 A2、A3 的规律填充完整，如图 7－4 所示；或在 A2、A3 单元格输入序列后，选定 A2:A11 区域，单击功能区的“开始”→“填充”→“序列”，在弹出的“序列”对话框中，选择“列”→“自动填充”，单击“确定”按钮，如图 7－5、图 7－6 所示。

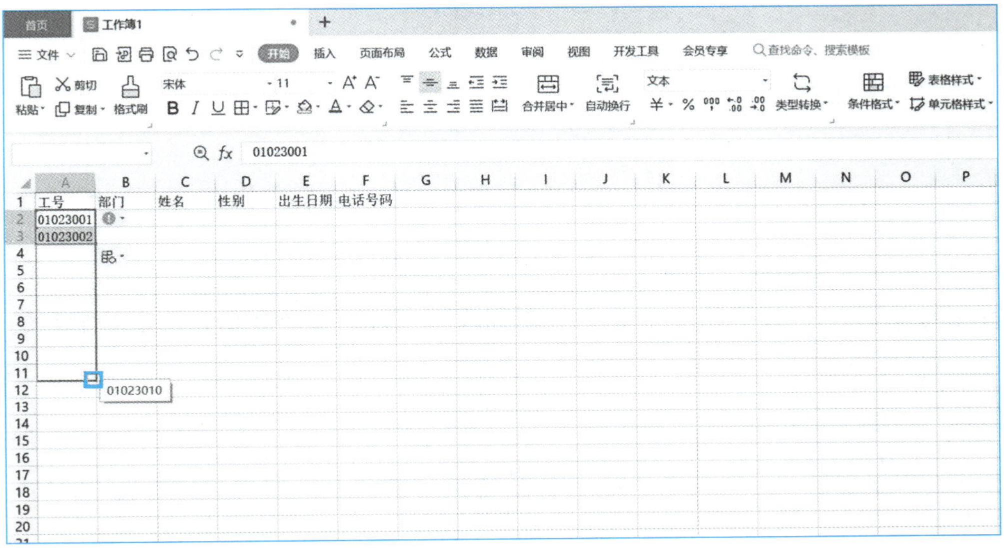

图 7－4　填充序列

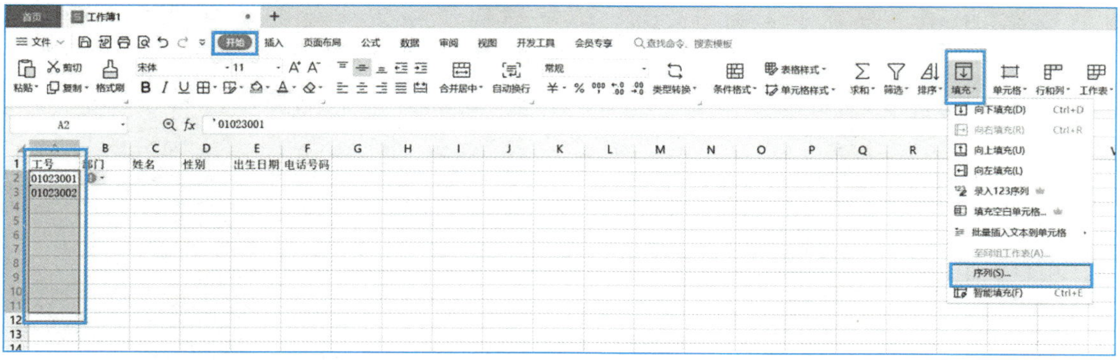

图 7－5　选择“序列”

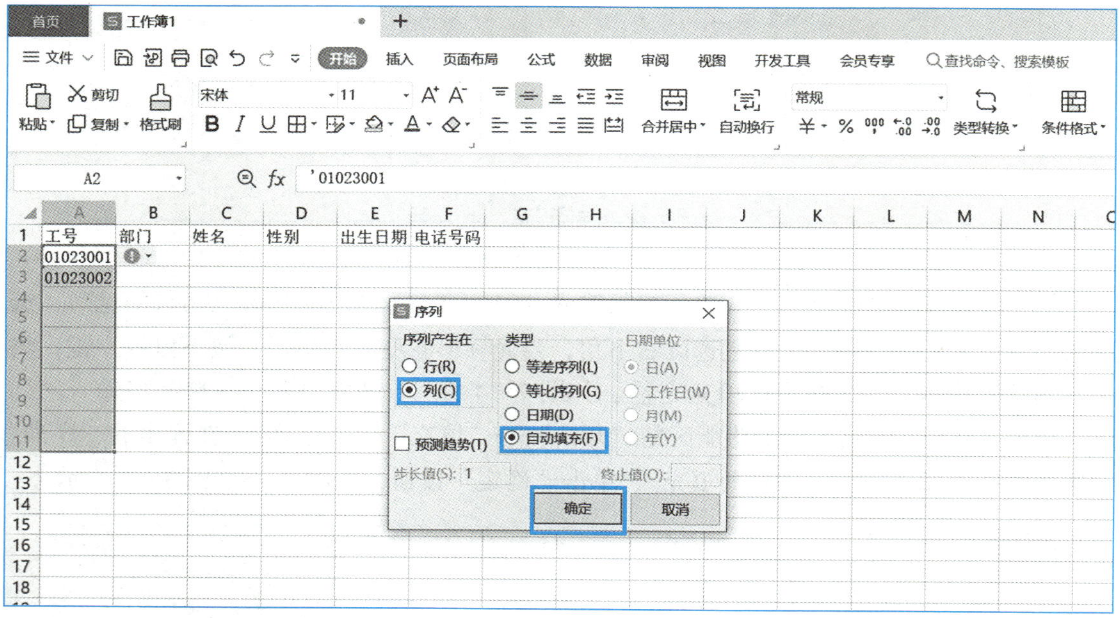

图 7－6　设置“自动填充”

2. 输入部门信息

利用自动填充序列的方法输入部门信息。

方法与步骤：在 B2 单元格中输入“工程部”，选定 B2 单元格，单击功能区的“开始”→“填充”→“向下填充”，如图 7－7 所示。

3. 输入性别下拉列表

利用设置单元格下拉列表的方法，设置性别所在列的填充值为“男”或“女”。

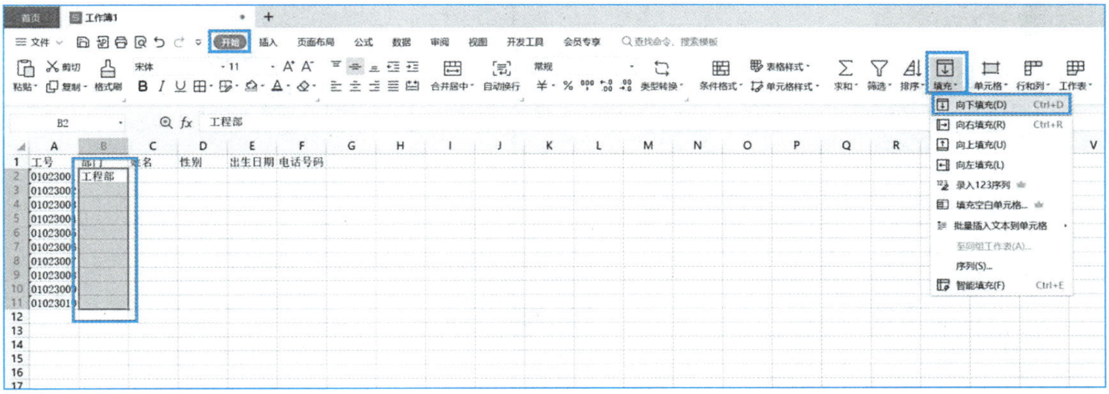

图 7 – 7　设置“向下填充”

方法与步骤：单击选定 D2:D11 区域，单击功能区的“数据”→“下拉列表”，如图 7 – 8 所示，在弹出的“插入下拉列表”对话框中，选择“手动添加下拉选项”→“”，在输入框中输入“男”，再次单击“”，在输入框中输入“女”，单击“确定”按钮，如图 7 – 9 所示；或在 D2、D3 单元格中分别输入“男”“女”后，选定 D2:D11 单元格，单击“插入下拉列表”，在弹出的对话框中单击“从单元格选择下拉选项”→“”，框选已经输入“男”“女”数据的 D2:D3 单元格，单击“确定”按钮，如图 7 – 10 所示，利用单元格下拉列表在 D2:D11 单元格区域中输入性别信息。

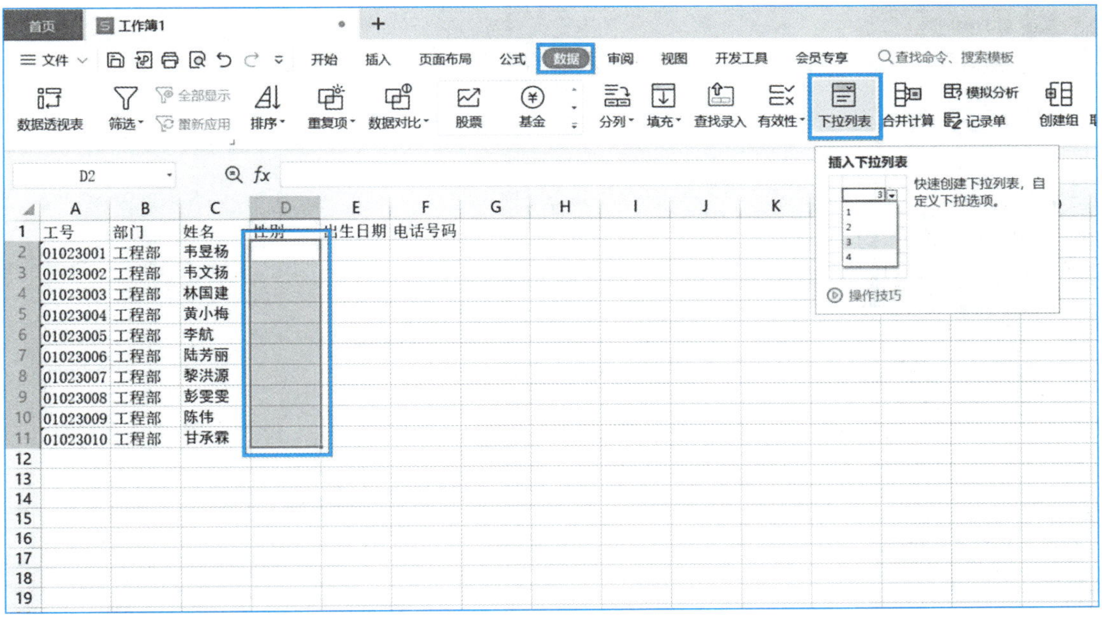

图 7 – 8　选择“下拉列表”

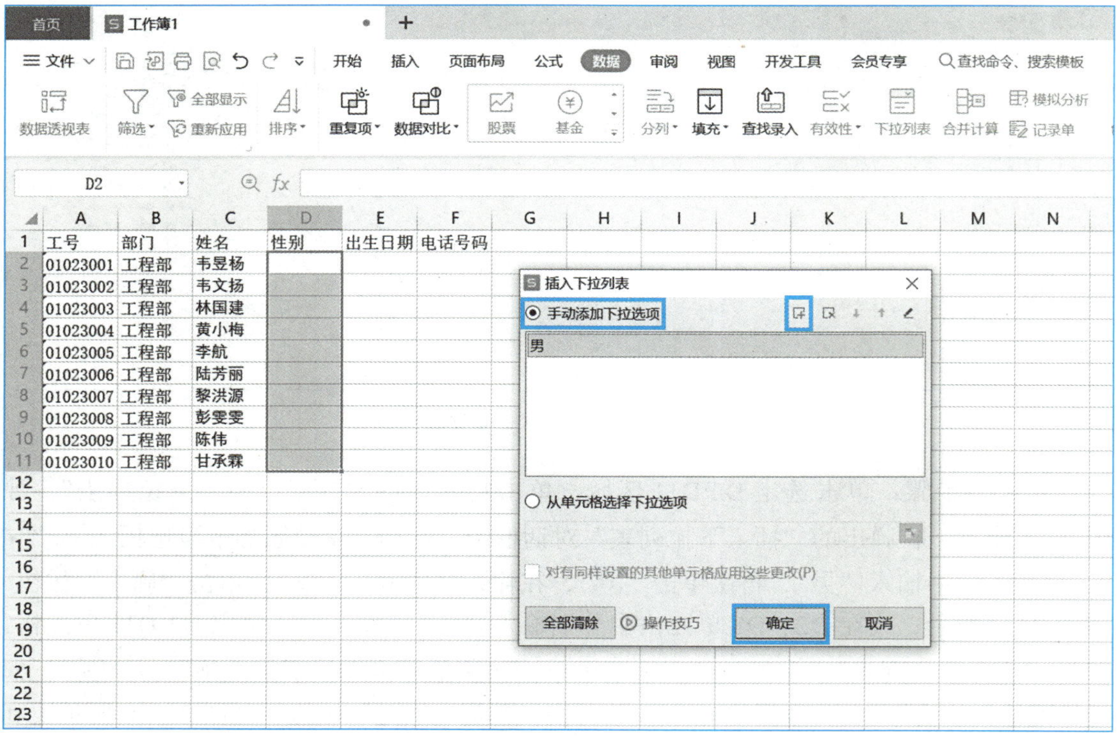

图 7－9　在“插入下拉列表”对话框中手动添加下拉选项

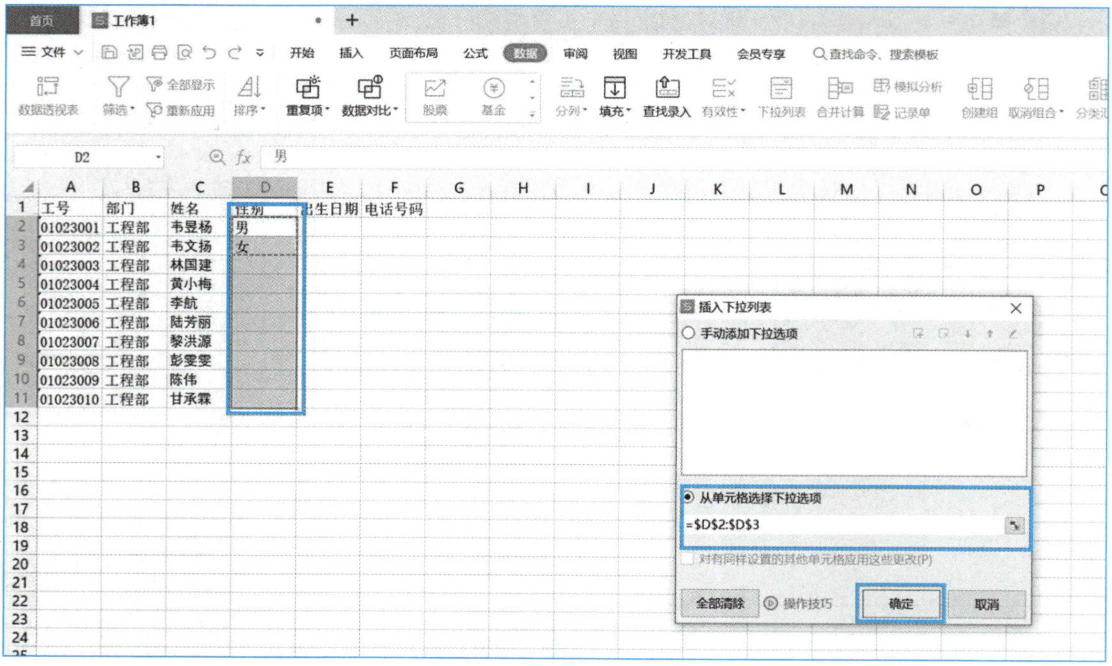

图 7－10　从单元格选择下拉选项

4. 输入出生日期信息

输入日期型信息方法与步骤：选定 E2:E11 区域，单击鼠标右键，选择“设置单元格格式”，在弹出的对话框中，选择“数字”→“分类”→“日期”，“类型”下面选择“2001/3/7”，如图 7－11、图 7－12 所示，在 E2:E11 单元格区域中输入日期信息。

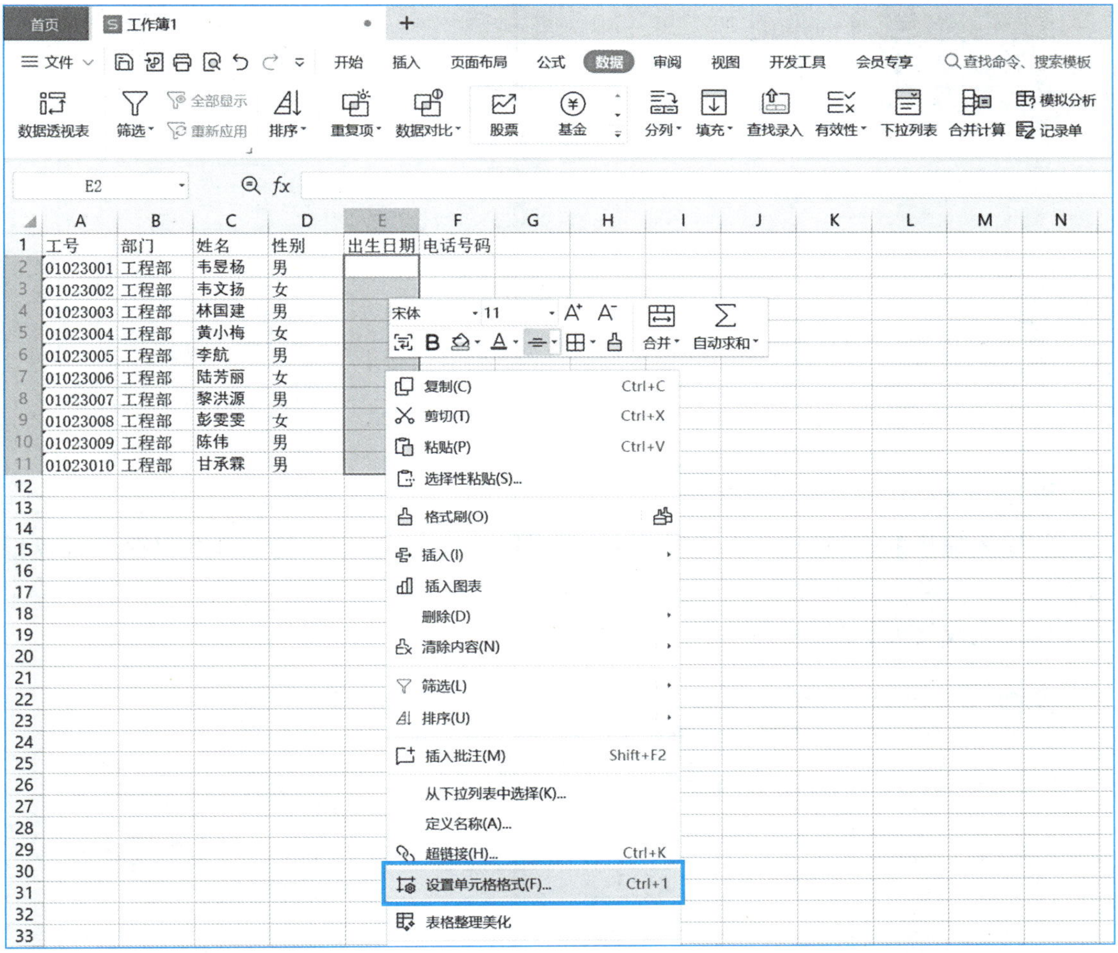

图 7－11　设置单元格格式

5. 输入电话号码

在“电话号码”所在列录入电话号码。

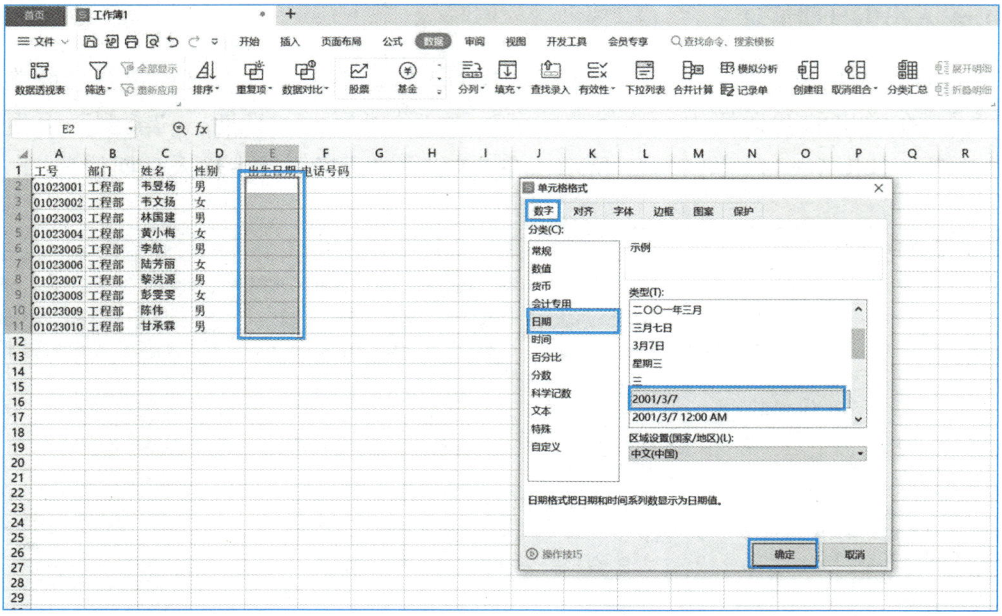

图 7－12　将单元格设置为日期格式

6. 保存文档

将输入完毕的表格，以“××公司新入职员工登记表.xlsx”为文件名保存至 D 盘根目录。

输入完成效果如图 7－13 所示。

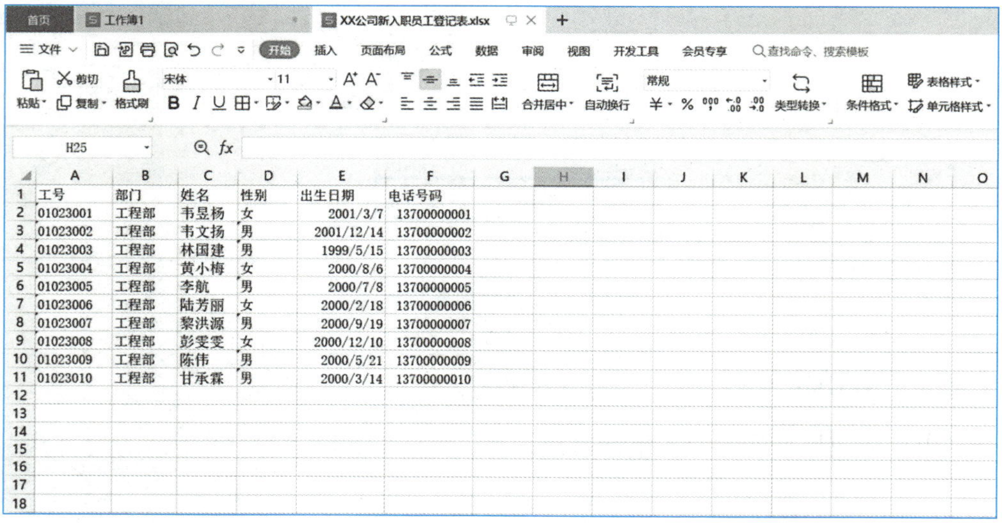

图 7－13　输入完成效果

第8章

电子表格的排版与打印

任务：你是人事部文员李莉，请你将第 7 章制作的“ ×× 公司新入职员工登记表”排版打印，供后期审阅。

目标：学习电子表格行和列的插入、标题的制作、单元格格式设置、底纹和框线的添加、打印页边距、标题行等与电子表格排版有关的常用设置。

1. 标题行的制作与美化

打开“ ×× 公司新入职员工登记表”，在表格最顶端插入新的标题行，将单元格区域 A1:F1 合并后居中，字体设置为华文仿宋、20 磅、加粗，并为标题行填充橘色（RGB: 226，110，10）底纹，行高设置为 30 磅。

（1）插入标题行：打开“ ×× 公司新入职员工登记表”，单击第 1 行任意单元格，单击功能区的“开始”→“行和列”→“插入单元格”→“在上方插入行”，设置“1”行，如图 8－1 所示；或单击选定第 1 行任意单元格后，单击鼠标右键，在弹出的快捷菜单中，选择“插入”→“在上方插入行”并设置“1”行，如图 8－2 所示，即可在表格第 1 行插入新的空白行。在新的空白行 A1 单元格中输入标题内容“ ×× 公司新入职员工登记表”。选定 A1:F1 表格区域，单击功能区的“开始”→“合并居中”，将标题行单元格合并，并将内容居中放置，如图 8－3 所示。

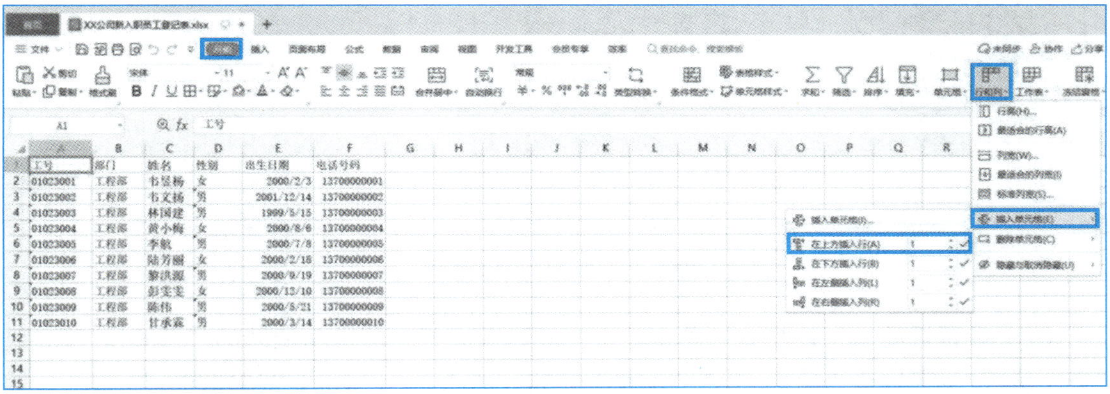

图 8－1　插入单元格 1

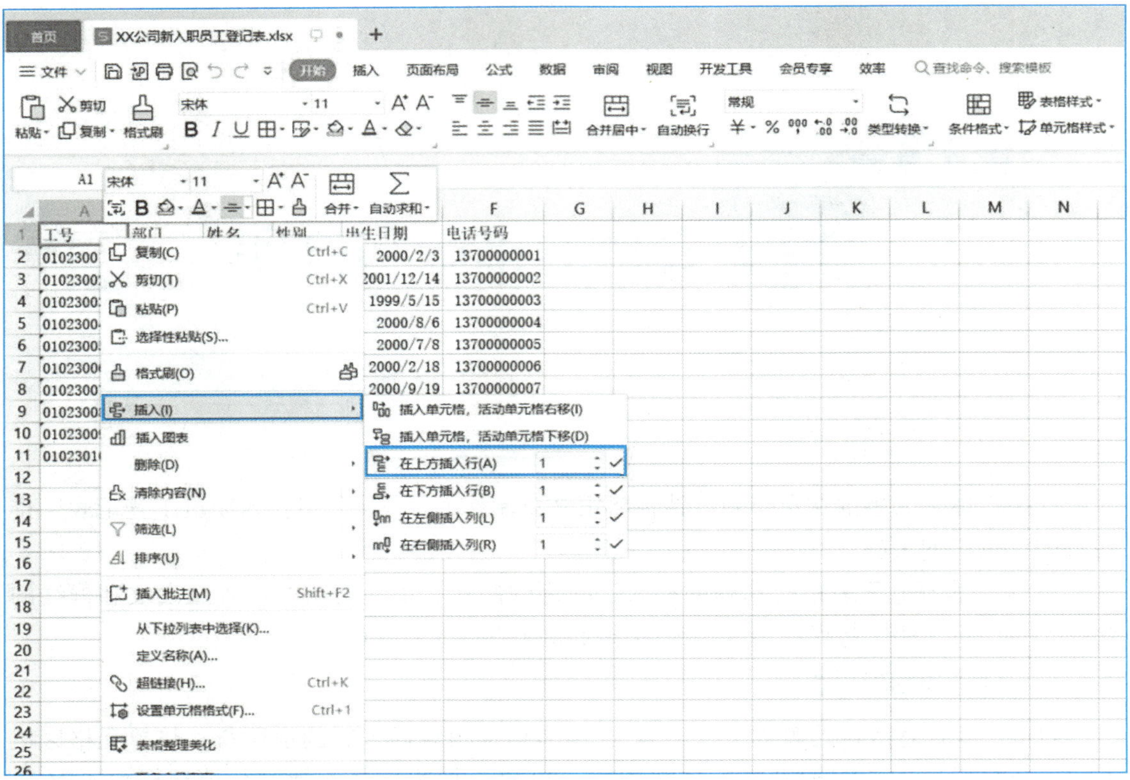

图 8－2　插入单元格 2

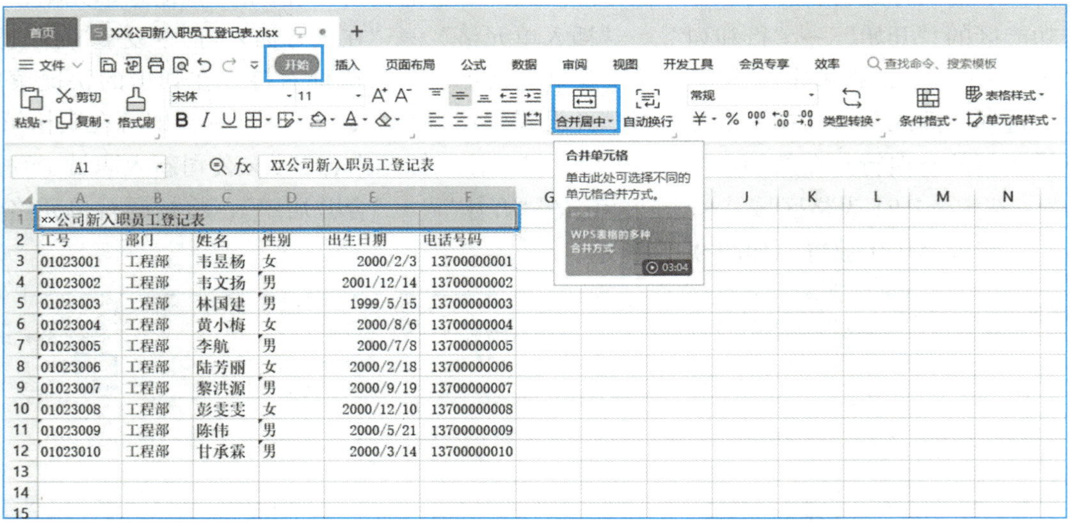

图 8－3　设置“合并居中”

（2）设置标题行字体格式：单击选定标题栏单元格，单击功能区的“开始”，字体选“华文仿宋”，字号选“20”，单击“加粗”按钮，如图 8－4 所示；或单击选定标题单元格后，单击鼠标右键，选择“设置单元格格式”，在弹出的对话框中，单击“字体”，字体选择“华文仿宋”，字形选择“粗体”，“字号”选择“20”，如图 8－5、图 8－6 所示。

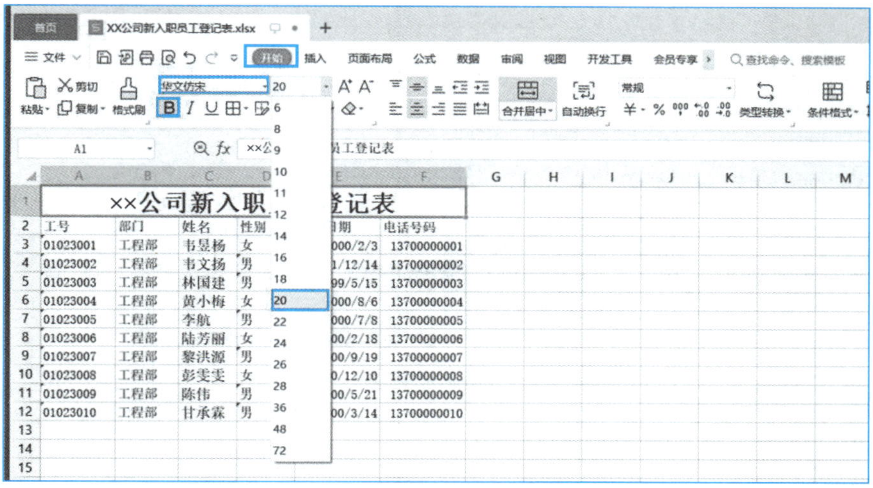

图 8－4　设置字体字号

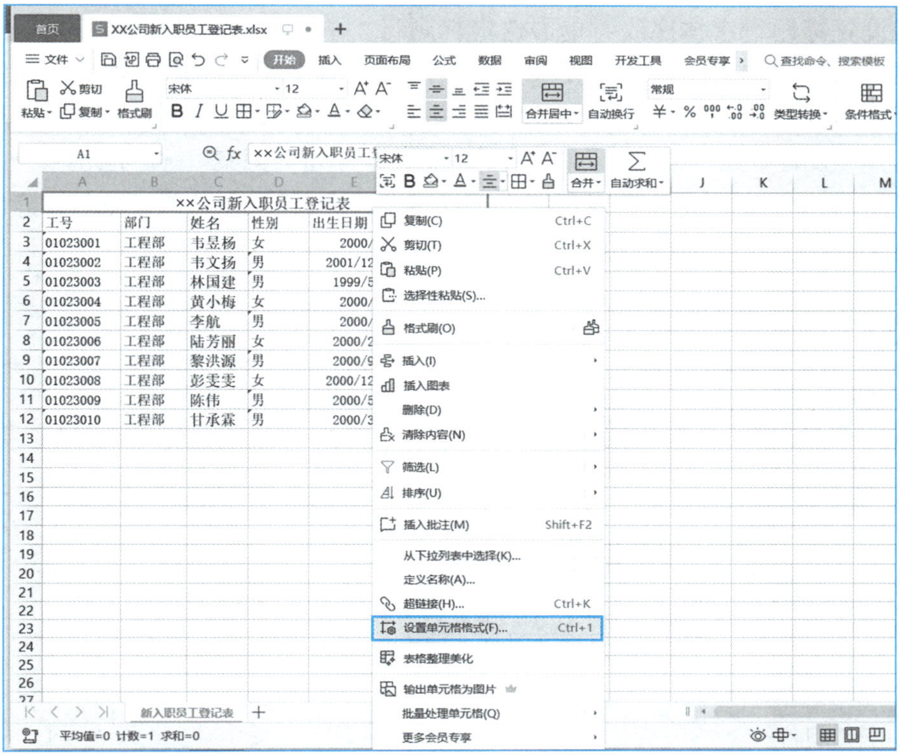

图 8－5　选择“设置单元格格式”

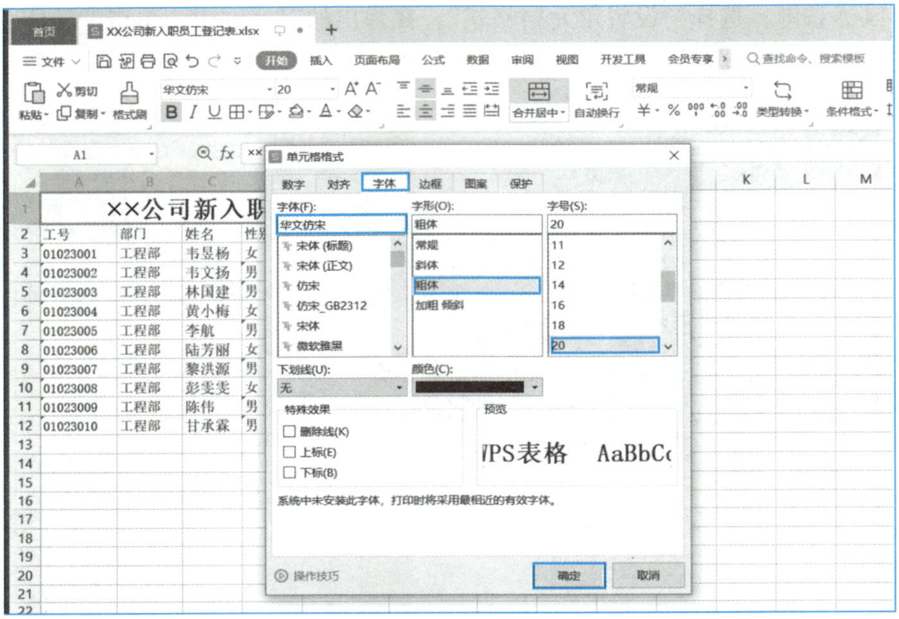

图 8－6　设置字体字号

（3）设置标题行字体底纹：单击选定标题行，单击功能区“ ”→“其他颜色”，在弹出的对话框中选择“自定义”，在红色、绿色、蓝色设置框中分别输入数值“226、110、10”，单击“确定”按钮，如图 8－7、图 8－8 所示；或单击选定标题行，单击鼠标右键，选择“设置单元格格式”，在弹出的对话框中单击“图案”→“颜色”→“其他颜色”，然后在新弹出的“颜色”对话框中选择→“自定义”，在红色、绿色、蓝色设置框中分别输入数值“226、110、10”，如图 8－9 所示。

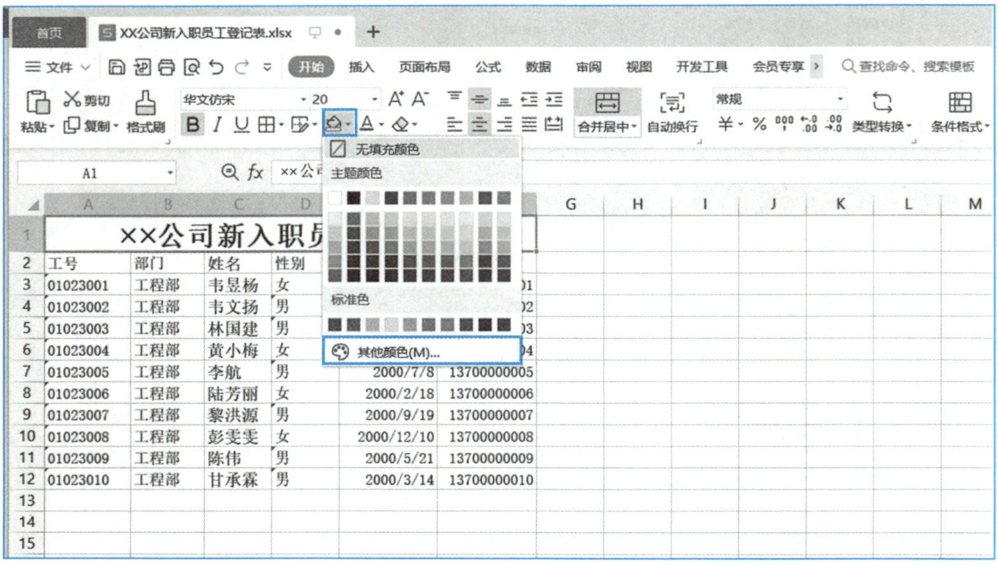

图 8－7　设置填充颜色

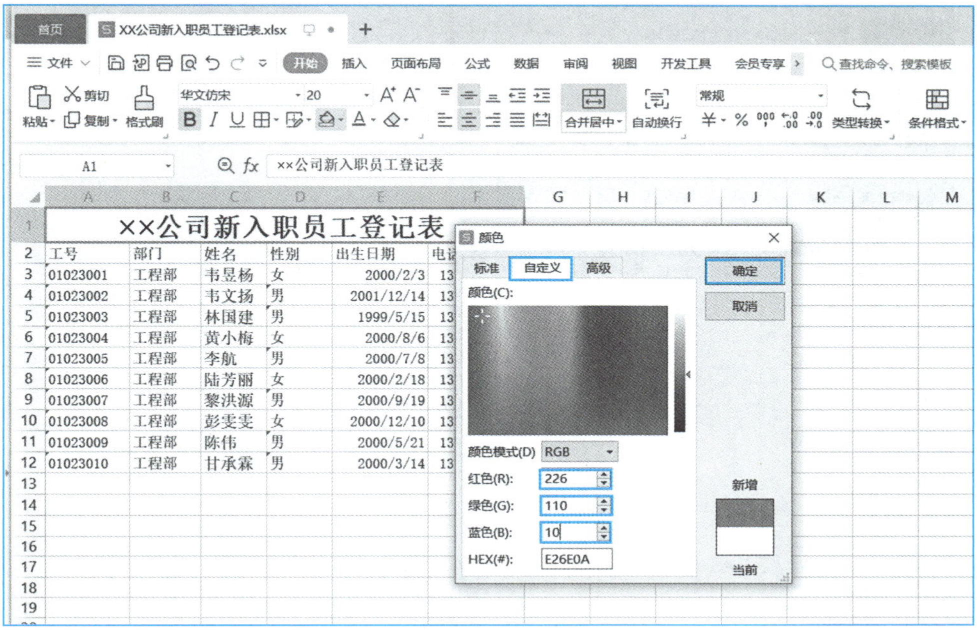

图 8－8　填充自定义颜色 1

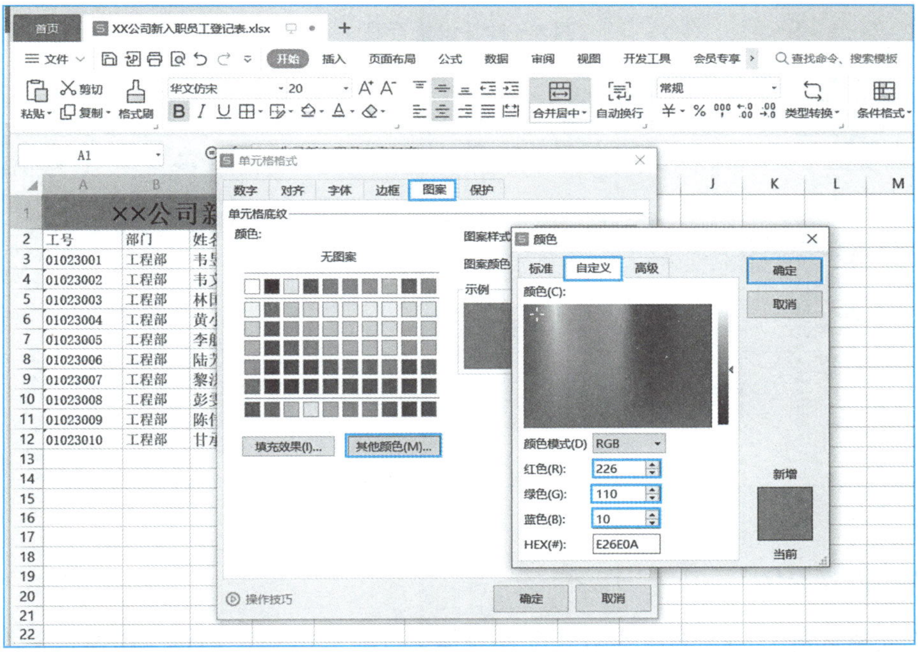

图 8－9　填充自定义颜色 2

（4）设置行高：选中标题行的行号，单击鼠标右键，在弹出的快捷菜单中选择“行高”，如图 8－10 所示；或单击标题行的某一单元格后，单击功能区的“开始”→“行和列”，选择“行高”，在弹出的对话框中将行高设置为“30”磅，如图 8－11、图 8－12 所示。

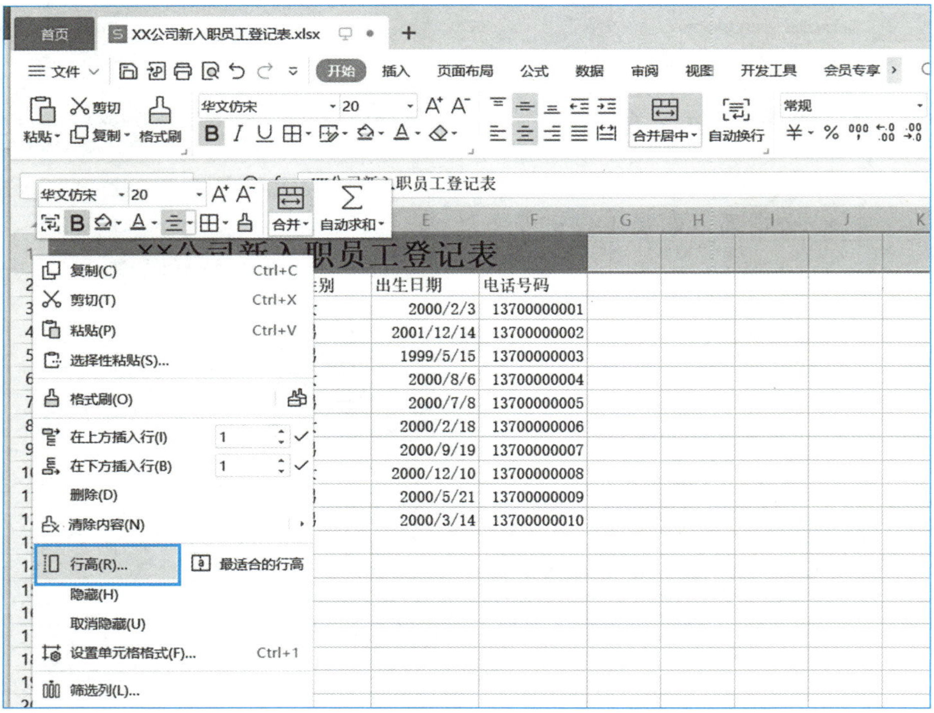

图 8－10　设置行高 1

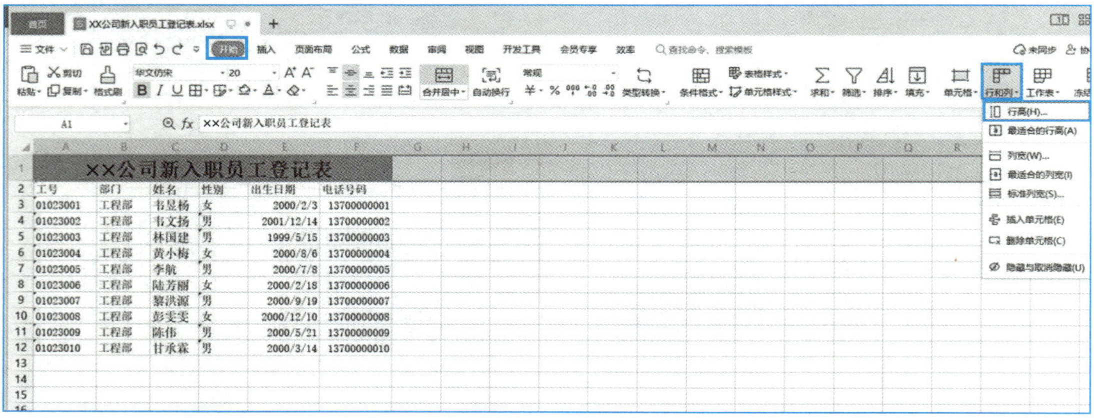

图 8－11　设置行高 2

2. 表格内容美化

将单元格区域 A2:F2 的内容格式设置为华文行楷、14 磅、白色、粗体，文本对齐方式为居中，为其填充主题颜色中的“巧克力黄，着色 2，浅色 40%”底纹。将单元格区域 A3:F12 的内容格式设置为华文细黑、12 磅，为其填充主题颜色中的“巧克力黄，着色 2，浅色 80%”底纹，并将其外边框设置为粗实线，内部框线设置为虚线，颜色均为深红色，表格内容文本对齐方式为居中。

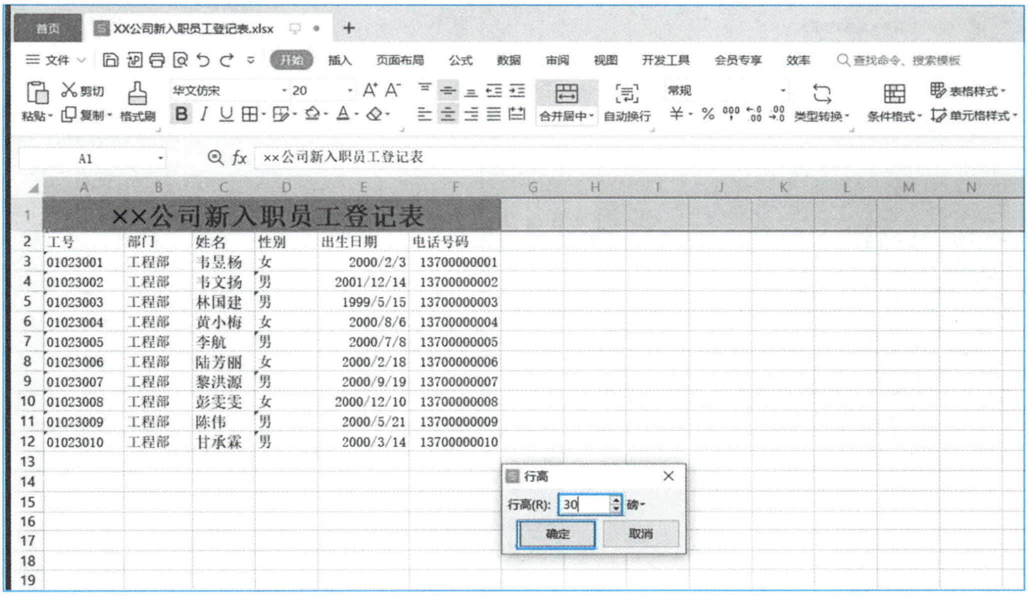

图 8 – 12　设置行高数值

方法与步骤：

（1）设置字体、字号、底纹，步骤略。

（2）设置对齐方式：选定表格区域 A2:F12，单击功能区水平居中和垂直居中，如图 8 – 13 所示；或选定表格区域 A2:F12 后，单击鼠标右键，选择“设置单元格格式”，在弹出的“单元格格式”对话框中单击“对齐”，“文本对齐方式”下面的“水平对齐”选择“居中”，“垂直对齐”选择“居中”，单击“确定”按钮，如图 8 – 14、图 8 – 15 所示。

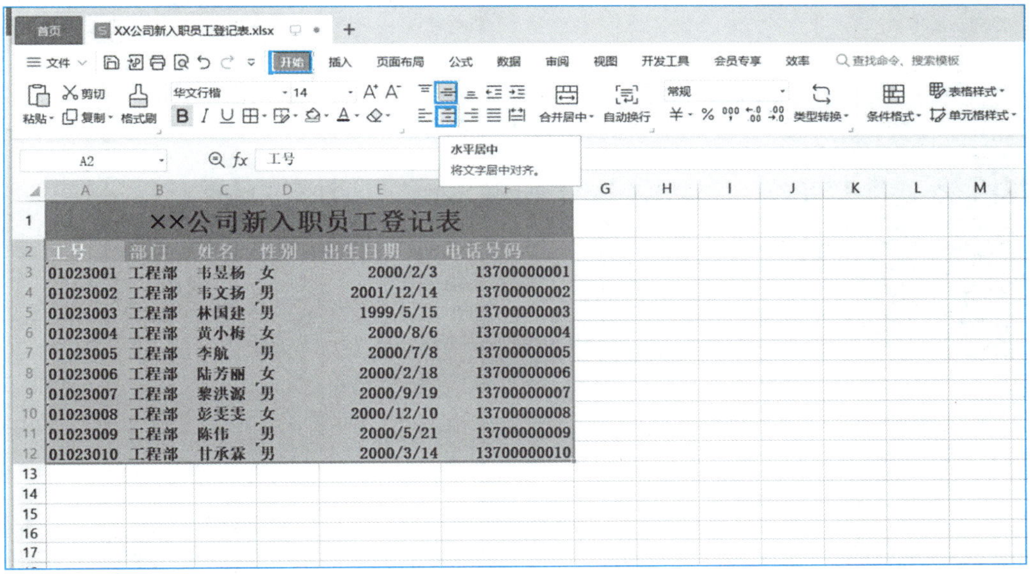

图 8 – 13　设置对齐方式 1

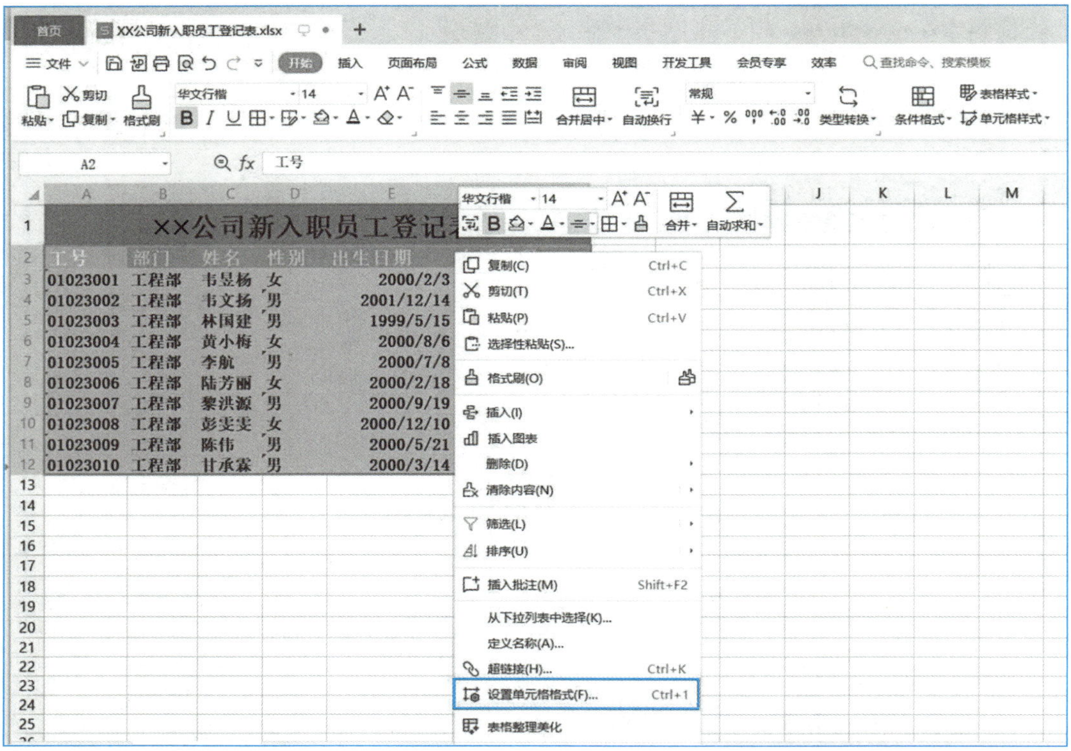

图 8－14　选择“设置单元格格式”

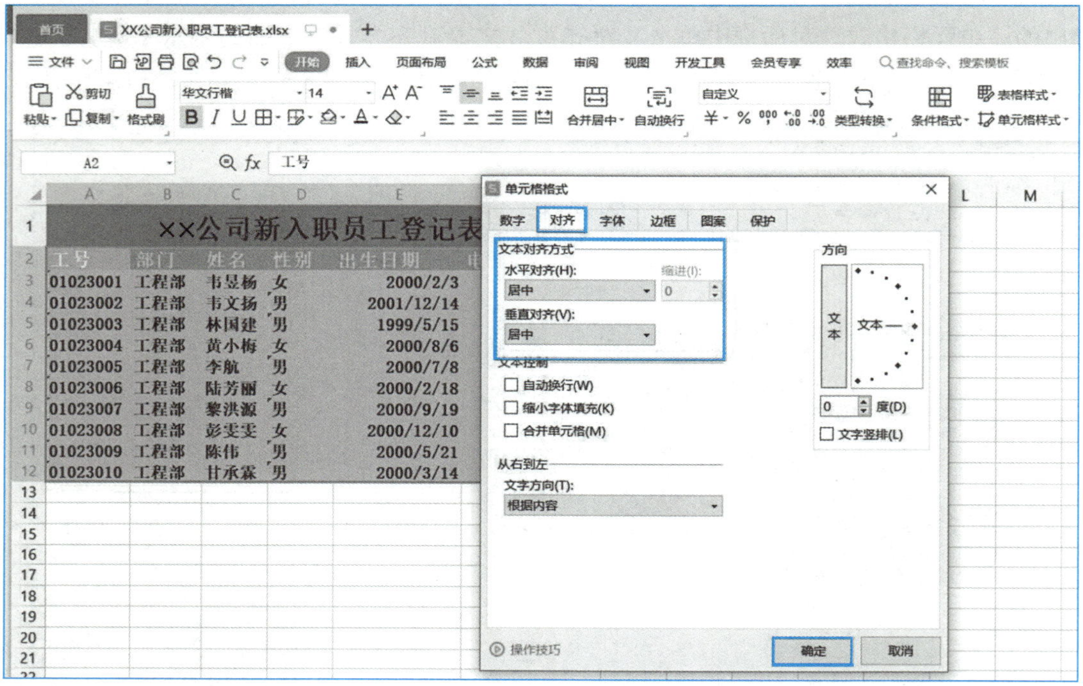

图 8－15　设置对齐方式 2

（3）设置框线：将表格内容全部框选，单击功能区的“开始”→“田·”→“其他边框”，如图 8－16 所示；或框选表格全部内容后，单击鼠标右键，选择“设置单元格格式”，在弹出的“单元格格式”对话框中，单击“边框”，在“线条”处设置粗实线，“颜色”选择“标准颜色”中的深红色，“预置”选择“外边框”；再次单击“线条”选择“细虚线”，“颜色”选择“标准颜色”中的“深红色”，“预置”选择“内部”，单击“确定”按钮，如图 8－17 所示。

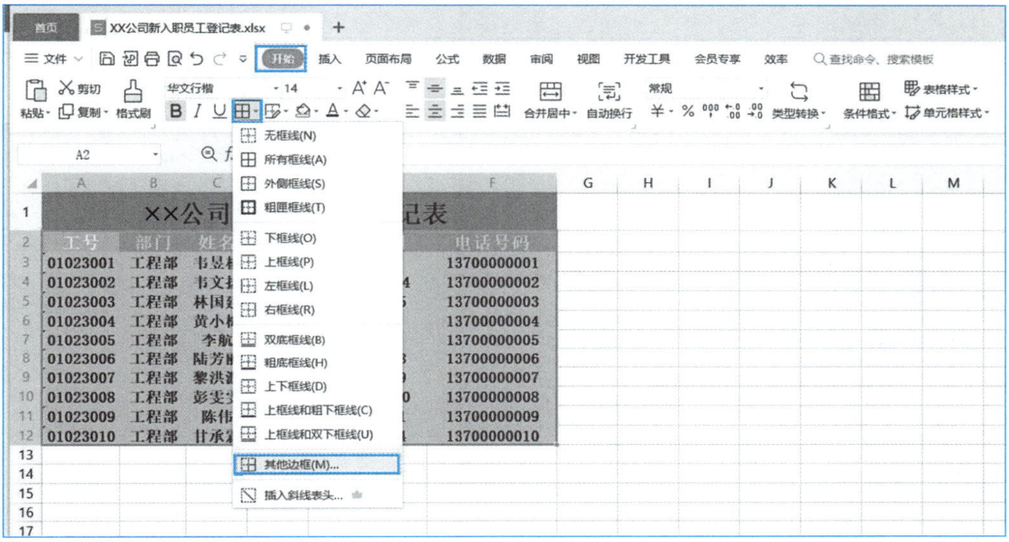

图 8－16　设置边框 1

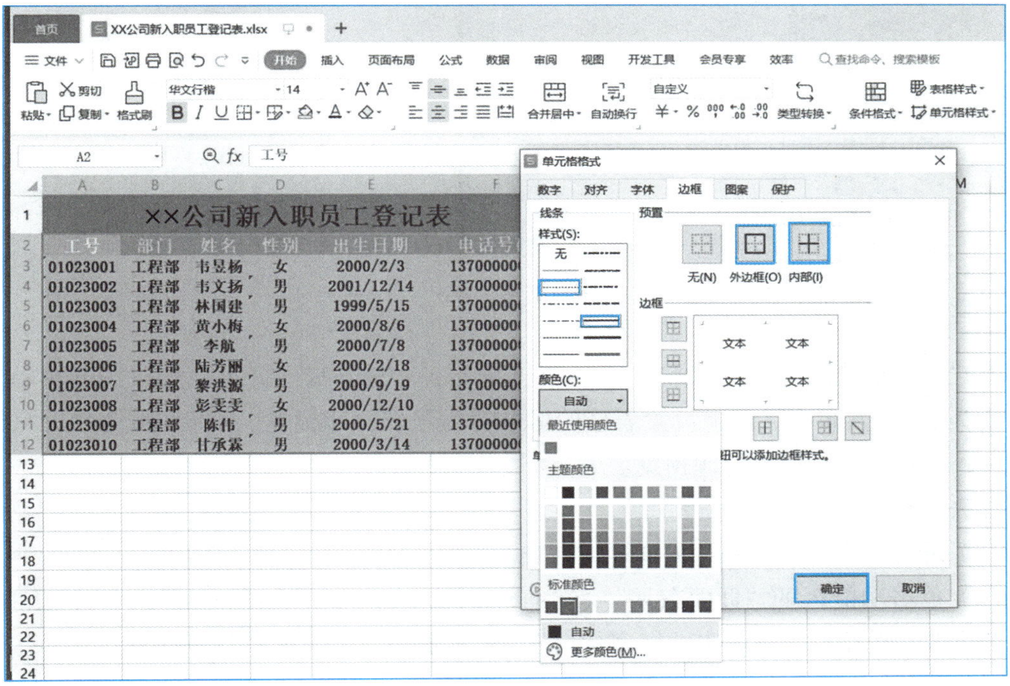

图 8－17　设置边框 2

3. 数据表标签设置

对工作表 Sheet1 标签进行重命名，并将此工作表标签的颜色设置为标准颜色中的“浅绿”。

方法与步骤：单击工作表 Sheet1 标签，单击鼠标右键，选择“重命名”，如图 8－18 所示，输入需要更改的文件名即可。单击鼠标右键，选择“工作表标签颜色”，“标准色”下面选择“浅绿”，如图 8－19 所示。

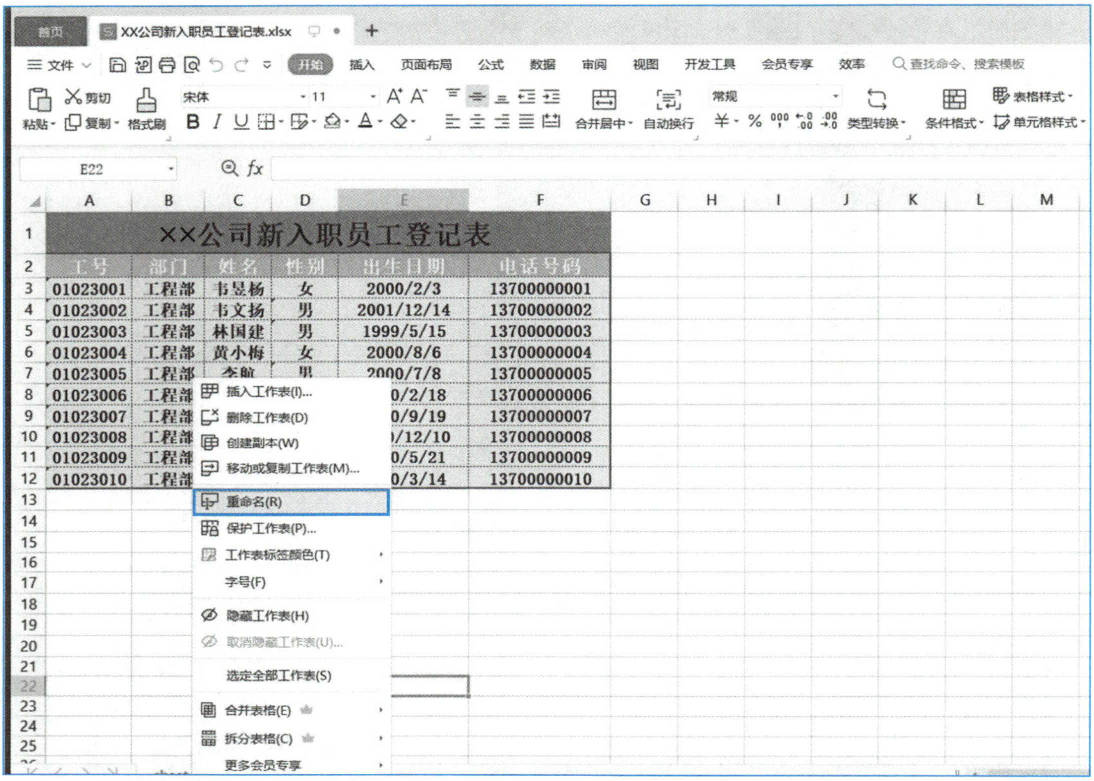

图 8－18　重命名 Sheet1 标签

4. 打印设置

将“××公司新入职员工登记表”的“上、下、左、右”页边距均设为 2 厘米，纸张大小为 A4，方向为纵向，设置表格的标题行为顶端打印标题，打印区域为单元格区域 A1:F12，设置完成后进行打印预览。

方法与步骤：

（1）设置页边距、纸张、方向，方法略。

（2）单击功能区的“页面布局”→“打印区域”→“设置打印区域”，框选 A1:F12 区域，如图 8－20 所示；或单击“打印标题”，在弹出的“页面设置”对话框中，单击“工作表”→“打印区域”→“ ”，框选打印区域 A1:F12，设置打印区域。单击“顶端标题行”→“ ”，框选标题区域 A1:F1，单击“确定”按钮，如图 8 - 21、图 8 - 22 所示。单击功能区的“页面布局”→“打印预览”，预览整个文档，如图 8 - 23 所示，单击“确定”按钮。

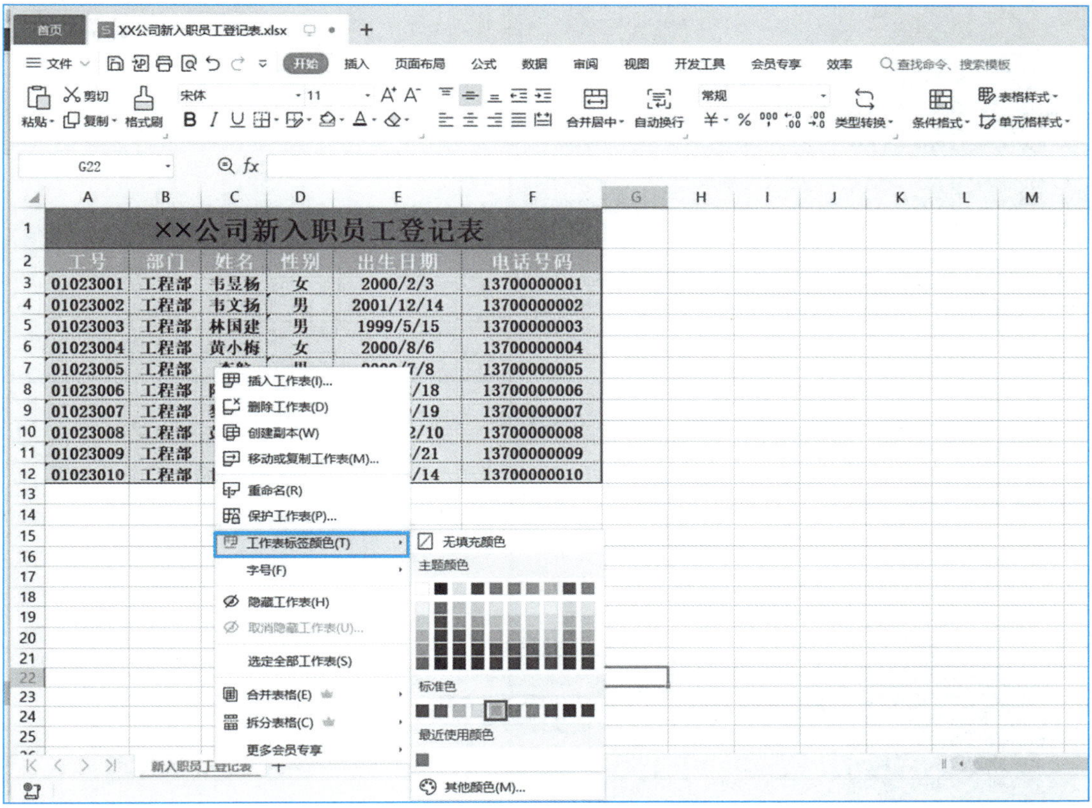

图 8 - 19　设置工作表标签颜色

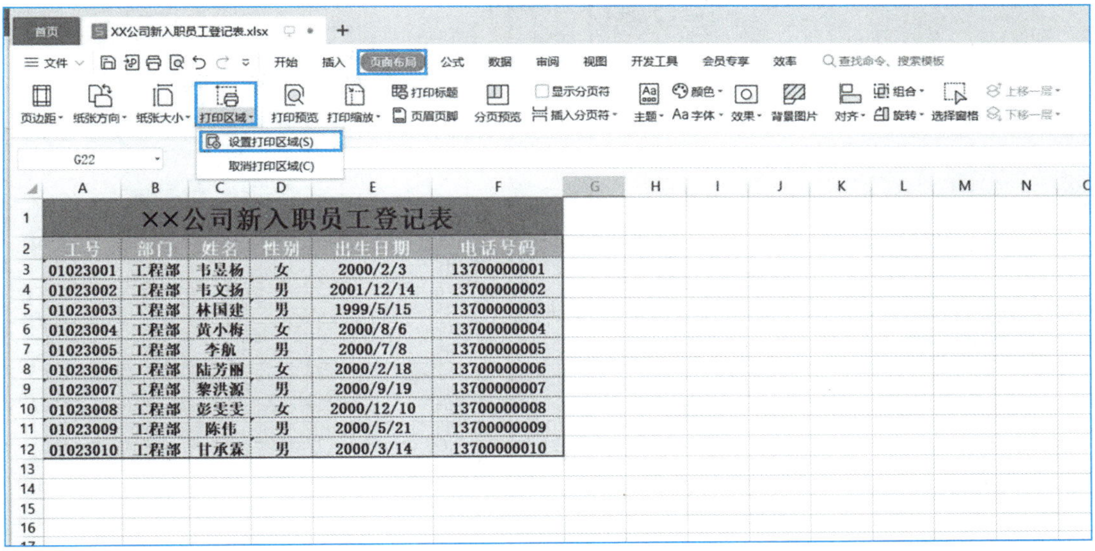

图 8 - 20　设置打印区域

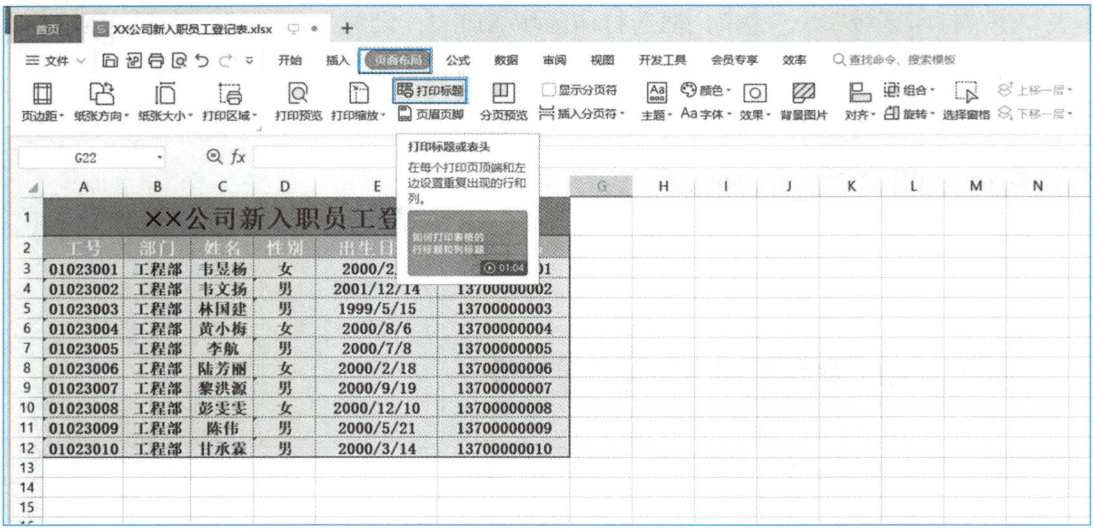

图 8-21　单击“打印标题”设置打印区域

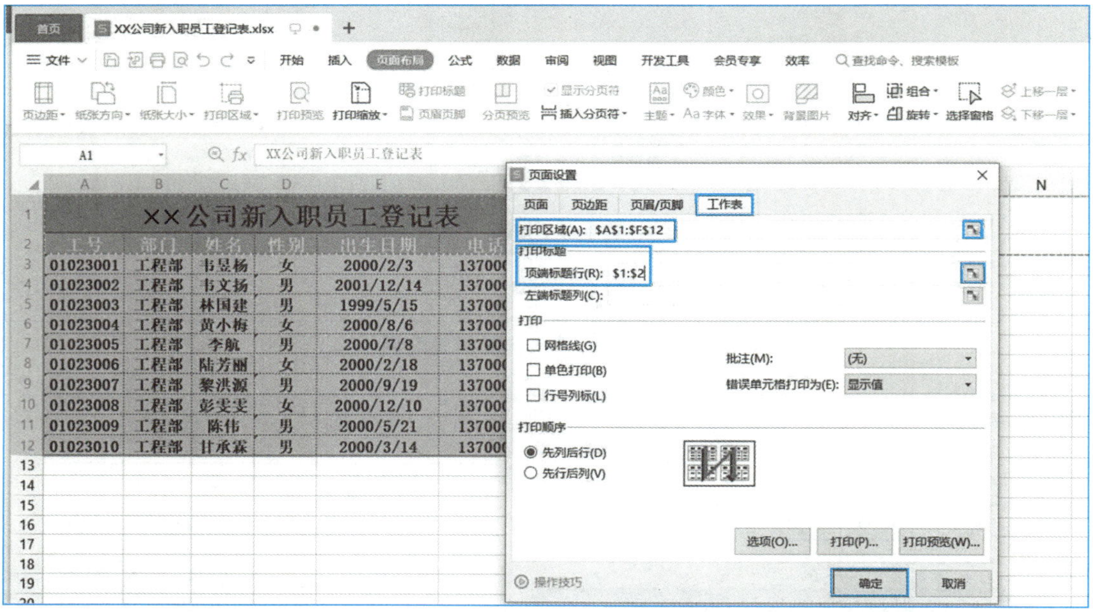

图 8-22　设置打印区域

5. 案例完成

案例完成效果如图 8-24 所示。

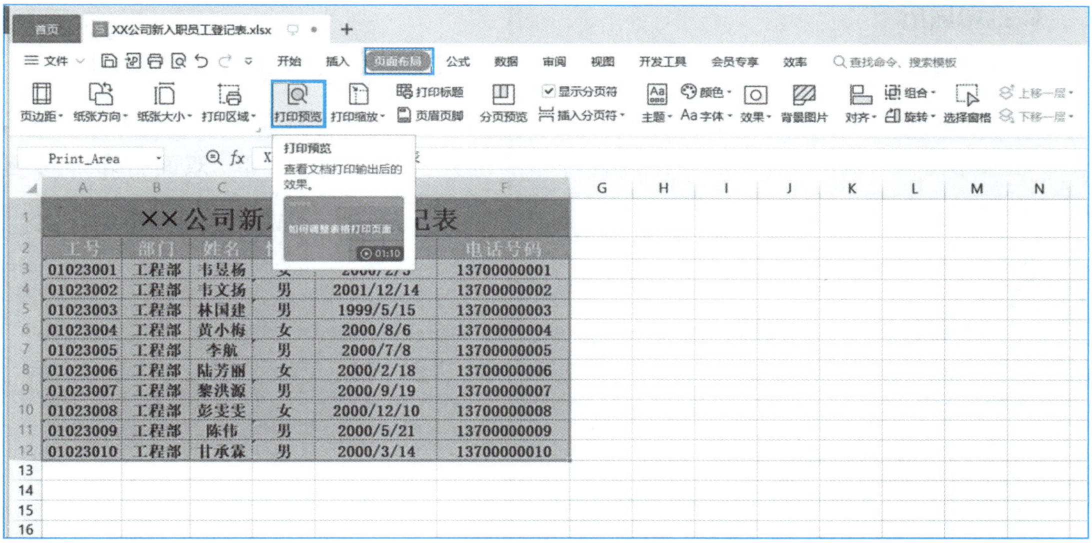

图 8－23　打印预览

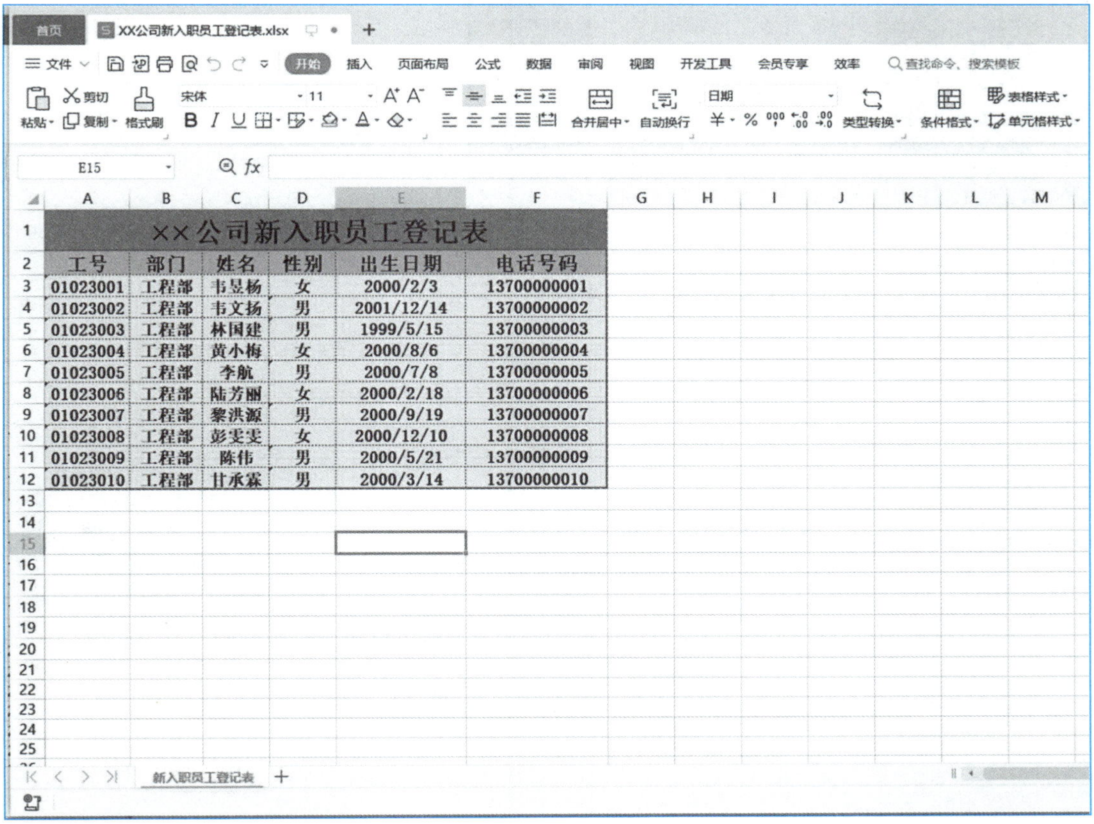

图 8－24　案例完成效果

6. 打印输出

将排版好的“××公司新入职员工登记表”打印出来。

方法与步骤：单击功能区的“开始”→“打印”，或单击“文件”→“打印”→“打印”，在弹出的“打印”对话框中，设置打印的份数、页码范围、单/双面打印等参数，如图 8－25、图 8－26、图 8－27 所示。

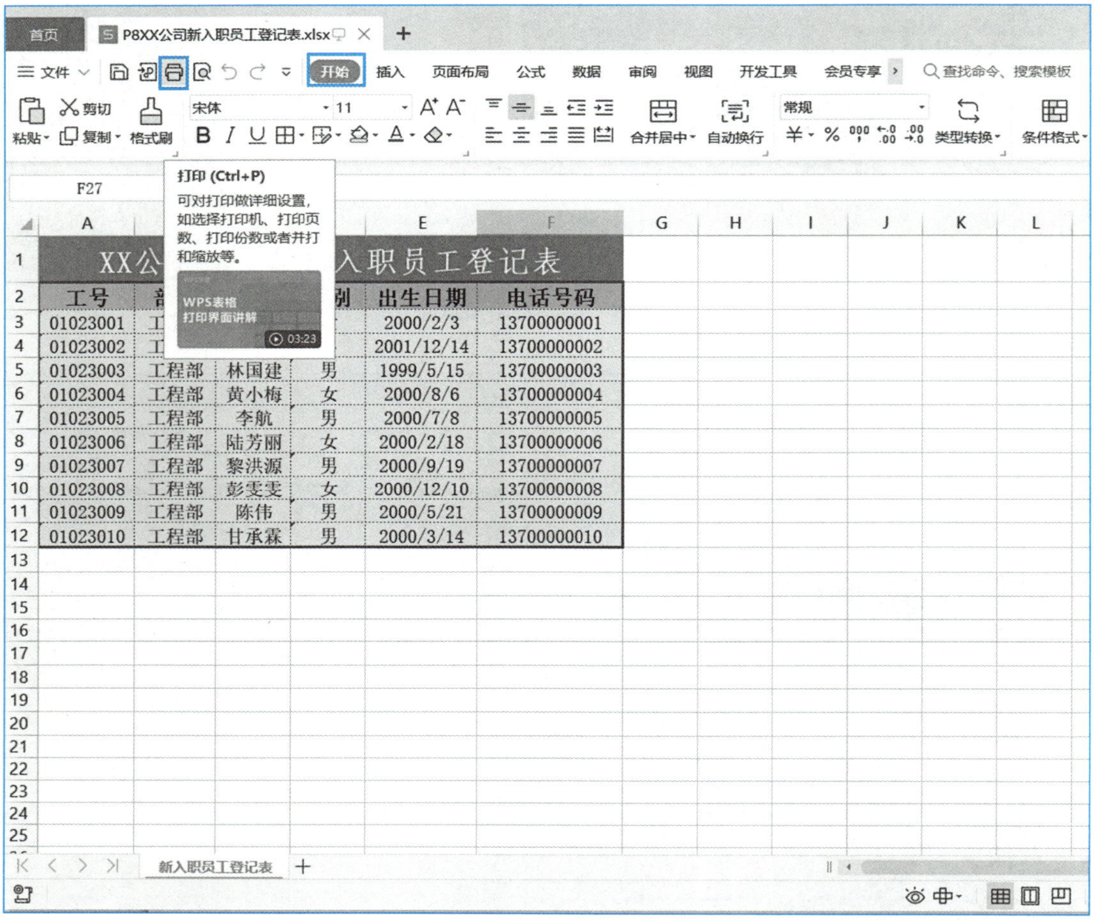

图 8－25　选择功能区的“打印”

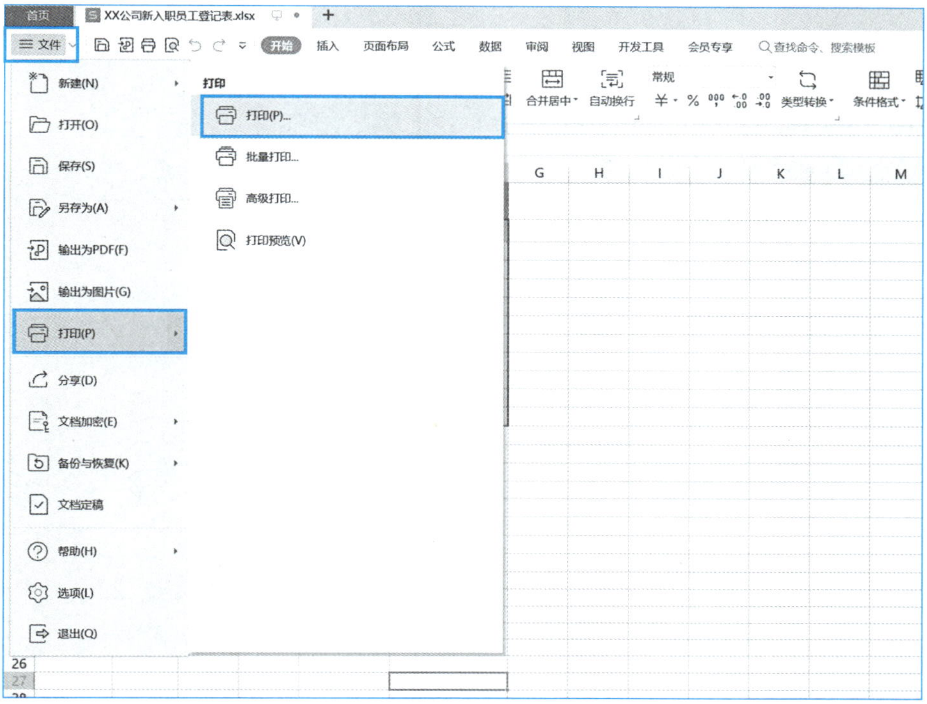

图 8－26　设置打印

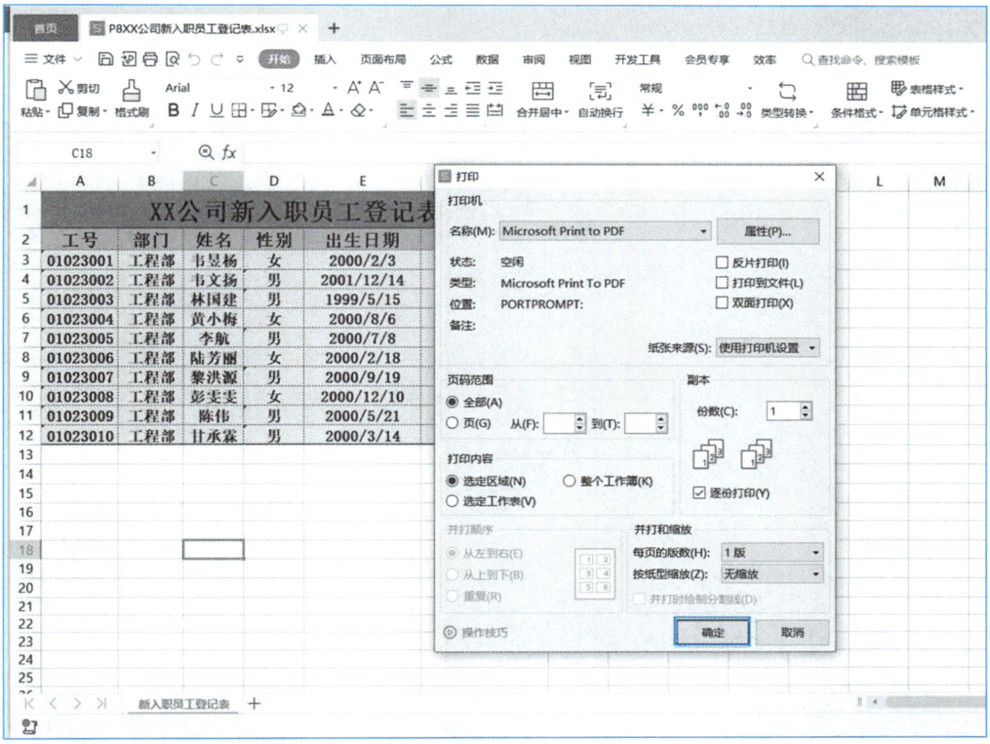

图 8－27　在“打印”对话框中设置参数

第9章

电子表格数据分析与处理

任务：你是人事部文员李莉，请你按要求对“ ×× 公司员工 3 月工资核算表”的数据进行分析处理。

目标：学习电子表格的排序、筛选、分类汇总、合并计算、公式与函数的应用等电子表格数据处理有关操作。

1. 公式与函数的应用

利用工资核算表的数据源，按照“应发工资 = 基本工资 + 交通补助 + 加班费”“实发工资 = 应发工资 – 扣款”的公式算出应发工资以及各项数据的平均值，并将平均值结果保留两位小数。

方法与步骤：

（1）计算应发工资：打开“ ×× 公司员工 3 月工资核算表”，单击 H3 单元格，单击功能区的“公式”→“自动求和”，如图 9 – 1 所示；框选数据源区域 D3:F3 区域，如

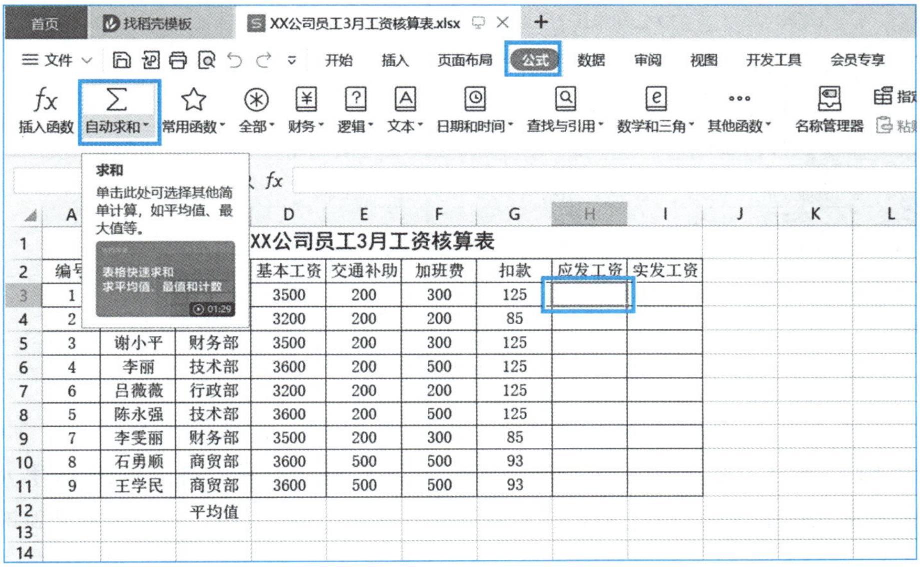

图 9 – 1　利用“自动求和”公式

图 9 – 2 所示，按下“Enter”键，结束输入，算出林永新的应发工资。再次单击 H3 单元格，鼠标左键按下单元格右下角的拖动标识，将公式复制到 H4:H11 区域，将其余员工的应发工资计算出来，如图 9 – 3 所示。

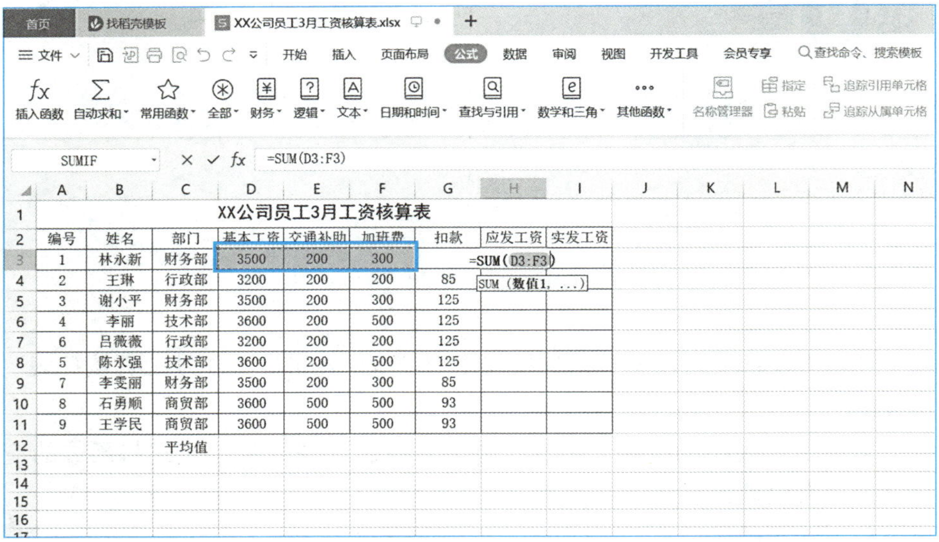

图 9 – 2　框选数据源区域自动求和

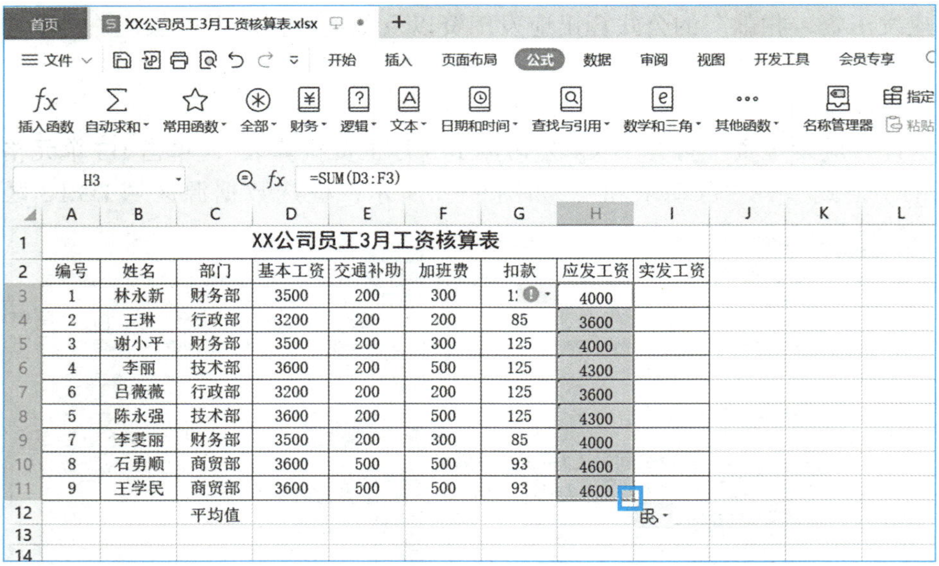

图 9 – 3　计算其余员工的应发工资

（2）计算实发工资：单击 I3 单元格，在单元格输入公式“=H3–G3”，如图 9 – 4 所示；按下“Enter”键，结束输入，算出林永新的实发工资。再次单击 I3 单元格，鼠标左键按下单元格右下角的拖动标识，将公式复制到 I4:I11 区域，将其余员工的实发工资计算出来。

图 9－4　计算实发工资

（3）计算平均值：单击 D12 单元格，单击功能区的“公式”→“自动求和”→“平均值”，如图 9－5 所示；框选数据源区域 D3:D11 区域，如图 9－6 所示；按下“Enter”键，结束输入。再次单击的 D12 单元格，按下单元格右下角的拖动标识，将公式复制到 D12:I12 区域，将其余单元格的平均值计算出来，如图 9－7 所示。框选数据区域 D12:I12，多次单击功能区“开始”选项卡的“减少小数位数”，直至小数位数减少至两

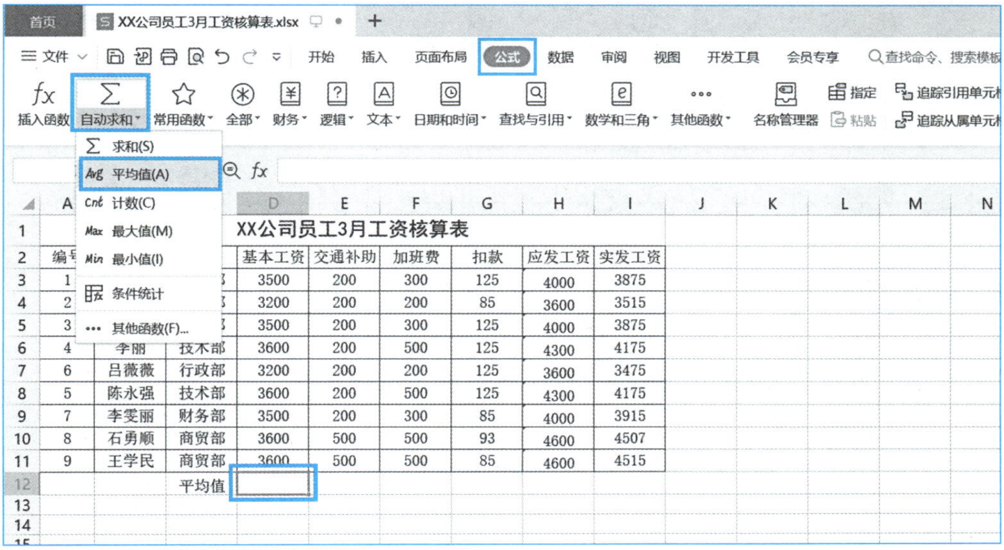

图 9－5　求平均值方法

位，如图 9－8 所示；或框选数据源区域 D12:I12 后，单击鼠标右键，选择“设置单元格格式”，在弹出的“单元格格式”对话框中，单击“数字”，“分类”选择“数值”，“小数位数”设置为“2”，单击“确定”按钮，如图 9－9、图 9－10 所示。

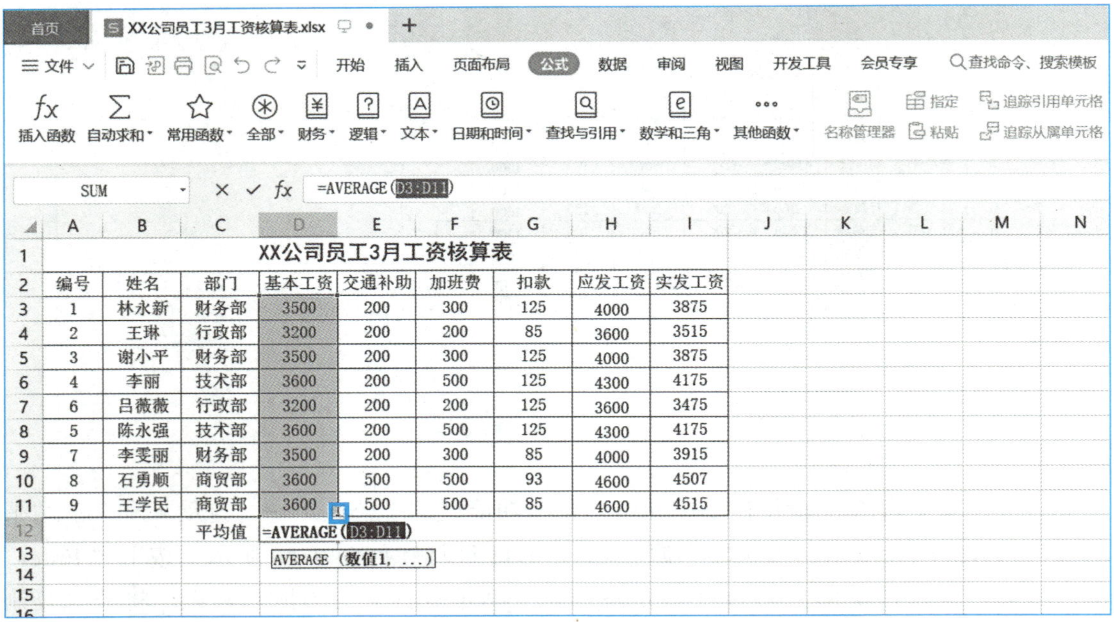

XX公司员工3月工资核算表								
编号	姓名	部门	基本工资	交通补助	加班费	扣款	应发工资	实发工资
1	林永新	财务部	3500	200	300	125	4000	3875
2	王琳	行政部	3200	200	200	85	3600	3515
3	谢小平	财务部	3500	200	300	125	4000	3875
4	李丽	技术部	3600	200	500	125	4300	4175
6	吕薇薇	行政部	3200	200	200	125	3600	3475
5	陈永强	技术部	3600	200	500	125	4300	4175
7	李雯丽	财务部	3500	200	300	85	4000	3915
8	石勇顺	商贸部	3600	500	500	93	4600	4507
9	王学民	商贸部	3600	500	500	85	4600	4515
		平均值	=AVERAGE(D3:D11)					

图 9－6　框选数据源区域计算平均值

XX公司员工3月工资核算表								
编号	姓名	部门	基本工资	交通补助	加班费	扣款	应发工资	实发工资
1	林永新	财务部	3500	200	300	125	4000	3875
2	王琳	行政部	3200	200	200	85	3600	3515
3	谢小平	财务部	3500	200	300	125	4000	3875
4	李丽	技术部	3600	200	500	125	4300	4175
6	吕薇薇	行政部	3200	200	200	125	3600	3475
5	陈永强	技术部	3600	200	500	125	4300	4175
7	李雯丽	财务部	3500	200	300	85	4000	3915
8	石勇顺	商贸部	3600	500	500	93	4600	4507
9	王学民	商贸部	3600	500	500	85	4600	4515
		平均值	3477.777778	266.6666667	366.6666667	108.1111111	4111.111111	4003

图 9－7　计算其余单元格的平均值

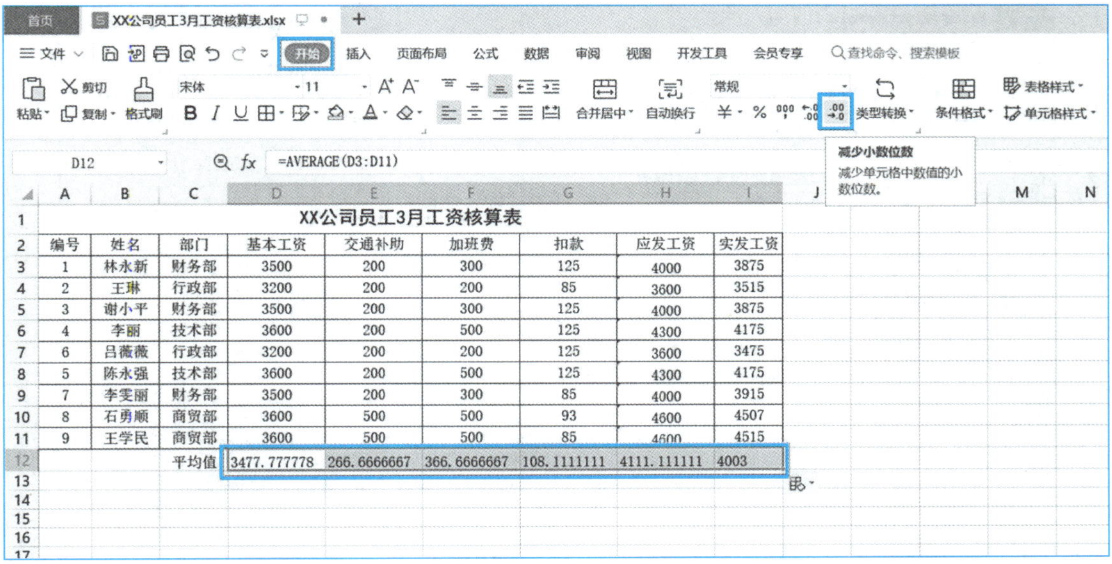

图 9－8　减少小数位数

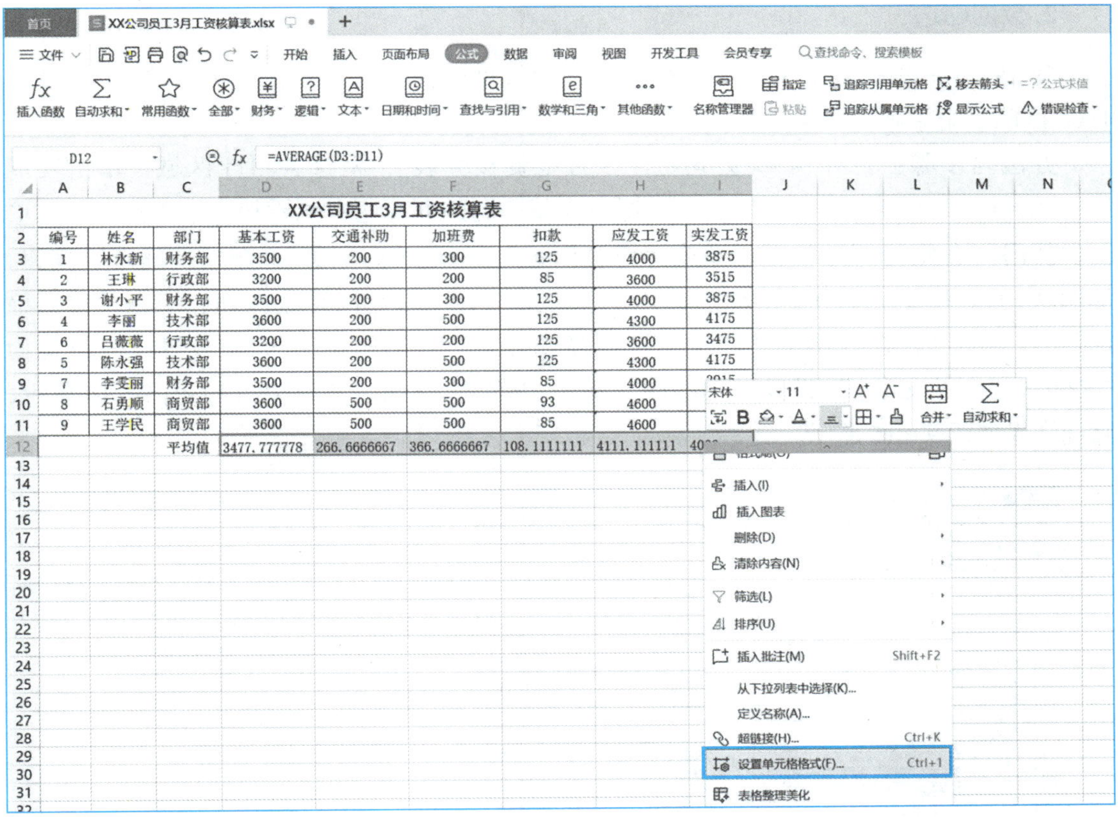

图 9－9　设置单元格格式

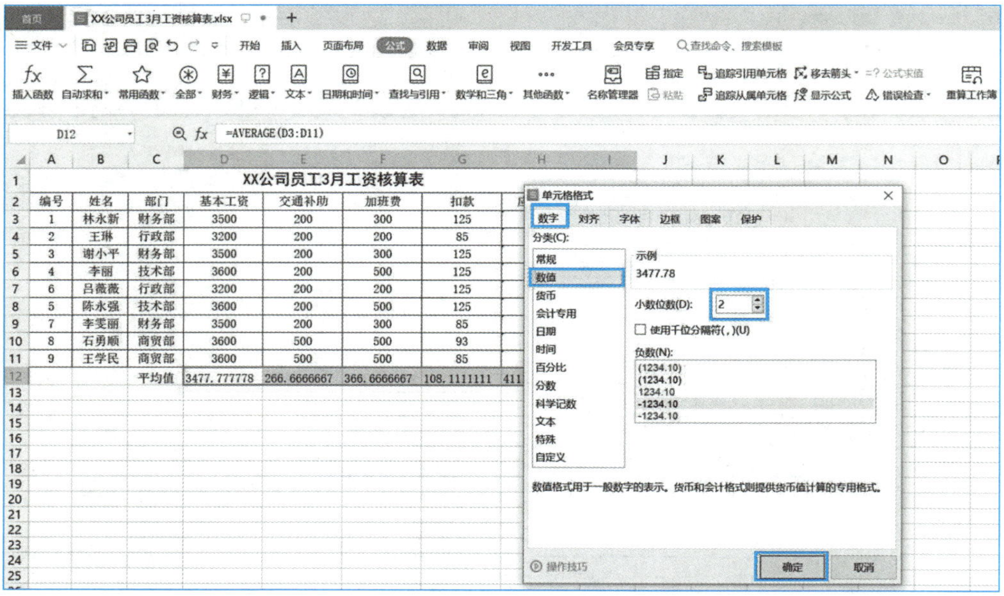

图 9－10　设置平均值的小数位数

2. 数据筛选

利用“××公司员工 3 月工资核算表”的数据将商贸部员工的实发工资在 4000 ～ 4500 区间的记录筛选出来。

方法与步骤：打开“××公司员工 3 月工资核算表”，框选 A2:I11 区域，单击功能区的“开始”→“筛选”→“筛选”，即可在每一列的列标题右侧添加一个筛选按钮。单击“部门”右侧的筛选按钮，单击“内容筛选”，勾选“商贸部”，单击“确定”按钮，如图 9－11、图 9－12 所示。然后，单击“实发工资”右侧的筛选按钮，单击“数字筛选”→“介于”，在弹出的“自定义自动筛选方式”对话框中，“大于或等于”设置为“4000”，“小于或等于”设置为“4500”，单击“确定”按钮，如图 9－13、图 9－14 所示，筛选结果如图 9－15 所示。

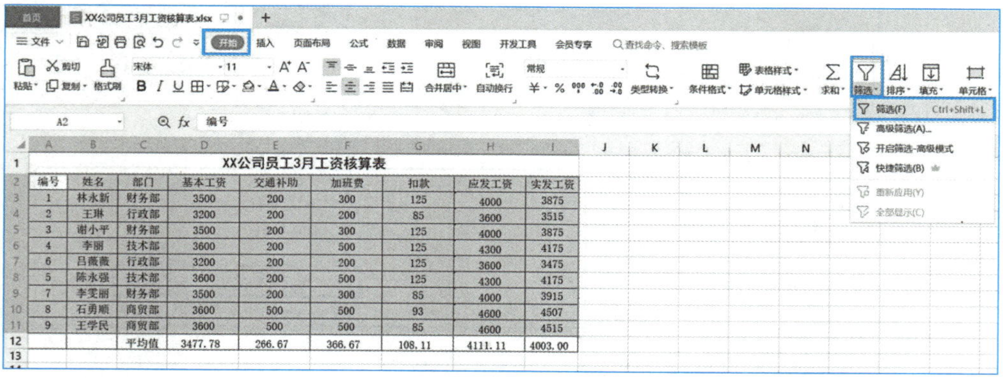

图 9－11　设置筛选

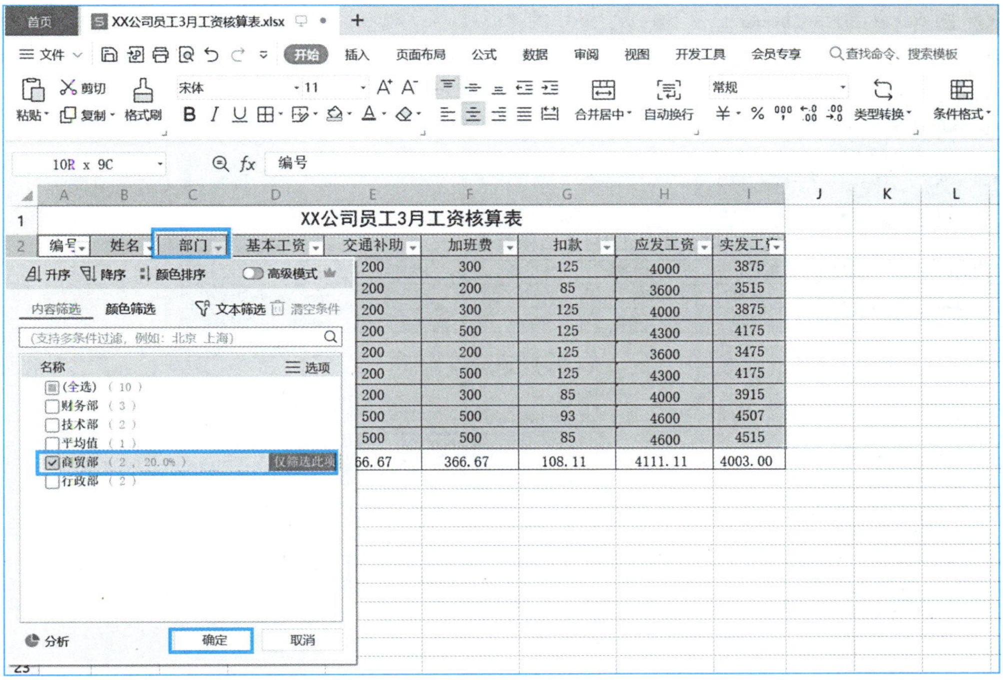

图 9－12　设置筛选部门中的“商贸部”

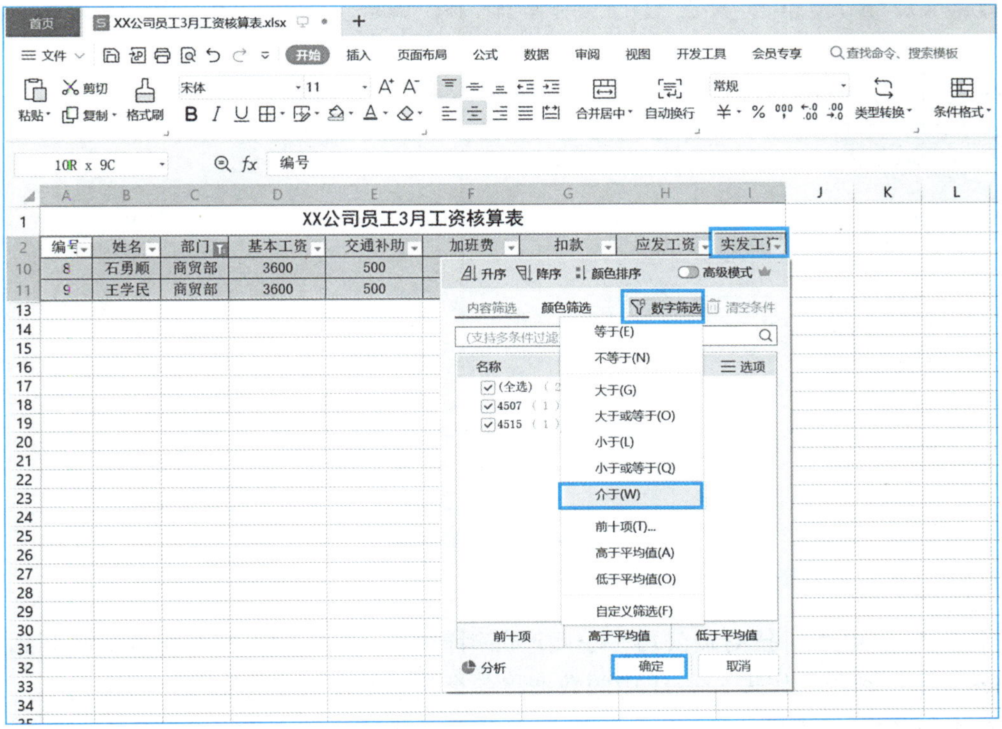

图 9－13　筛选“实发工资”

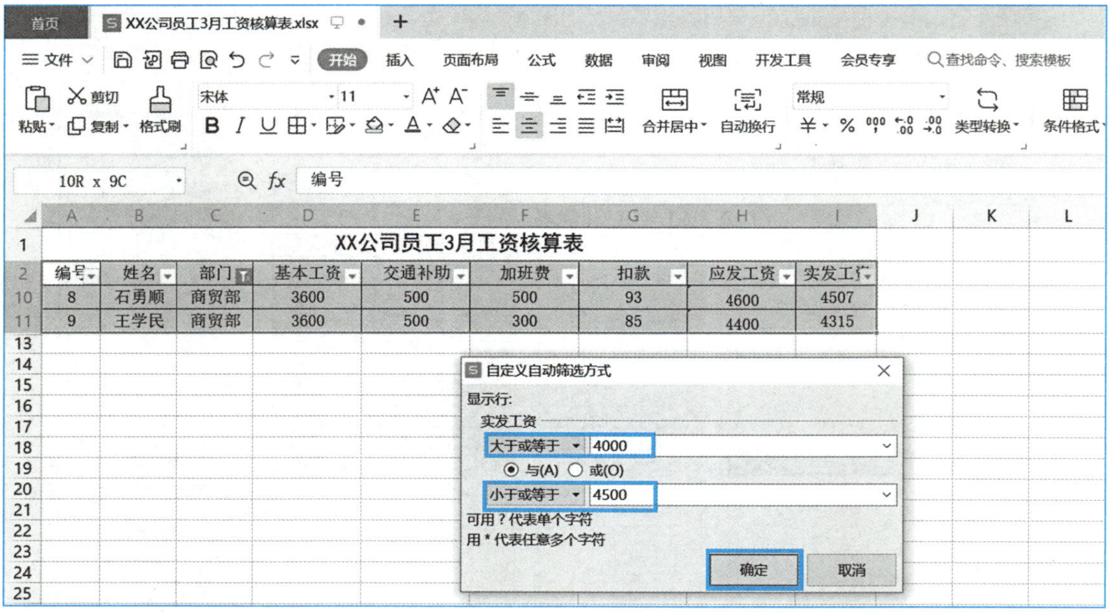

图 9－14　筛选“实发工资”为 4000 ～ 4500

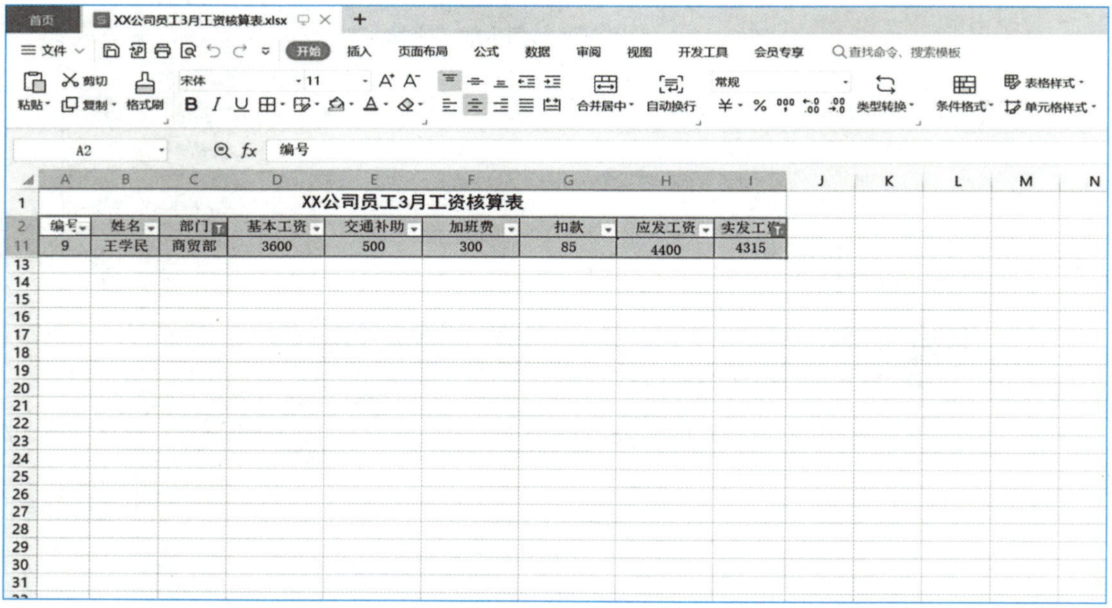

图 9－15　筛选结果

3. 数据排序与分类汇总

打开“ ×× 电子科技商贸公司一季度产品销售表”，将数据表的全部数据复制到工作表 Sheet2 中，利用工作表 Sheet1 中的数据将各个门店的销售额总额汇总出来。

方法与步骤：打开“ ×× 电子科技商贸公司一季度产品销售表”，单击“全选”→“复制”，打开工作表 Sheet2，单击 A1 单元格，单击“粘贴”，将工作表 Sheet1 的数据全部复制到工作表 Sheet2 中，如图 9－16 所示。鼠标右键框选 A2:H20 区域，单击功能区“开始”→“排序”→“自定义排序”，如图 9－17 所示。在弹出的对话框中，“主要关键字”选择“门店”，“排序依据”默认为“数值”，“次序”默认为“升序”，单击“确定”按钮，如图 9－18 所示，即可利用排序功能将数据表中的数据按门店进行分类排序。单击功能区的“数据”→“分类汇总”，如图 9－19 所示；在弹出的对话框中，“分类字段”选择“门店”，“汇总方式”选择“求和”，“选定汇总项”选择“销售额”，单击“确定”按钮，如图 9－20 所示，分类汇总结果如图 9－21 所示。

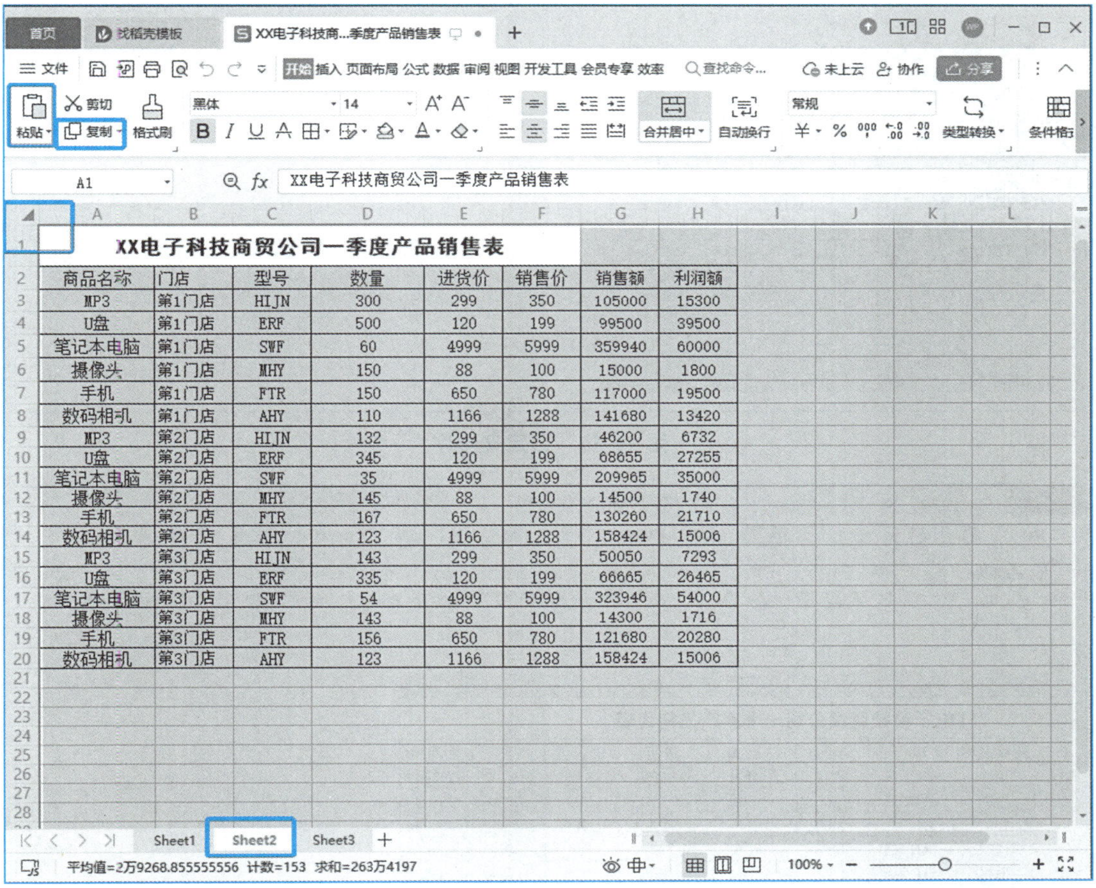

XX电子科技商贸公司一季度产品销售表

商品名称	门店	型号	数量	进货价	销售价	销售额	利润额
MP3	第1门店	HIJN	300	299	350	105000	15300
U盘	第1门店	ERF	500	120	199	99500	39500
笔记本电脑	第1门店	SWF	60	4999	5999	359940	60000
摄像头	第1门店	MHY	150	88	100	15000	1800
手机	第1门店	FTR	150	650	780	117000	19500
数码相机	第1门店	AHY	110	1166	1288	141680	13420
MP3	第2门店	HIJN	132	299	350	46200	6732
U盘	第2门店	ERF	345	120	199	68655	27255
笔记本电脑	第2门店	SWF	35	4999	5999	209965	35000
摄像头	第2门店	MHY	145	88	100	14500	1740
手机	第2门店	FTR	167	650	780	130260	21710
数码相机	第2门店	AHY	123	1166	1288	158424	15006
MP3	第3门店	HIJN	143	299	350	50050	7293
U盘	第3门店	ERF	335	120	199	66665	26465
笔记本电脑	第3门店	SWF	54	4999	5999	323946	54000
摄像头	第3门店	MHY	143	88	100	14300	1716
手机	第3门店	FTR	156	650	780	121680	20280
数码相机	第3门店	AHY	123	1166	1288	158424	15006

图 9－16　将工作表 Sheet1 的数据全部复制到工作表 Sheet2 中

4. 合并计算

打开“××商贸公司电器销售表”，将“××商贸公司一月份电器销售情况表（台）”、“××商贸公司二月份电器销售情况表（台）”和“××商贸公司三月份电器销售情况表（台）”中的数据利用合并计算的方法将“××商贸公司一季度电器销售情况表（台）”进行汇总计算。

方法与步骤：打开“××商贸公司电器销售表”，单击 G3 单元格，单击功能区的“数据”→“合并计算”，如图 9－22 所示；在弹出的对话框中，设置“函数”为“求和”，确定“引用位置”，并单击“ ”，框选 A2:E7 数据区域，单击“添加”按钮，如图 9-23 所示；再次单击“引用位置”，框选 A10:E16 数据区域，单击“添加”按钮，如图 9-24 所示；第三次单击“引用位置”，框选 A19:E25 数据区域，单击“添加”按钮，将三个表的数据添加到引用位置框中，勾选“标签位置”下面的“首行”和“最左列”，单击“确定”按钮，如图 9-25 所示。

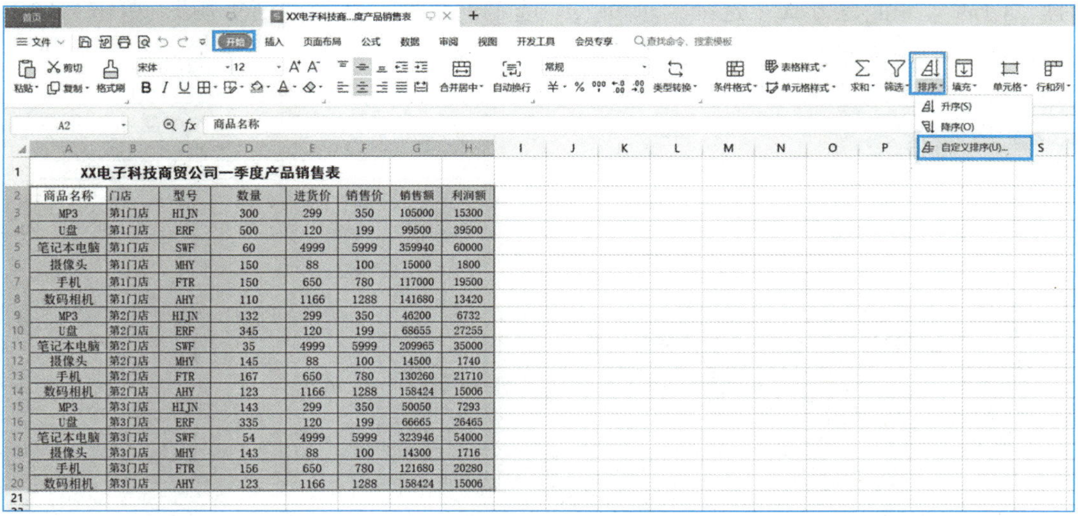

XX电子科技商贸公司一季度产品销售表

商品名称	门店	型号	数量	进货价	销售价	销售额	利润额
MP3	第1门店	HIJN	300	299	350	105000	15300
U盘	第1门店	ERF	500	120	199	99500	39500
笔记本电脑	第1门店	SWF	60	4999	5999	359940	60000
摄像头	第1门店	MHY	150	88	100	15000	1800
手机	第1门店	FTR	150	650	780	117000	19500
数码相机	第1门店	AHY	110	1166	1288	141680	13420
MP3	第2门店	HIJN	132	299	350	46200	6732
U盘	第2门店	ERF	345	120	199	68655	27255
笔记本电脑	第2门店	SWF	35	4999	5999	209965	35000
摄像头	第2门店	MHY	145	88	100	14500	1740
手机	第2门店	FTR	167	650	780	130260	21710
数码相机	第2门店	AHY	123	1166	1288	158424	15006
MP3	第3门店	HIJN	143	299	350	50050	7293
U盘	第3门店	ERF	335	120	199	66665	26465
笔记本电脑	第3门店	SWF	54	4999	5999	323946	54000
摄像头	第3门店	MHY	143	88	100	14300	1716
手机	第3门店	FTR	156	650	780	121680	20280
数码相机	第3门店	AHY	123	1166	1288	158424	15006

图 9-17　自定义排序

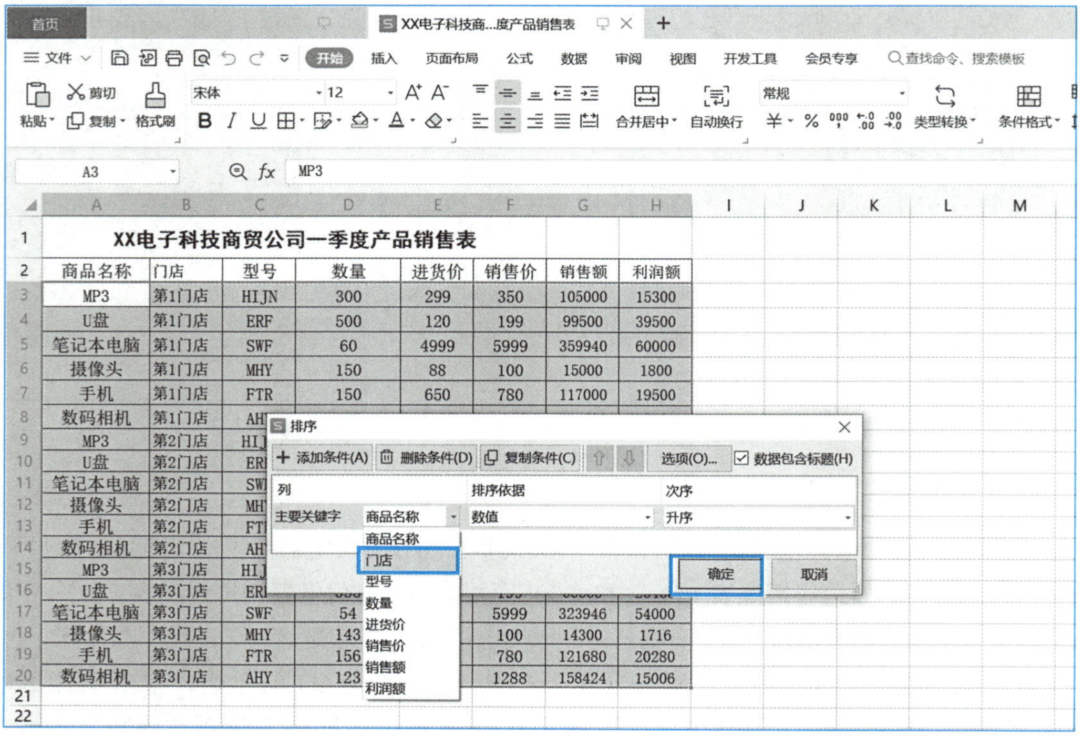

图 9-18　设置排序关键字

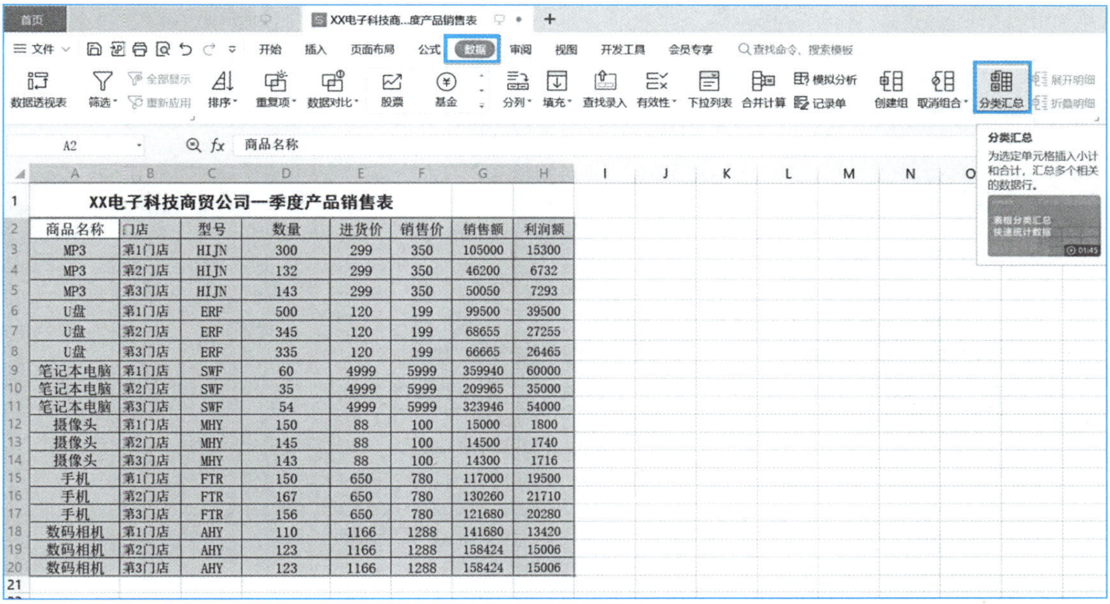

XX电子科技商贸公司一季度产品销售表

商品名称	门店	型号	数量	进货价	销售价	销售额	利润额
MP3	第1门店	HIJN	300	299	350	105000	15300
MP3	第2门店	HIJN	132	299	350	46200	6732
MP3	第3门店	HIJN	143	299	350	50050	7293
U盘	第1门店	ERF	500	120	199	99500	39500
U盘	第2门店	ERF	345	120	199	68655	27255
U盘	第3门店	ERF	335	120	199	66665	26465
笔记本电脑	第1门店	SWF	60	4999	5999	359940	60000
笔记本电脑	第2门店	SWF	35	4999	5999	209965	35000
笔记本电脑	第3门店	SWF	54	4999	5999	323946	54000
摄像头	第1门店	MHY	150	88	100	15000	1800
摄像头	第2门店	MHY	145	88	100	14500	1740
摄像头	第3门店	MHY	143	88	100	14300	1716
手机	第1门店	FTR	150	650	780	117000	19500
手机	第2门店	FTR	167	650	780	130260	21710
手机	第3门店	FTR	156	650	780	121680	20280
数码相机	第1门店	AHY	110	1166	1288	141680	13420
数码相机	第2门店	AHY	123	1166	1288	158424	15006
数码相机	第3门店	AHY	123	1166	1288	158424	15006

图 9－19　选择“分类汇总”

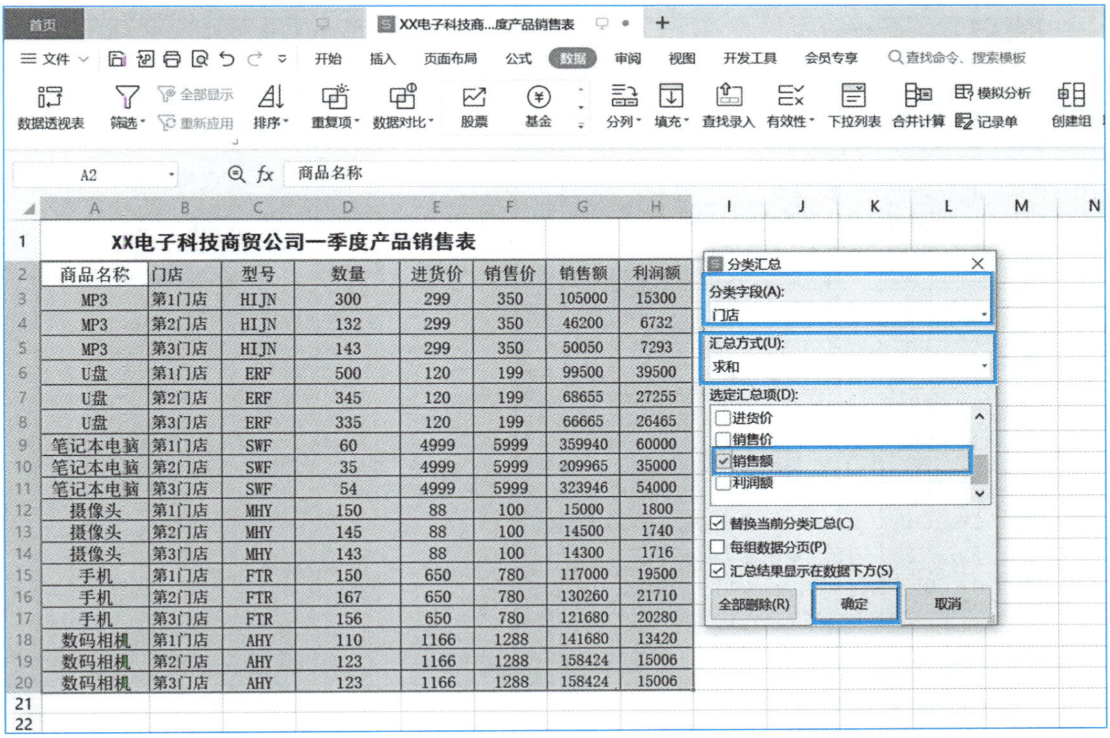

图 9－20　设置“分类汇总”

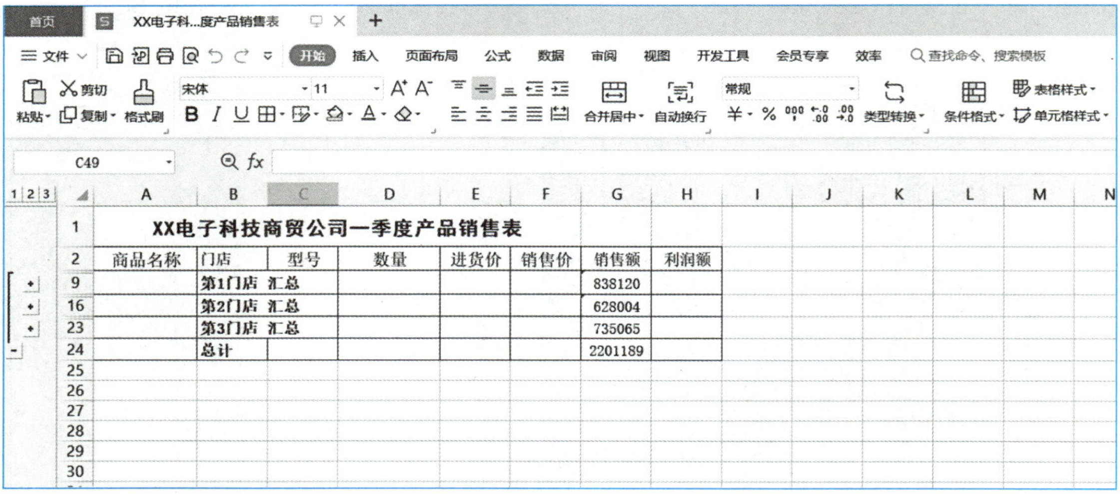

图 9－21　分类汇总结果

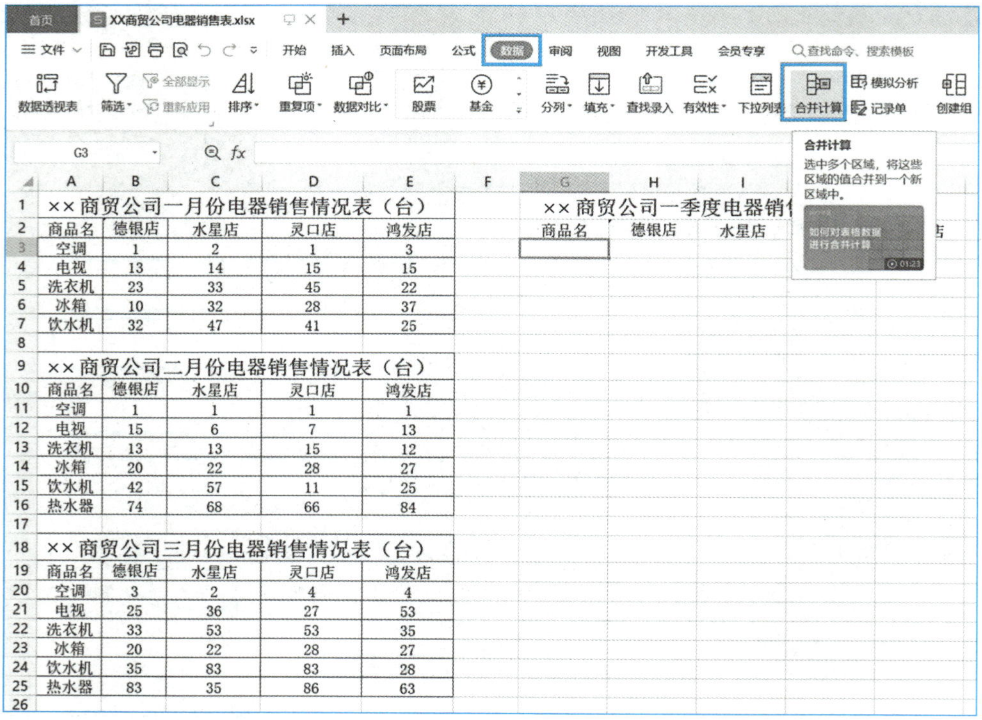

图 9－22　选择“合并计算”

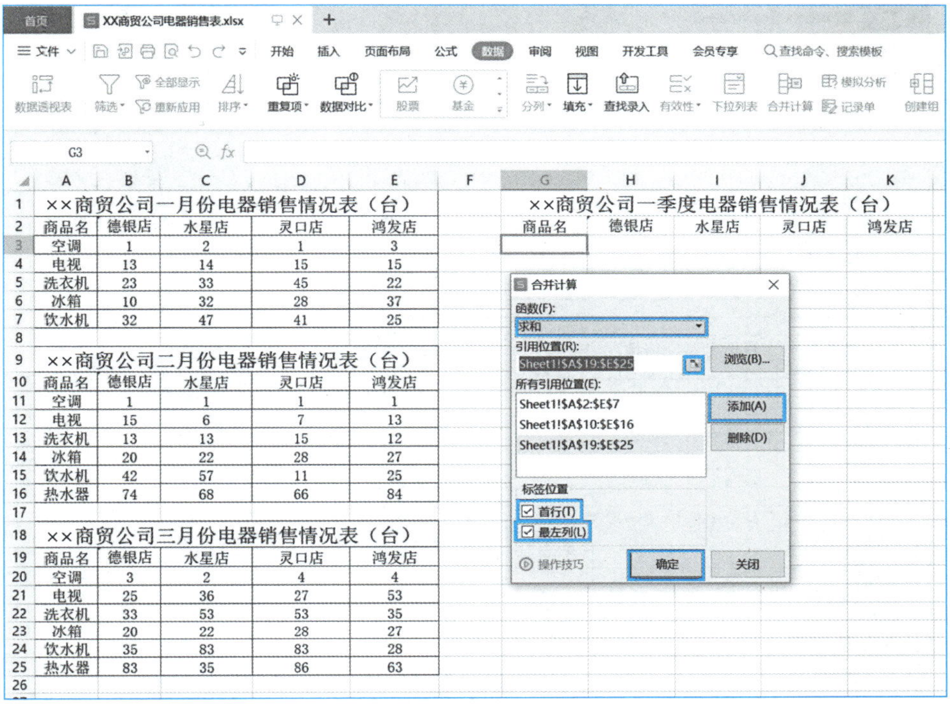

图 9－23　设置“合并计算”的“引用位置”

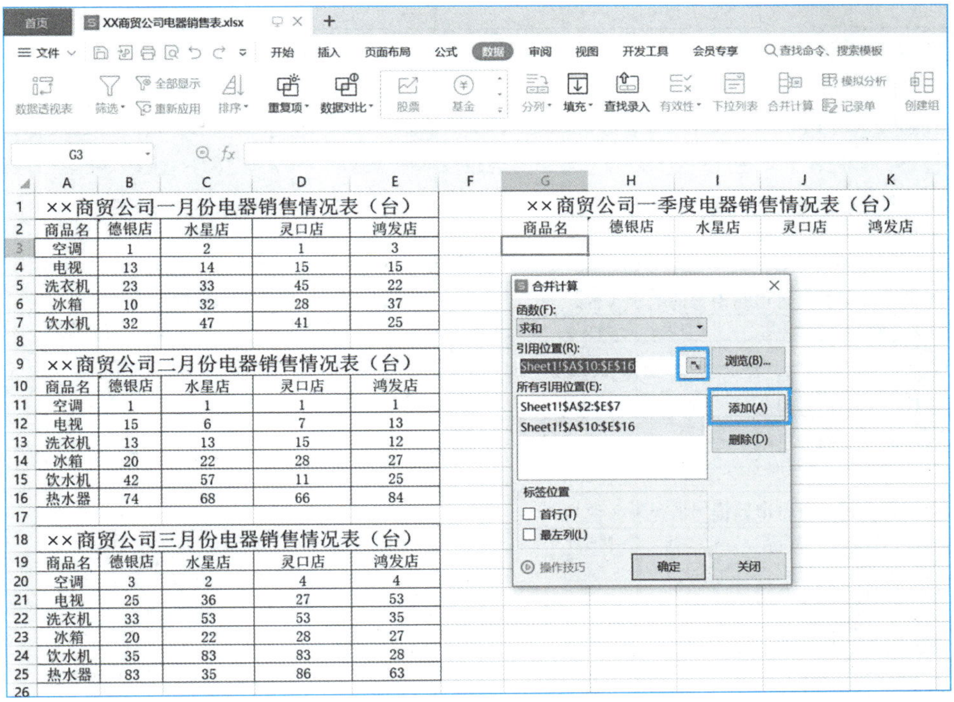

图 9－24　添加“引用位置”

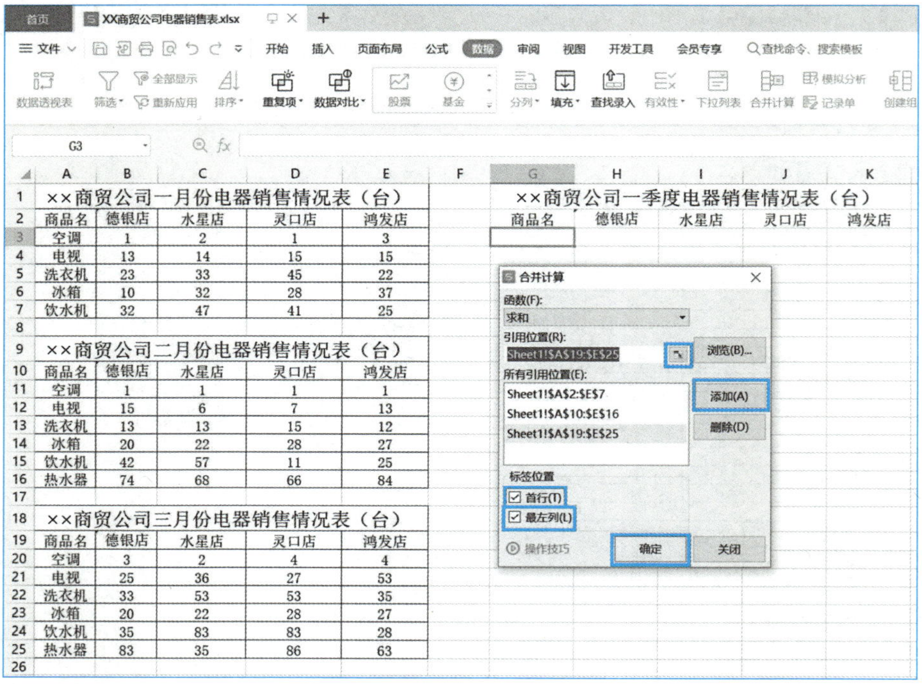

图 9－25　设置标签位置

完成效果如图 9－26 所示。

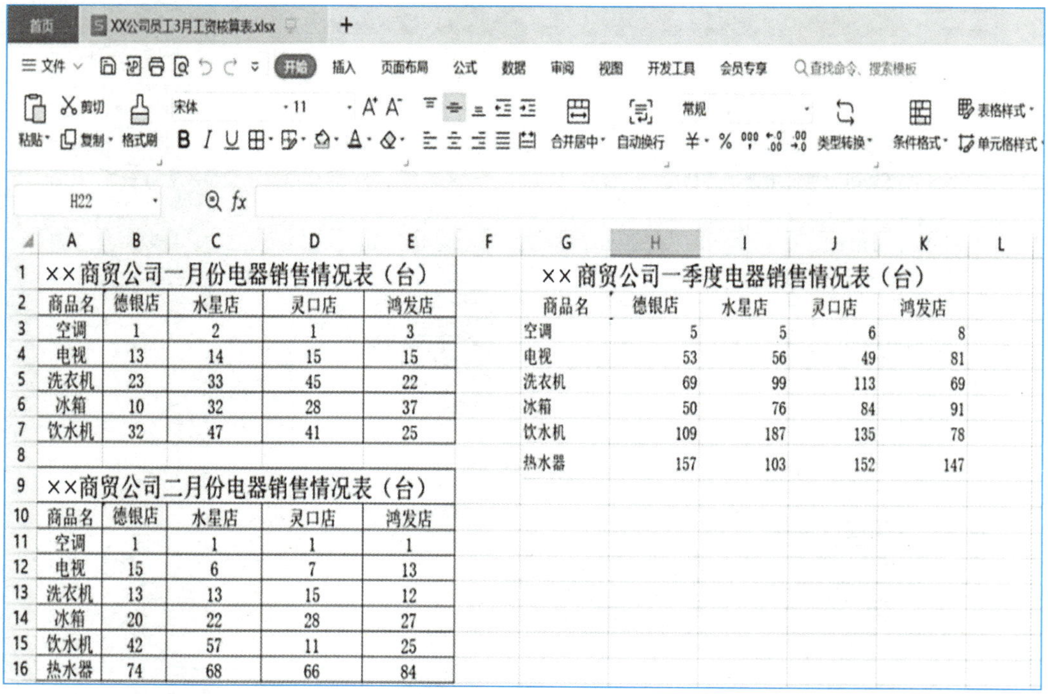

图 9－26　完成效果

第10章 电子表格数据的图形化

任务：你是销售部文员吕成志，请你利用“ ×× 电子科技商贸公司一季度产品销售表”中的数据，将数据进行图形化处理。

目标：通过对电子表格数据图形化处理，学习利用电子表格的数据条件格式、数据透视表、图表制作等操作方法。

1. 数据条件格式应用

使用“ ×× 电子科技商贸公司一季度产品销售表”Sheet2 中的数据，对“利润额”前 5 的记录应用“绿填充色深绿色文本”的条件格式，实现数据的可视化效果。

方法与步骤：打开“ ×× 电子科技商贸公司一季度产品销售表”，用鼠标框选“利润额”所在列的 H3:H20 区域，单击功能区的“开始”→“条件格式”→“项目选取规则”→“前 10 项”，在弹出的对话框中，设置为“5”和“绿填充色深绿色文本”，单击“确定”按钮，如图 10－1、图 10－2 所示。

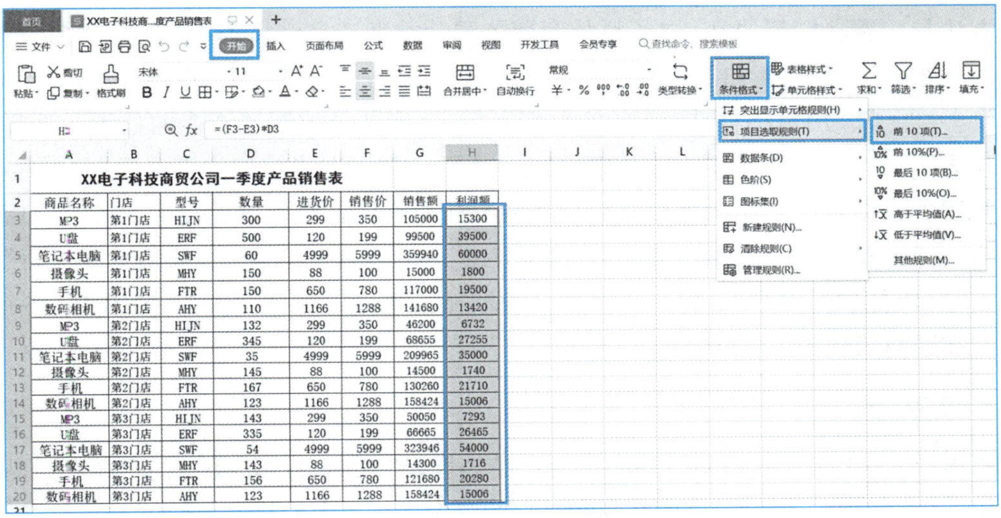

图 10－1　设置“项目选取规则”

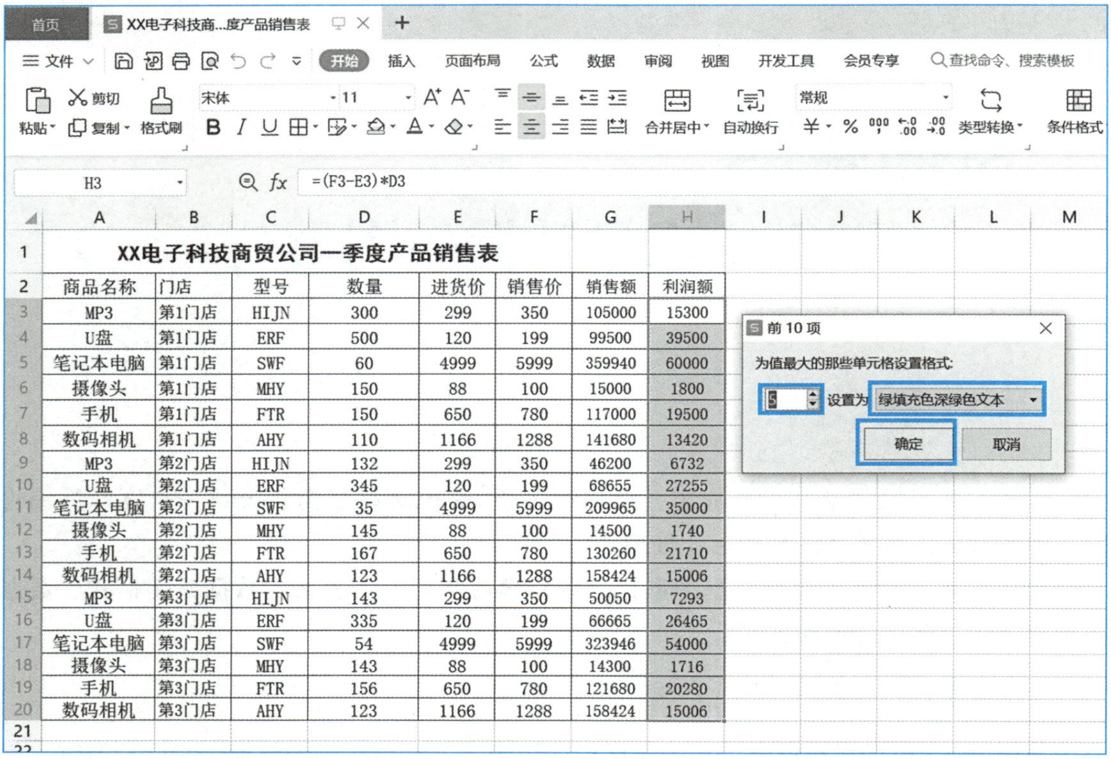

XX电子科技商贸公司一季度产品销售表							
商品名称	门店	型号	数量	进货价	销售价	销售额	利润额
MP3	第1门店	HIJN	300	299	350	105000	15300
U盘	第1门店	ERF	500	120	199	99500	39500
笔记本电脑	第1门店	SWF	60	4999	5999	359940	60000
摄像头	第1门店	MHY	150	88	100	15000	1800
手机	第1门店	FTR	150	650	780	117000	19500
数码相机	第1门店	AHY	110	1166	1288	141680	13420
MP3	第2门店	HIJN	132	299	350	46200	6732
U盘	第2门店	ERF	345	120	199	68655	27255
笔记本电脑	第2门店	SWF	35	4999	5999	209965	35000
摄像头	第2门店	MHY	145	88	100	14500	1740
手机	第2门店	FTR	167	650	780	130260	21710
数码相机	第2门店	AHY	123	1166	1288	158424	15006
MP3	第3门店	HIJN	143	299	350	50050	7293
U盘	第3门店	ERF	335	120	199	66665	26465
笔记本电脑	第3门店	SWF	54	4999	5999	323946	54000
摄像头	第3门店	MHY	143	88	100	14300	1716
手机	第3门店	FTR	156	650	780	121680	20280
数码相机	第3门店	AHY	123	1166	1288	158424	15006

图 10－2　设置为“绿填充色深绿色文本”

2. 数据透视表制作

利用“ ×× 电子科技商贸公司一季度产品销售表”Sheet2 中的数据，以“门店”为报表筛选项，以“商品名称”为行标签，“门店”为列标签，“利润额”为求和项，在当前工作表中建立数据透视表。

方法与步骤：打开“ ×× 电子科技商贸公司一季度产品销售表”，单击功能区的“插入”→“数据透视表”，如图 10－3 所示，然后在弹出的对话框中，单击“请选择单元格区域”→“![]”，用鼠标框选 A2:H20 数据区域，“请选择放置透视表的位置”选择“现有工作表”，单击“确定”按钮，如图 10－4 所示，即可在当前工作表中插入一个空的数据透视表，在编辑区右侧出现创建数据透视表的工作区。将右侧的工作区的“门店”字段拖放至“数据透视表区域”的“筛选器”中，将“商品名称”字段拖放至“行”，将“门店”字段拖放至“列”，将“求和项：利润额”字段拖放至“值”，如图 10－5 所示，单击“在当前工作表中建立数据透视表”。

3. 制作图表

利用“ ×× 电子科技商贸公司一季度产品销售表”Sheet2 中的第 1 门店各种产品的数据制作一个标题为“第 1 门店产品利润额”的图表，将表中的数据图形化。

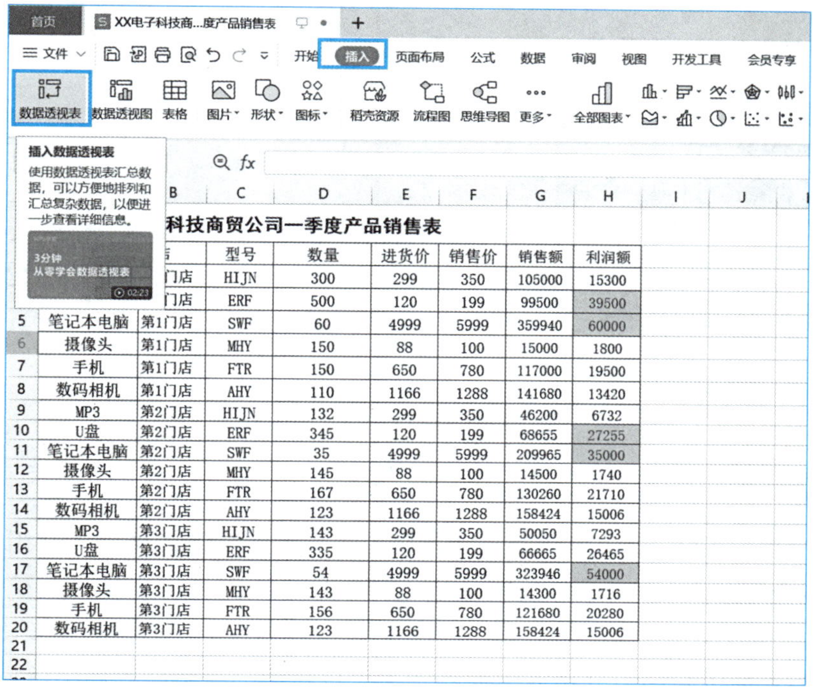

	B	C	D	E	F	G	H
1	科技商贸公司一季度产品销售表						
2	店	型号	数量	进货价	销售价	销售额	利润额
3	门店	HIJN	300	299	350	105000	15300
4	门店	ERF	500	120	199	99500	39500
5 笔记本电脑	第1门店	SWF	60	4999	5999	359940	60000
6 摄像头	第1门店	MHY	150	88	100	15000	1800
7 手机	第1门店	FTR	150	650	780	117000	19500
8 数码相机	第1门店	AHY	110	1166	1288	141680	13420
9 MP3	第2门店	HIJN	132	299	350	46200	6732
10 U盘	第2门店	ERF	345	120	199	68655	27255
11 笔记本电脑	第2门店	SWF	35	4999	5999	209965	35000
12 摄像头	第2门店	MHY	145	88	100	14500	1740
13 手机	第2门店	FTR	167	650	780	130260	21710
14 数码相机	第2门店	AHY	123	1166	1288	158424	15006
15 MP3	第3门店	HIJN	143	299	350	50050	7293
16 U盘	第3门店	ERF	335	120	199	66665	26465
17 笔记本电脑	第3门店	SWF	54	4999	5999	323946	54000
18 摄像头	第3门店	MHY	143	88	100	14300	1716
19 手机	第3门店	FTR	156	650	780	121680	20280
20 数码相机	第3门店	AHY	123	1166	1288	158424	15006

图 10－3　插入“数据透视表”

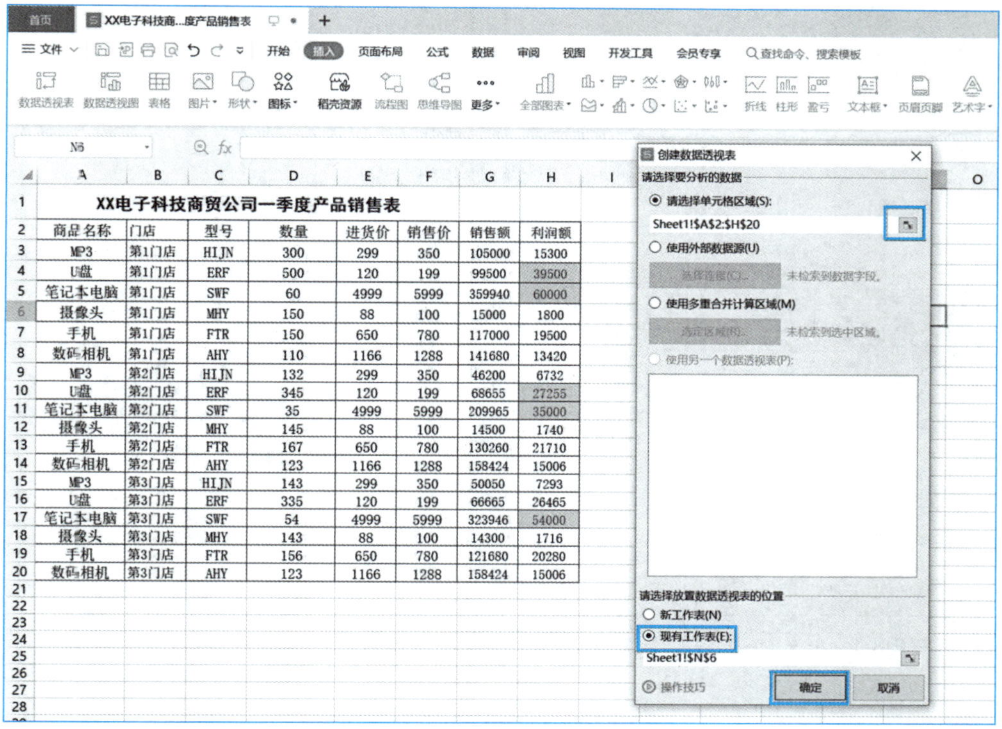

	A	B	C	D	E	F	G	H
1	XX电子科技商贸公司一季度产品销售表							
2	商品名称	门店	型号	数量	进货价	销售价	销售额	利润额
3	MP3	第1门店	HIJN	300	299	350	105000	15300
4	U盘	第1门店	ERF	500	120	199	99500	39500
5	笔记本电脑	第1门店	SWF	60	4999	5999	359940	60000
6	摄像头	第1门店	MHY	150	88	100	15000	1800
7	手机	第1门店	FTR	150	650	780	117000	19500
8	数码相机	第1门店	AHY	110	1166	1288	141680	13420
9	MP3	第2门店	HIJN	132	299	350	46200	6732
10	U盘	第2门店	ERF	345	120	199	68655	27255
11	笔记本电脑	第2门店	SWF	35	4999	5999	209965	35000
12	摄像头	第2门店	MHY	145	88	100	14500	1740
13	手机	第2门店	FTR	167	650	780	130260	21710
14	数码相机	第2门店	AHY	123	1166	1288	158424	15006
15	MP3	第3门店	HIJN	143	299	350	50050	7293
16	U盘	第3门店	ERF	335	120	199	66665	26465
17	笔记本电脑	第3门店	SWF	54	4999	5999	323946	54000
18	摄像头	第3门店	MHY	143	88	100	14300	1716
19	手机	第3门店	FTR	156	650	780	121680	20280
20	数码相机	第3门店	AHY	123	1166	1288	158424	15006

图 10－4　将“数据透视表”的位置放在当前工作表

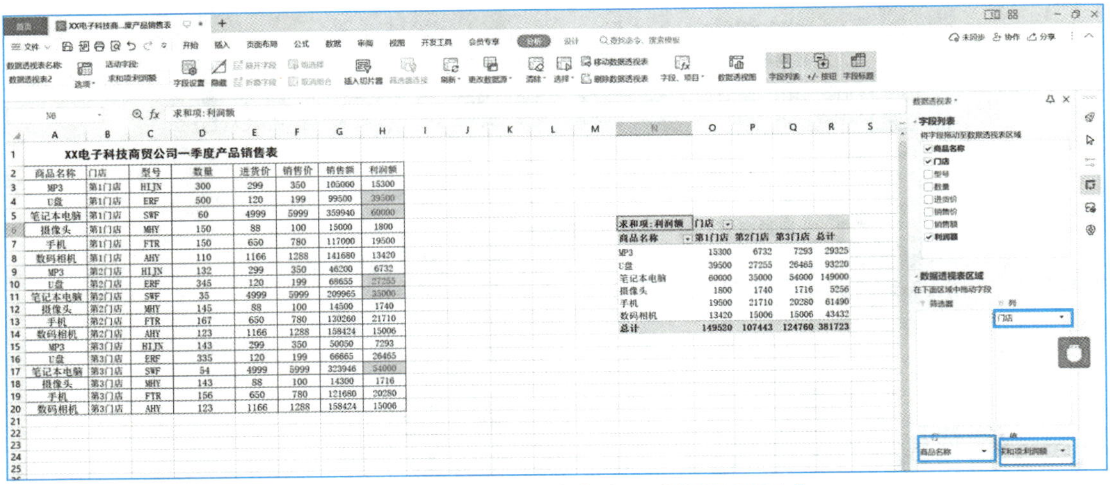

图 10－5　在当前工作表中建立“数据透视表”

方法与步骤：打开“××电子科技商贸公司一季度产品销售表”，将表中的数据按照“门店”进行排序分类，步骤略。用鼠标框选 A2:A8 区域，按下 Ctrl 键（控制键）不放，再次用鼠标框选 H2:H8 数据区域，单击功能区的“插入”→“◷·”→“三维饼图”，如图 10－6 所示，即可在当前数据表中插入一个三维饼图。单击图表标题区域，将图表标题更改为“第 1 门店产品利润额”，然后单击图表右侧的工具按钮→“图表元素”，“数据标签”选择“最佳匹配”，如图 10－7 所示。

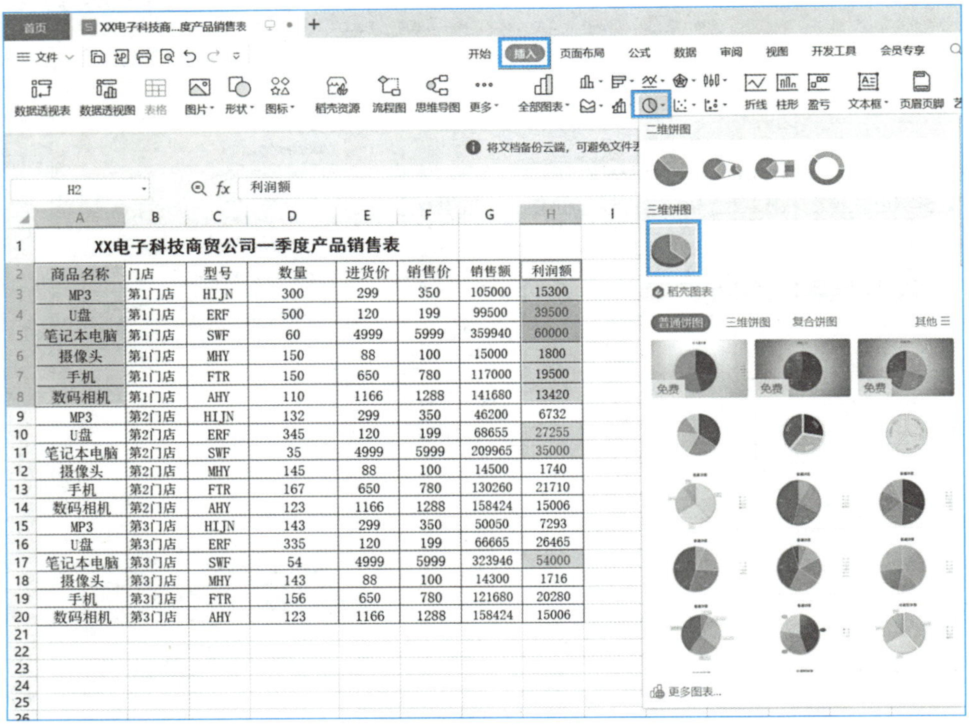

图 10－6　插入“三维饼图”

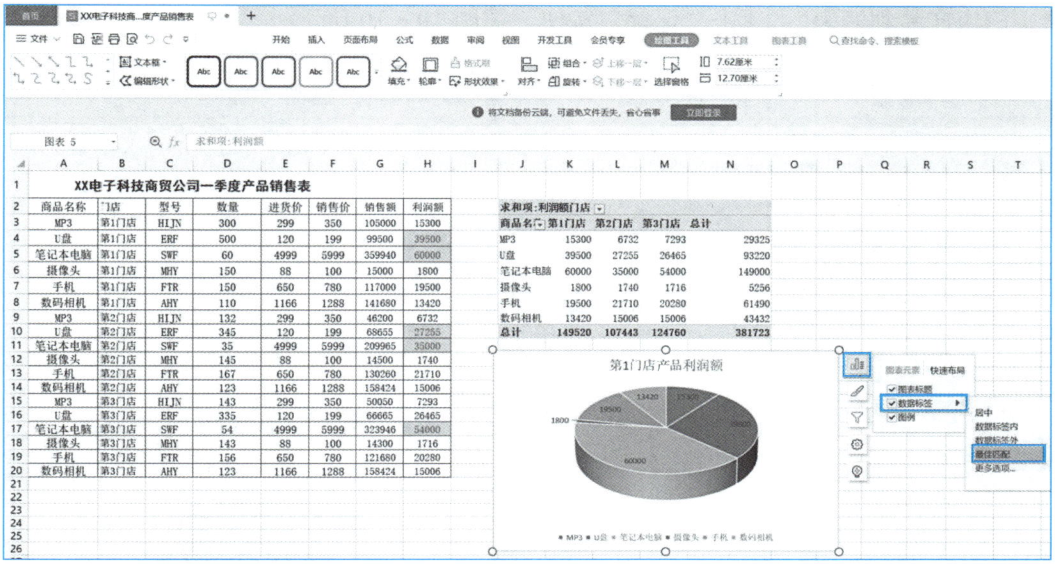

图 10－7　更改图表标题

完成效果如图 10－8 所示。

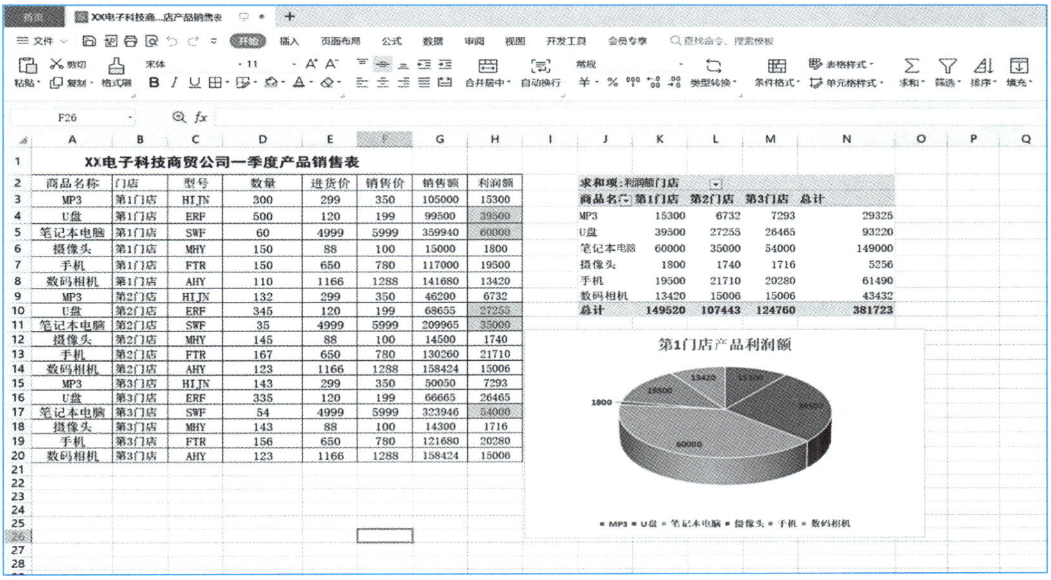

图 10－8　完成效果

4. 保存文档

将制作完成的文档以“第 1 门店产品利润表”为文件名，“*.xlsx”为扩展名，保存到 C 盘根目录下。

方法与步骤：单击“文件”→“另存为”→“Excel 文件（*.xlsx)”，如图 10－9 所示；在弹出的“另存文件”对话框中，选择“本地磁盘（C:)”，“文件名”文本框中输入

“第 1 门店产品利润表”，单击“保存”按钮，如图 10－10 所示。

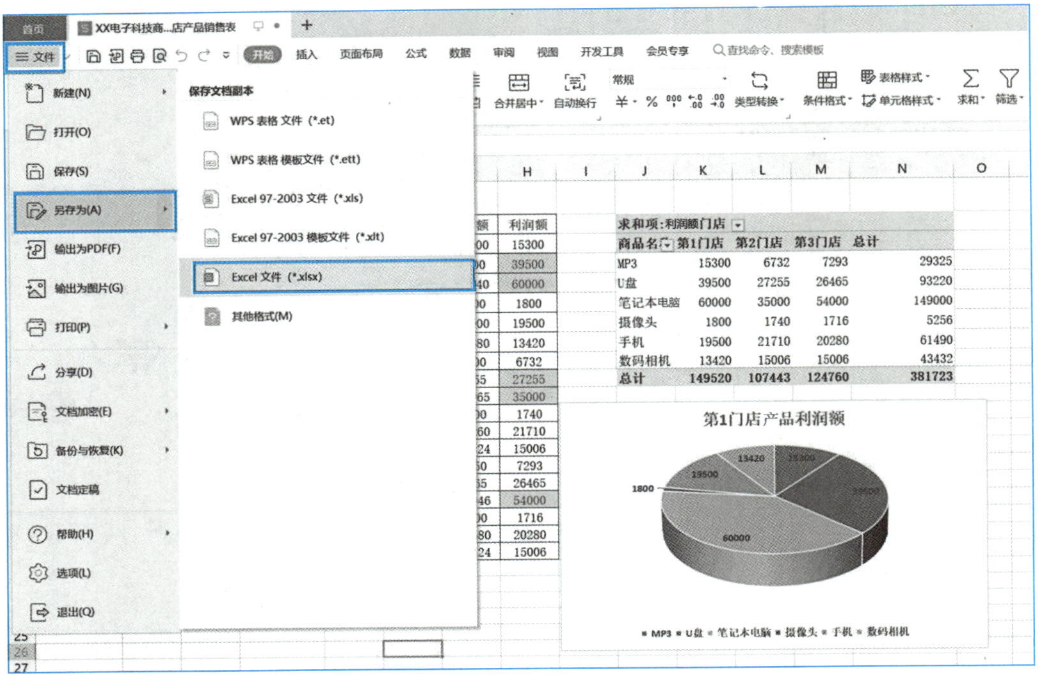

图 10－9　保存表格

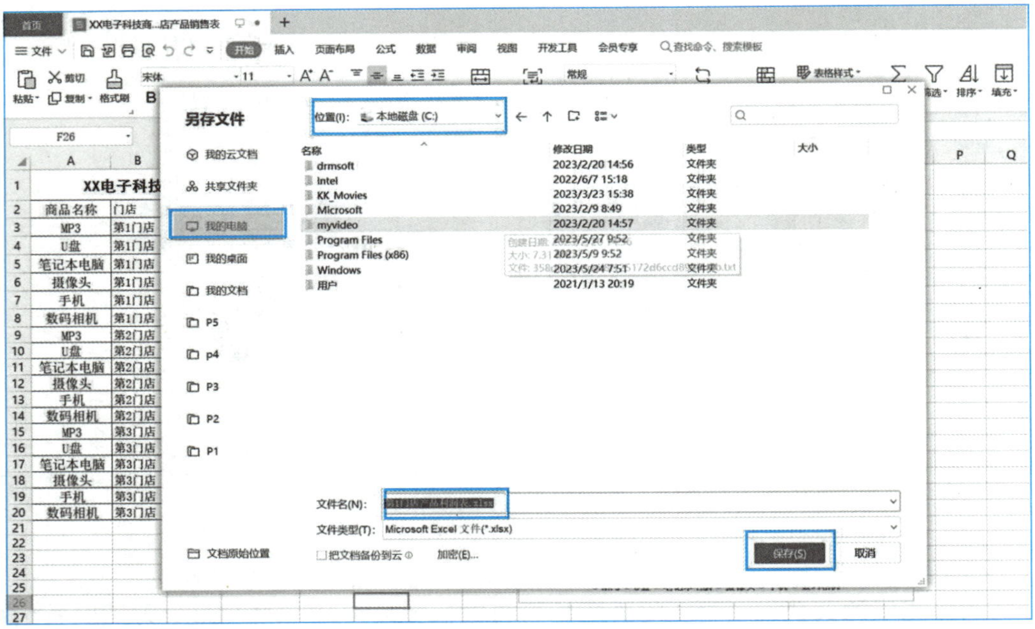

图 10－10　设置保存位置和文件名

实践案例：如果你是网络视频主播周岩，助力乡村振兴，服务“2023 一带一路”做销售广西水果的直播，助力农产品销售，现需要对广西水果进行统计分析，请你利用“广西名优水果统计表”中的数据，将数据图形化处理。（参考教材学习资源）

第 11 章

电子表格数据 + 文字排版综合应用

任务：毕业在即，你是班级的班主任助理，需要帮忙打印全班同学的毕业证书，请你根据毕业证书要求制作班级的毕业证书并打印。

目标：通过利用 WPS 电子表格数据、文字等制作毕业证书并打印，学习电子表格数据整理规范、WPS 文字页面布局设置、分栏以及邮箱合并、打印等操作方法。

在需要大量邀请函、录取通知书时，我们可以通过电子表格数据 + 文字排版和邮件合并功能实现批量制作。

1. 制作一个有学生信息的电子表格

WPS 电子表格数据准备：制作一个有学生信息的电子表格。

（1）打开素材“学生信息表 .xlsx”，选择第一行标题单击鼠标右键，单击“删除”，删除该电子表格的标题。如图 11－1、图 11－2 所示。

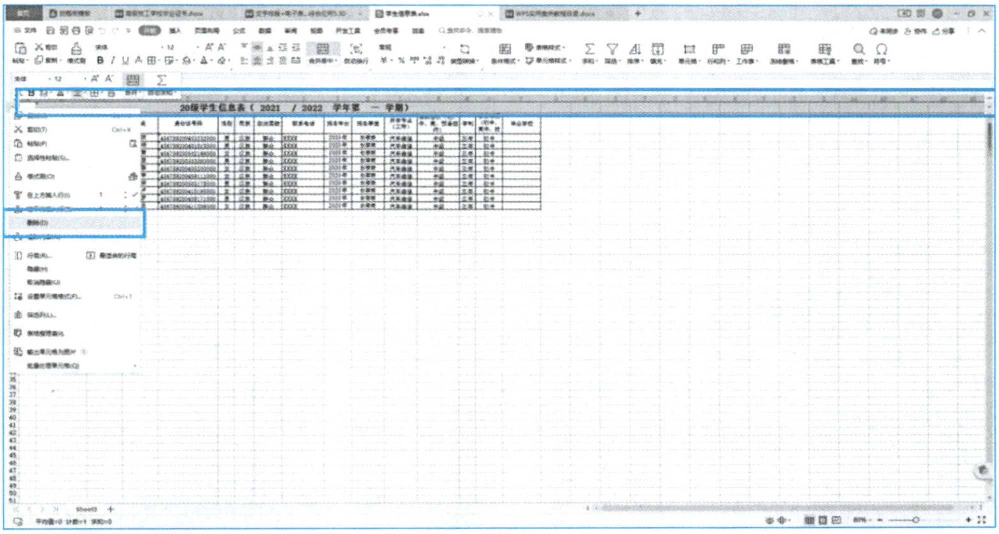

图 11－1　删除电子表格的标题

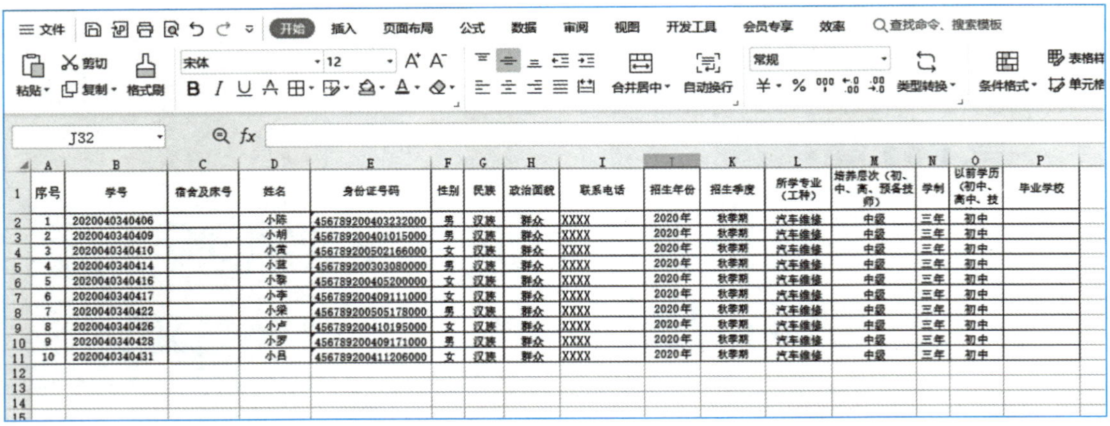

图 11－2　删除标题的电子表格

（2）使用 MID 函数从身份证号码中提取毕业证书所需要的“年”“月”“日”数据到新的单元格中。

步骤 1：在标题行的右边插入“年”“月”“日”3 项标题，如图 11－3 所示。在 Q2 单元格中输入公式“=MID（E2,7,4）”并按“Enter”键确认，即可提取“年”数据；按以上方法分别在 R2 单元格中输入公式“=MID（E2,11,2）”提取“月”数据，在 S2 单元格中输入公式“=MID（E2,13,2）”提取“日”数据，如图 11－4、图 11－5 所示。

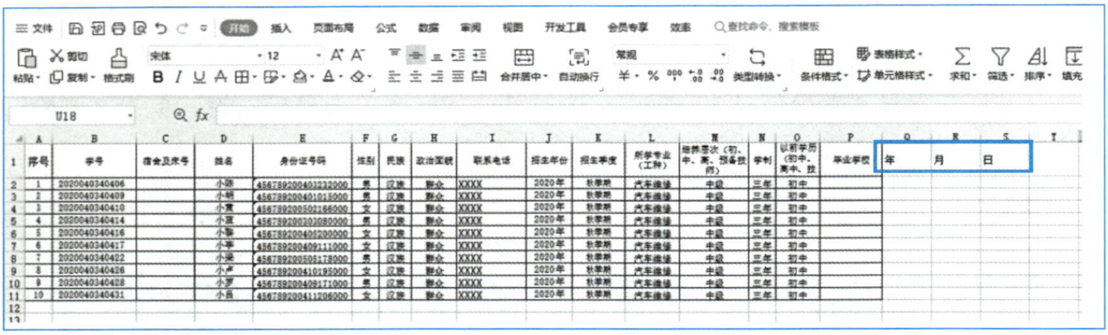

图 11－3　插入“年”“月”“日”3 项标题

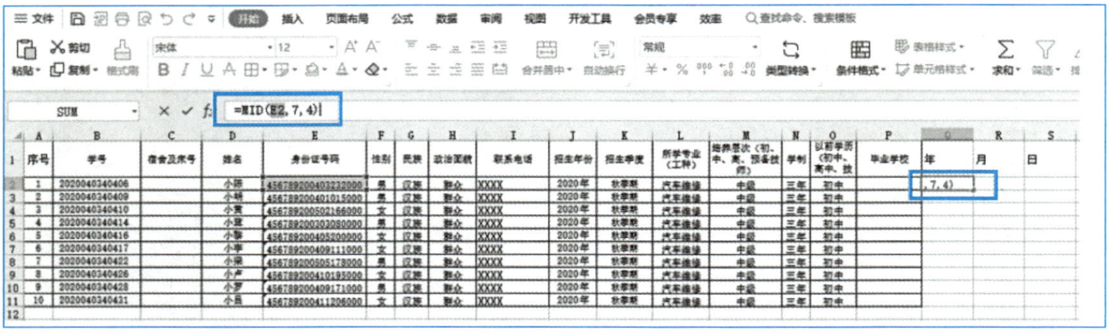

图 11－4　输入公式提取“年”数据

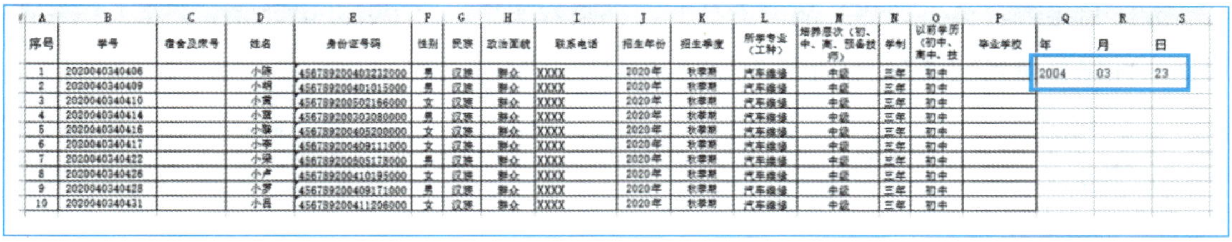

图 11－5　输入公式提取“月”和“日”数据

步骤 2：选择第一行“年”“月”“日”数据，拖动鼠标选择“Q2”“R2”“S2”填充，然后填充其他表格的“年”“月”“日”数据，如图 11－6、图 11－7 所示。

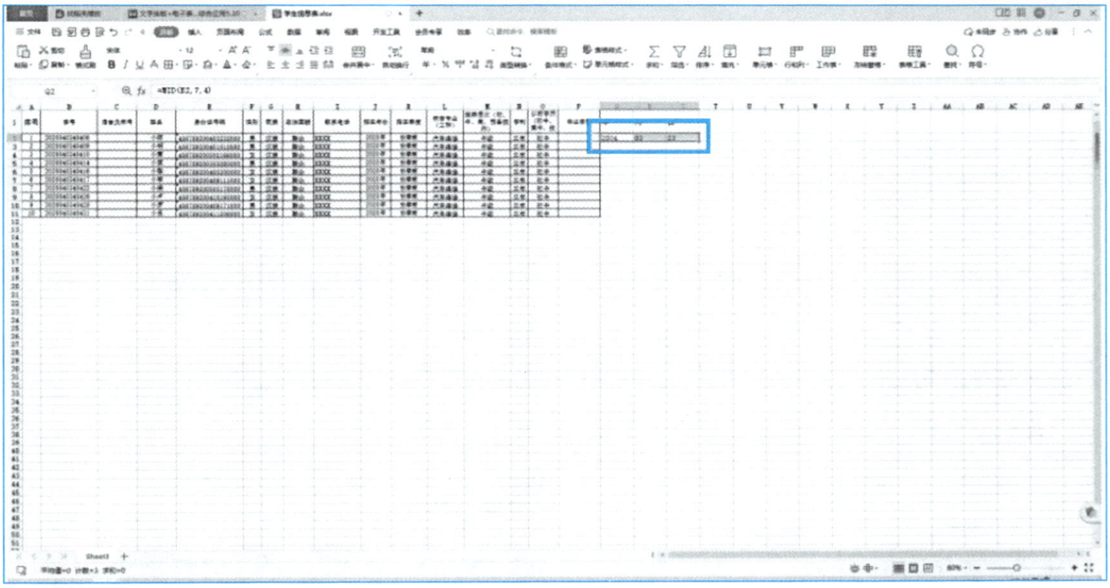

图 11－6　填充其他表格的“年”“月”“日”数据 1

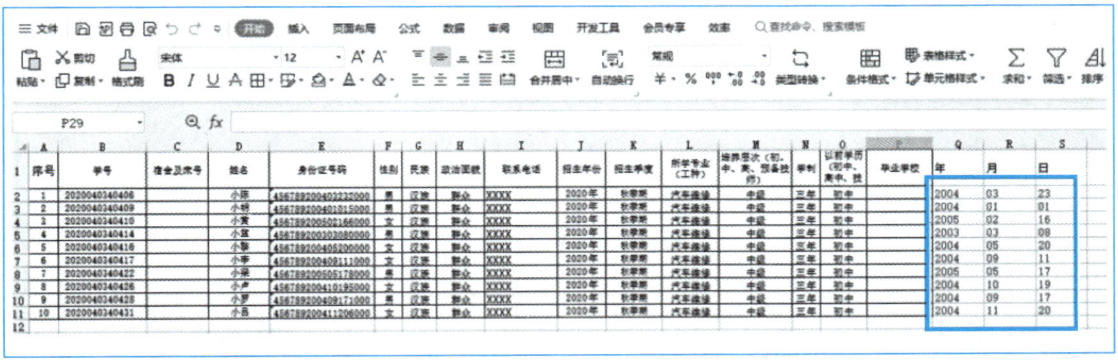

图 11－7　填充其他表格的“年”“月”“日”数据 2

（3）将 WPS 电子表格数据另存为“学生信息表 .xls”。

方法与步骤：单击功能区的“文件”→“另存为”→“Excel 97-2003 文件（*.xls)”，选择文件保存位置后保存，如图 11－8、图 11－9 所示。

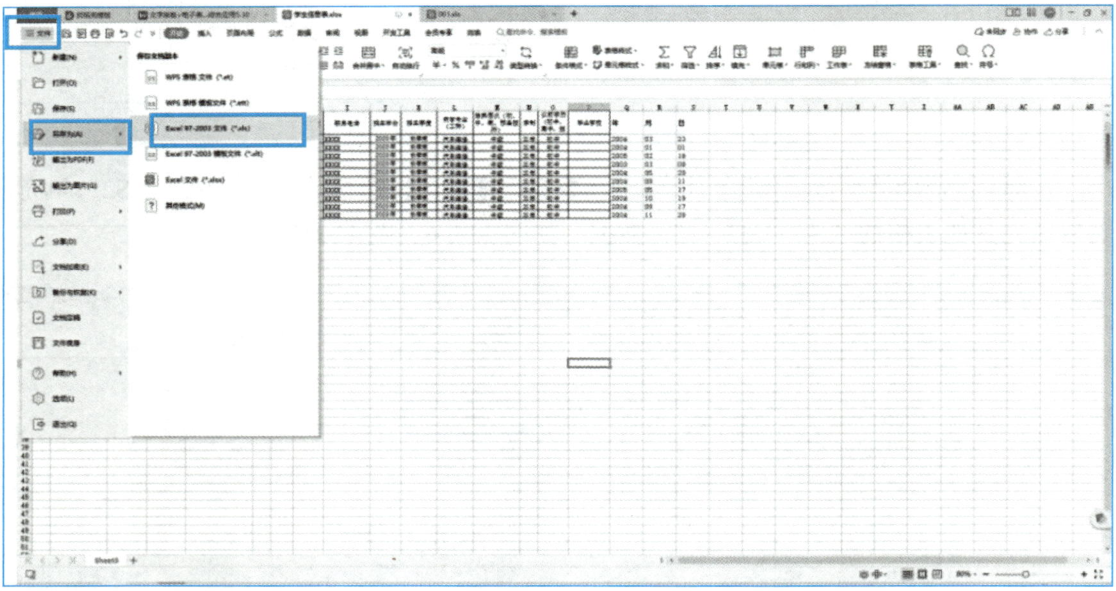

图 11－8　另存文件

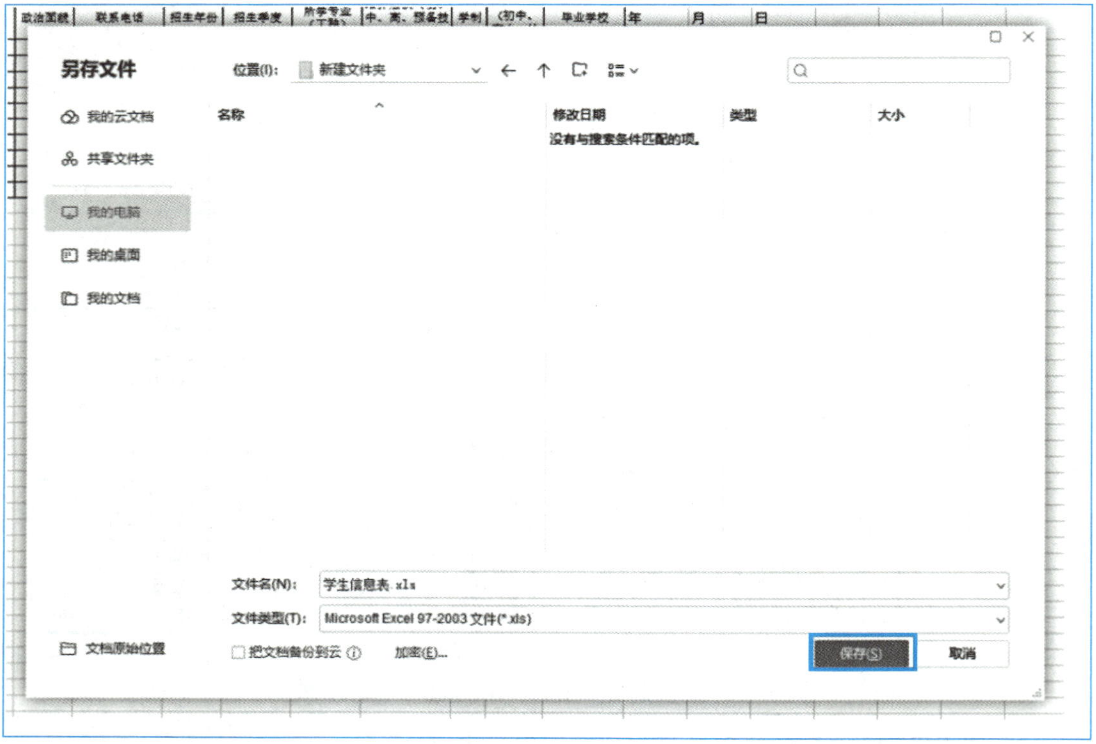

图 11－9　设置文件保存位置

2. 利用 WPS 文字制作一个毕业证书模板

WPS 文字排版准备：利用文字制作软件制作一个毕业证书模板。

（1）打开 WPS，新建空白文档，设置页面方向、纸张大小、页边距、页面背景、底纹等。

步骤 1：单击功能区的“页面布局”，“纸张方向”选择“横向”，如图 11－10 所示；单击功能区的“页面布局”，“纸张大小”选择“16 开”，如图 11－11 所示；单击功能区“页面布局”，在“页边距”右侧的数值框中把“上”“下”“左”“右”边距均设置为“1cm”，如图 11－12 所示。

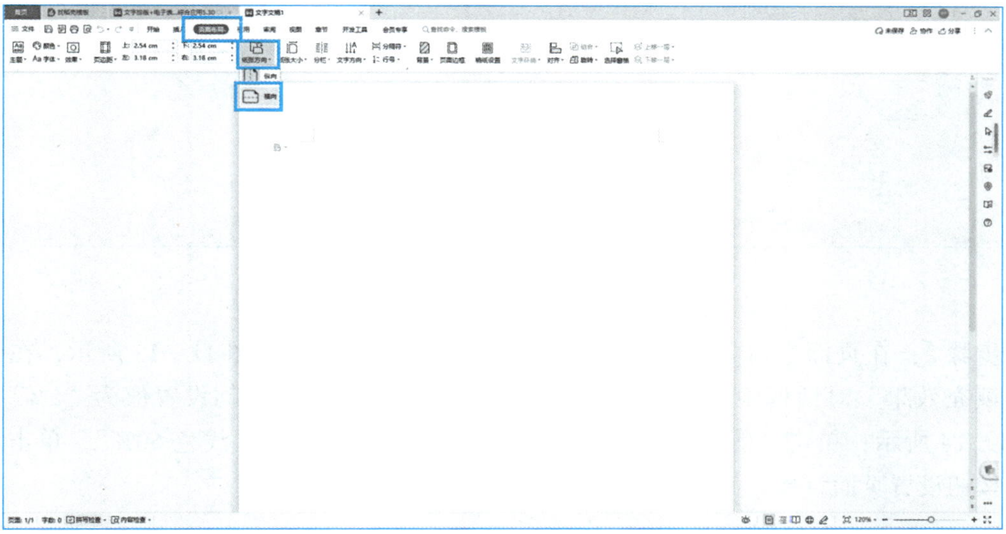

图 11－10　设置纸张方向

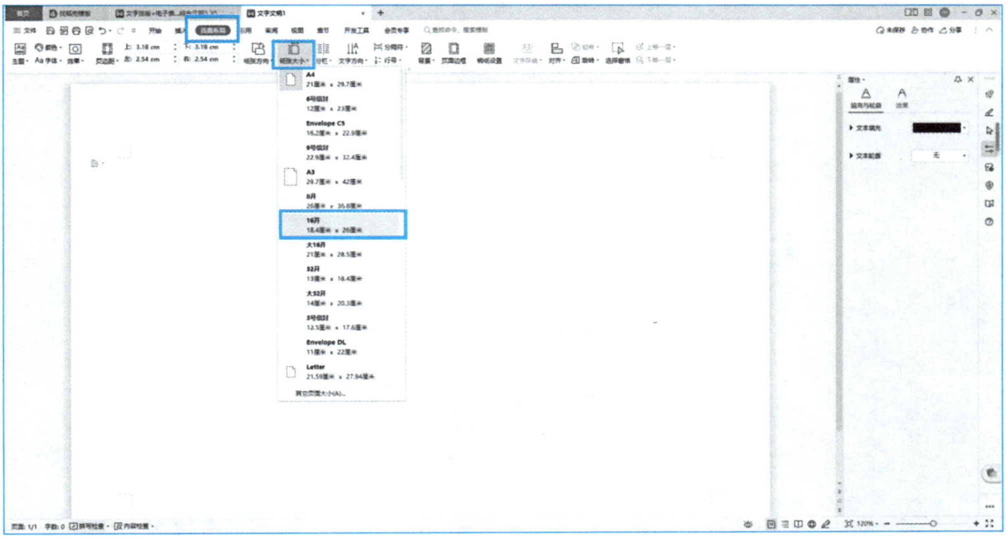

图 11－11　设置纸张大小

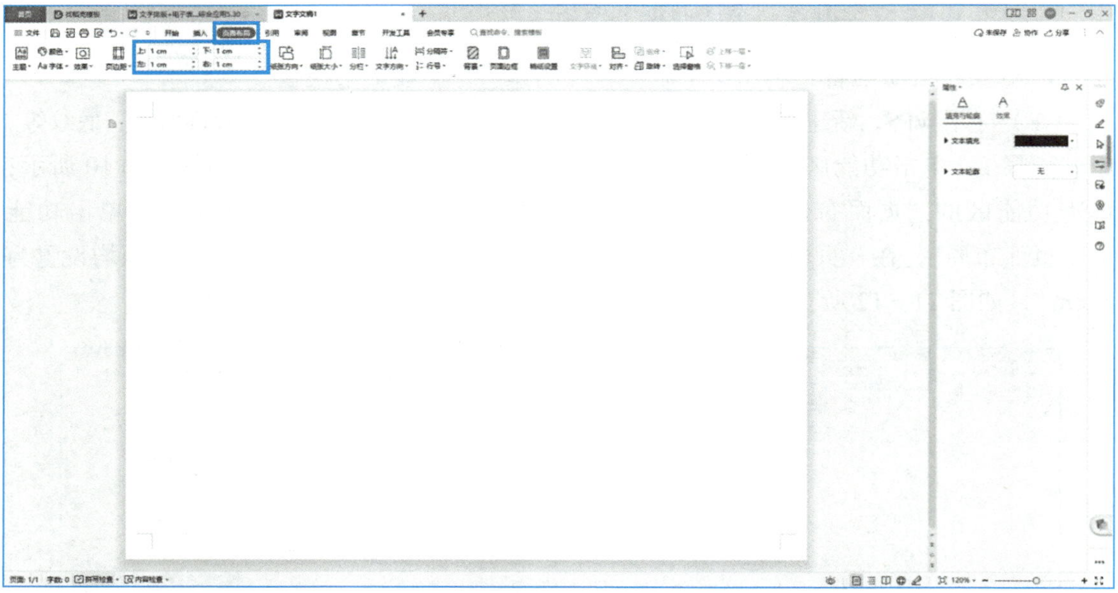

图 11 - 12　设置页边距

步骤 2：在页面空白处单击鼠标右键选择“图片背景”，如图 11 - 13 所示，在弹出的“填充效果”对话框中单击“图案”，并选择第一个图案，自动设置值为“5%”，如图 11 - 14 所示；单击“前景”下拉框中的“矢车菊蓝，着色 1，浅色 60%”，单击“确定”按钮设置页面背景，如图 11 - 15 所示。

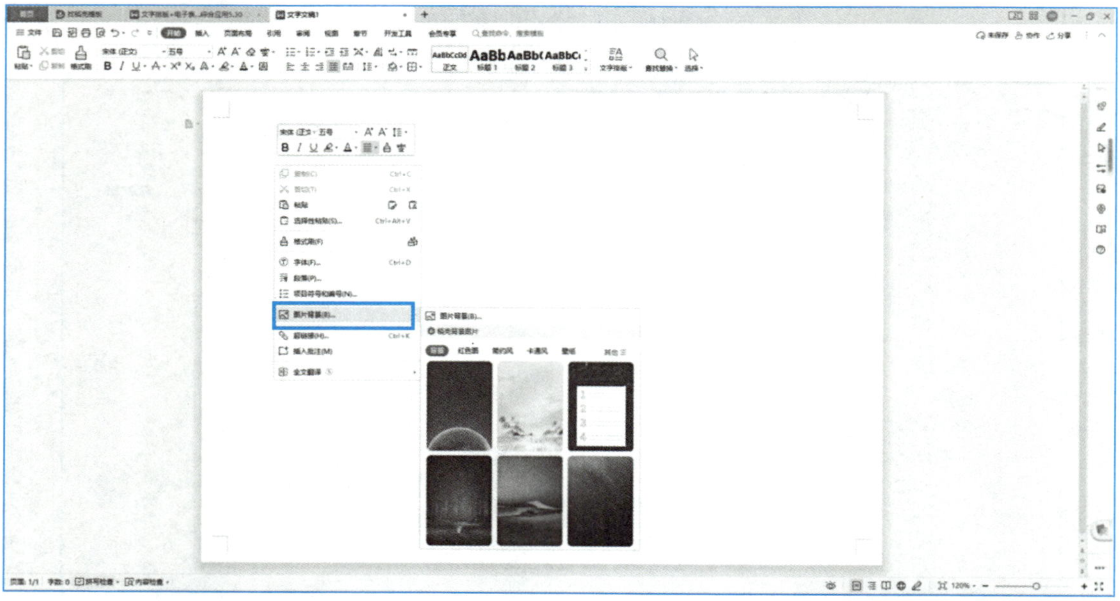

图 11 - 13　设置图片背景

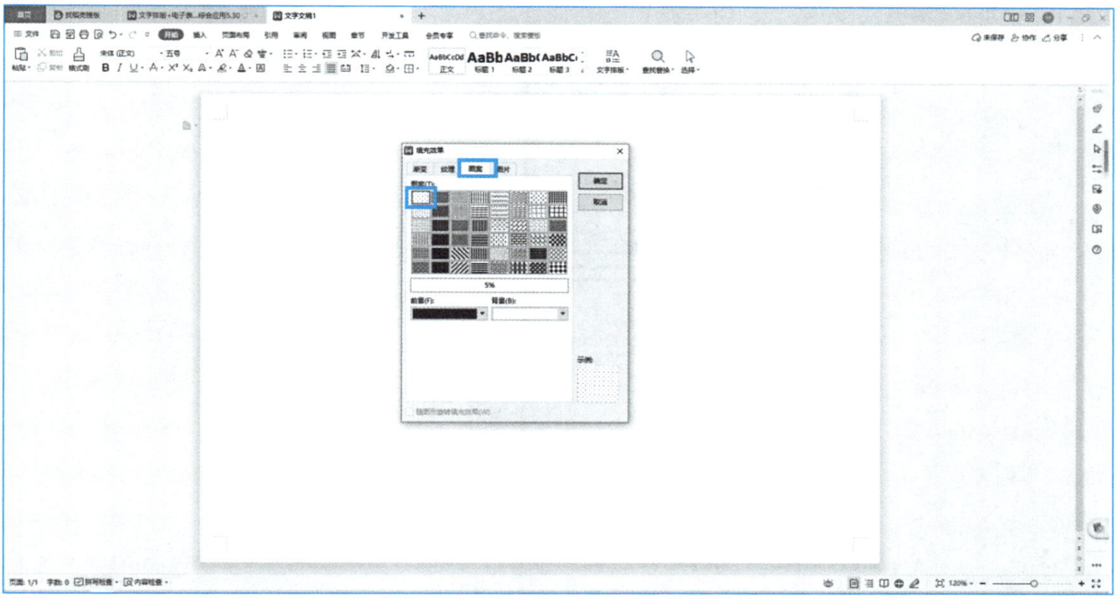

图 11－14 设置填充效果

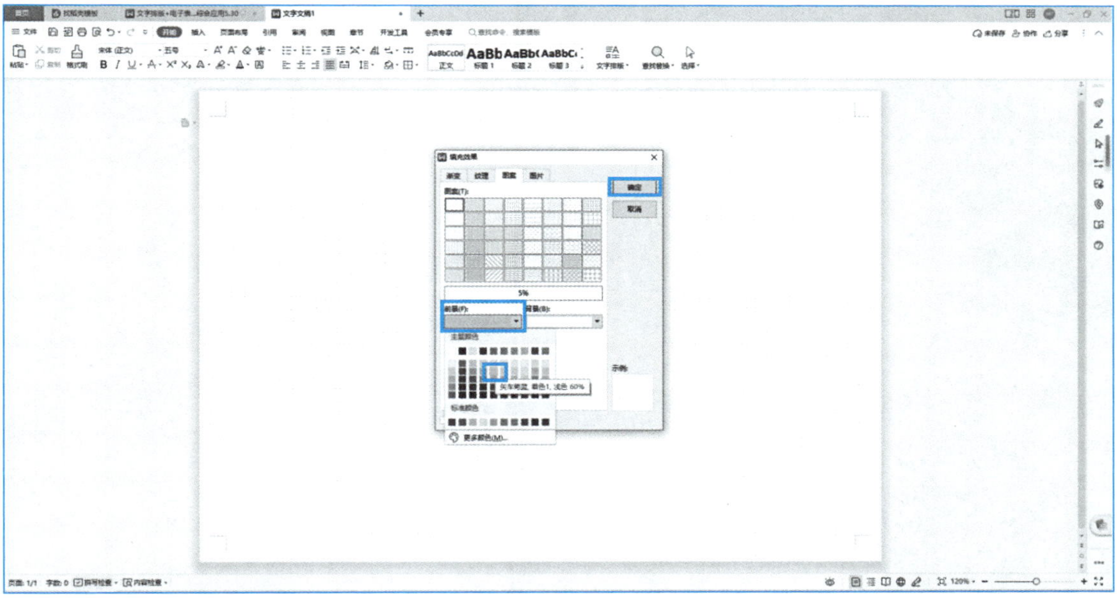

图 11－15 设置页面背景

步骤 3：单击功能区的“页面布局”→“页面边框”，在弹出的“边框和底纹”对话框中单击“页面边框”→“自定义”，“线型”选择双波浪线，如图 11－16 所示；然后单击“颜色”下拉框中的“矢车菊蓝，着色 1，浅色 40%”，并单击“预览”下面的上、下、左、右边线，单击“确定”按钮设置页面背景，如图 11－17 所示。

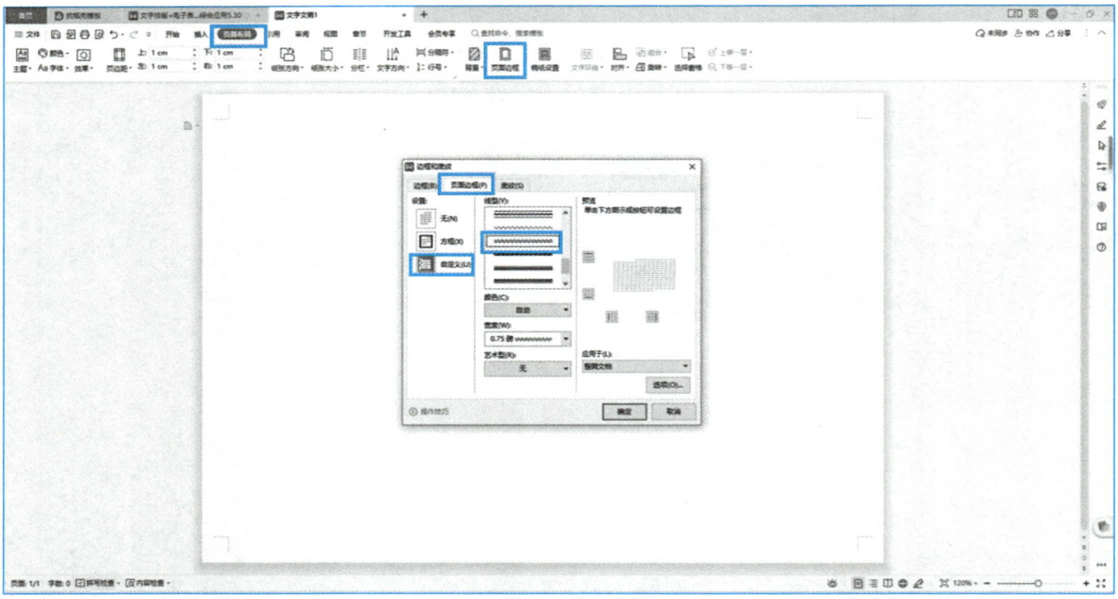

图 11－16　选择双波浪线

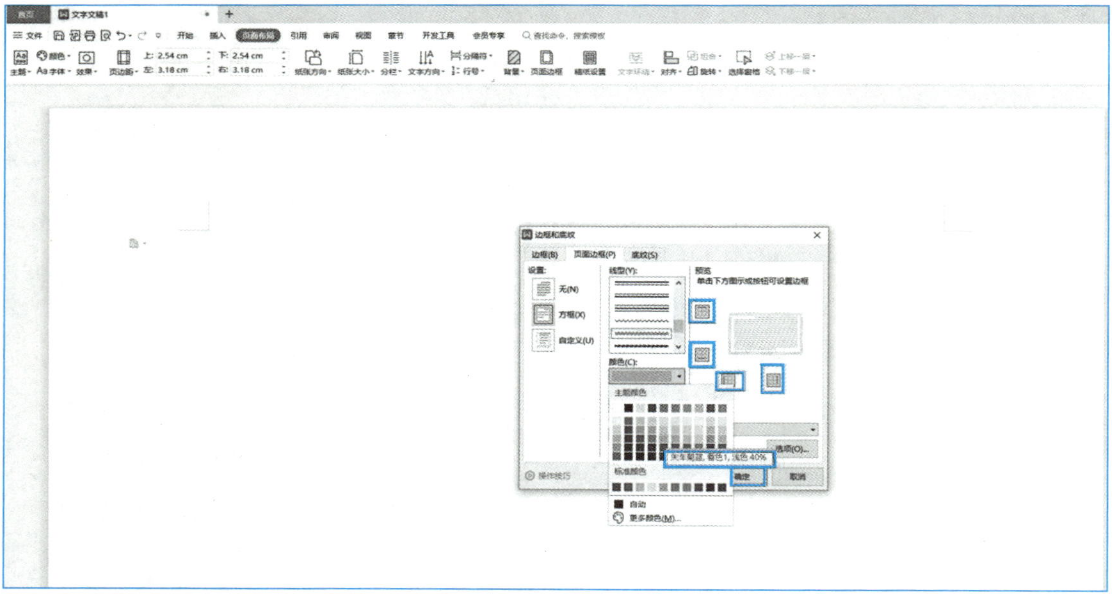

图 11－17　选择颜色，设置页面背景

（2）复制素材中的文字“×××学校……年6月30日”粘贴到文档中，设置分栏。

方法与步骤：定位光标在第一格的位置，单击鼠标右键选择“粘贴”，把选择的内容粘贴到文档中，单击功能区的“页面布局”→“分栏”→“两栏”即可设置分栏，如图11－18、图11－19所示，设置分栏效果如图11－20所示。

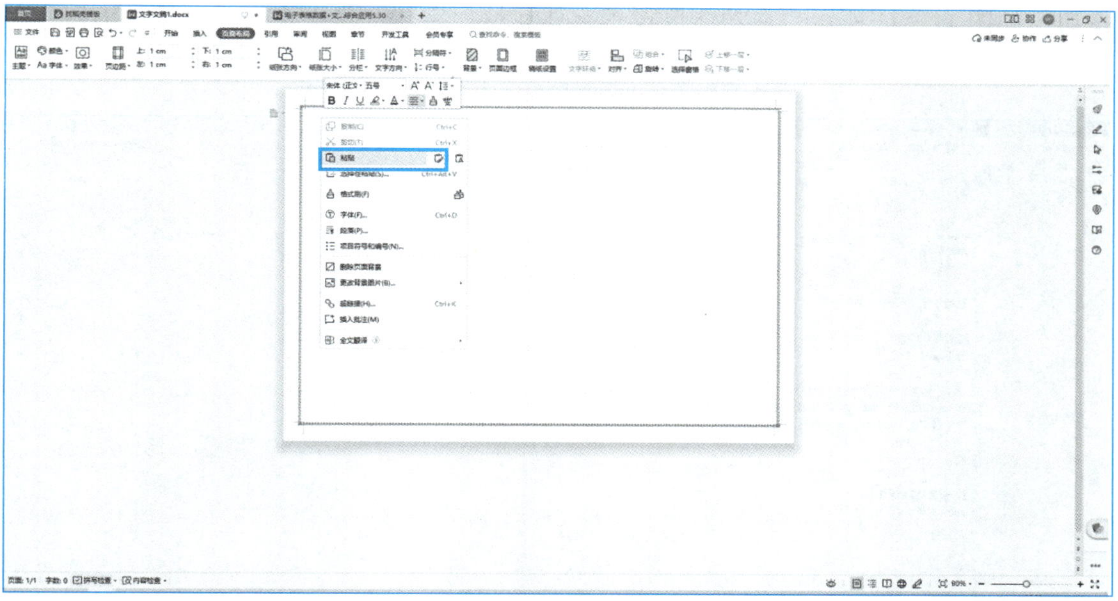

图 11－18　选择“粘贴”

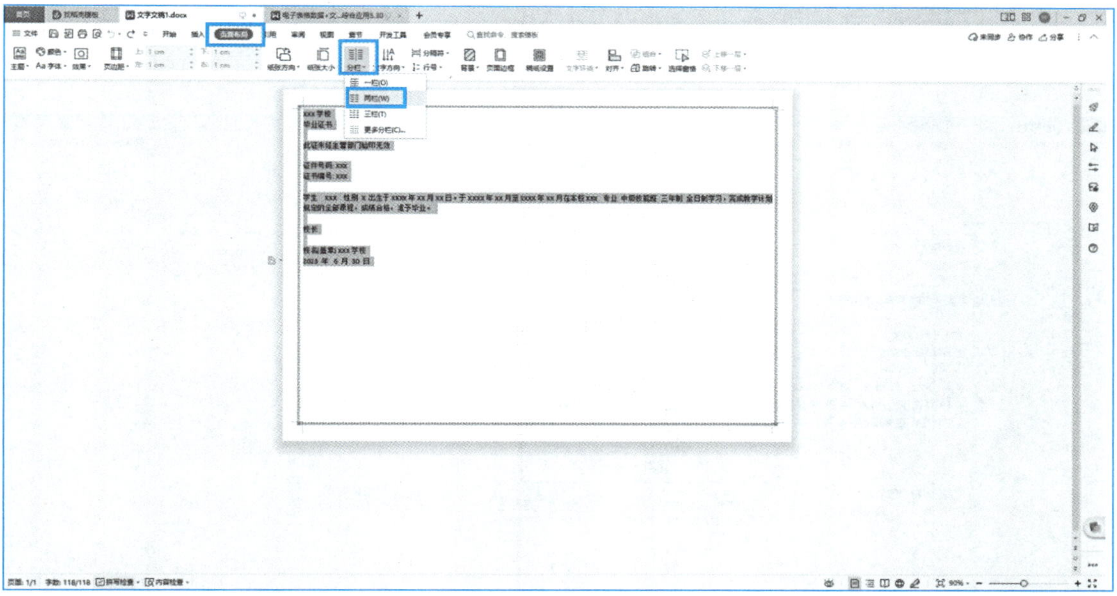

图 11－19　设置分栏

（3）将标题段“×××学校”设置居中对齐、单倍行距，文字格式设置为：字体为华文隶书、字号为小初、字形加粗。

方法与步骤：选择标题段“×××学校”，单击鼠标右键选择“段落”，在对齐方式的下拉框中选择“居中对齐”，设置行距为“单倍行距”，设置值为“1 倍”，单击“确定”

按钮，如图 11－21 所示；在功能区设置字体属性，字体：华文隶书，字号：小初，字形：加粗，如图 11－22 所示。

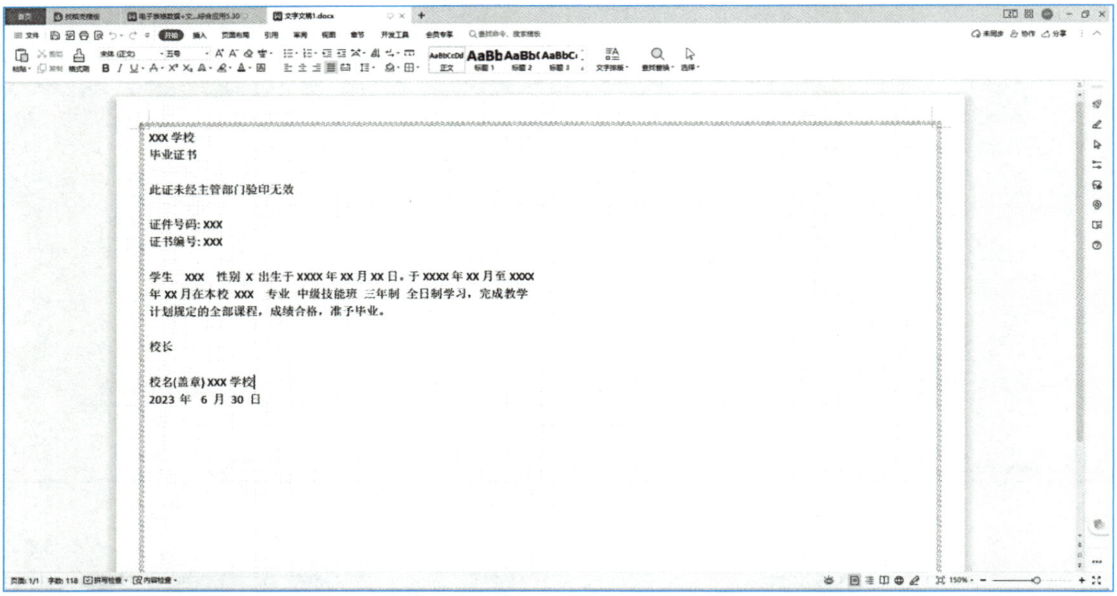

图 11－20　设置分栏效果

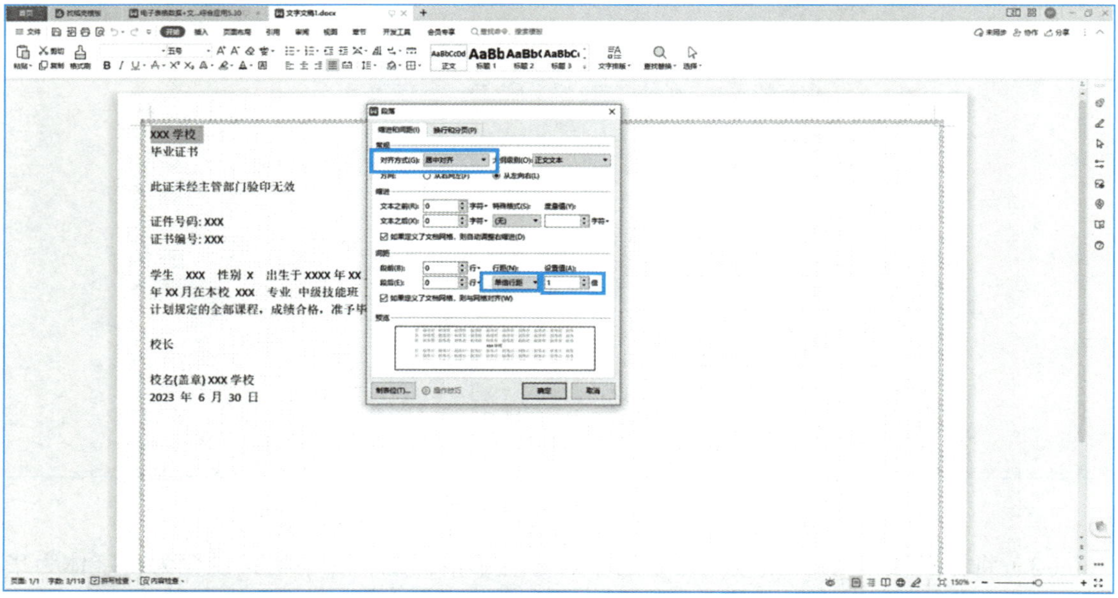

图 11－21　设置标题段的对齐方式和行距

（4）将标题段“毕业证书”设置居中对齐、单倍行距，文字格式设置为：字体为华文中宋、字号为 60、字形加粗。

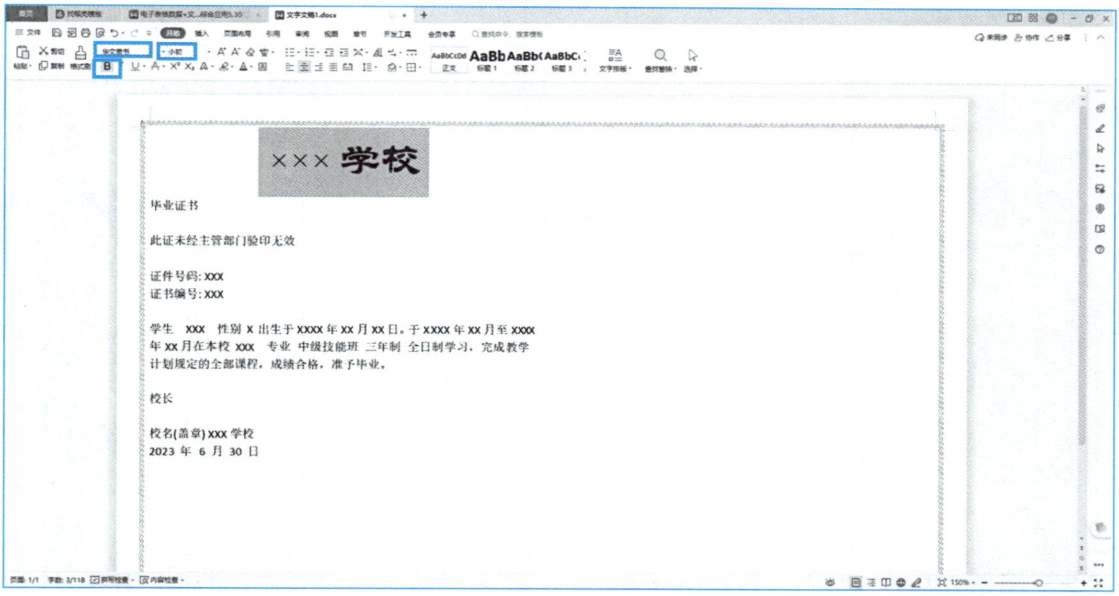

图 11－22　设置标题段的文字格式

方法与步骤：框选标题段“毕业证书”，单击鼠标右键选择“段落”，在对齐方式的下拉框中选择“居中对齐”，设置行距为“单倍行距”，设置值为“1 倍”，单击“确定”按钮，如图 11－23 所示；在功能区设置文字格式，字体：华文中宋，字号：60，字形：加粗，如图 11－24 所示。

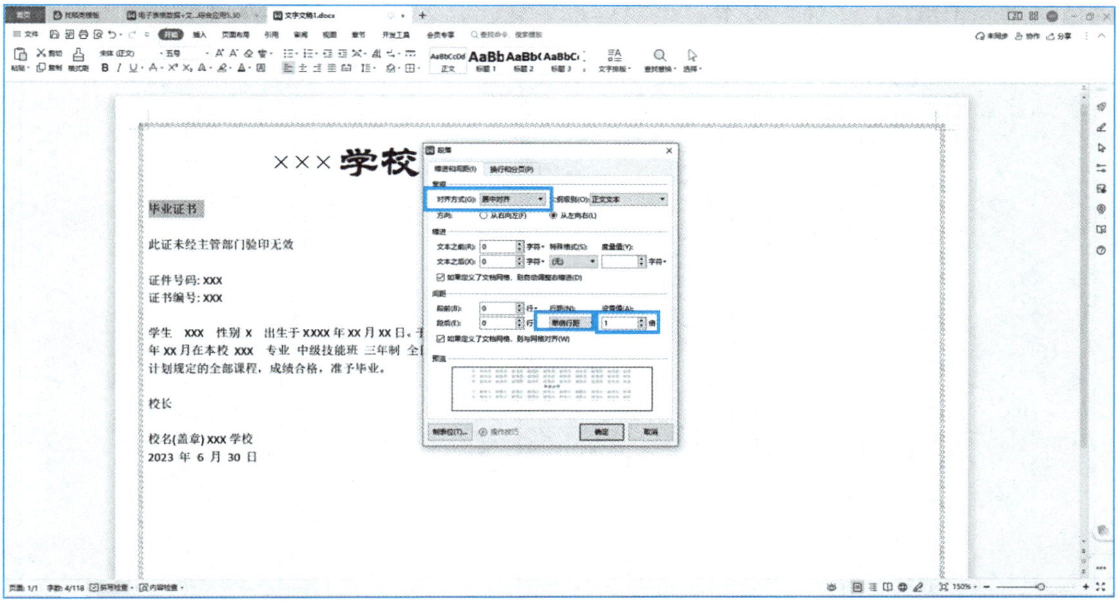

图 11－23　设置标题段的对齐方式和行距

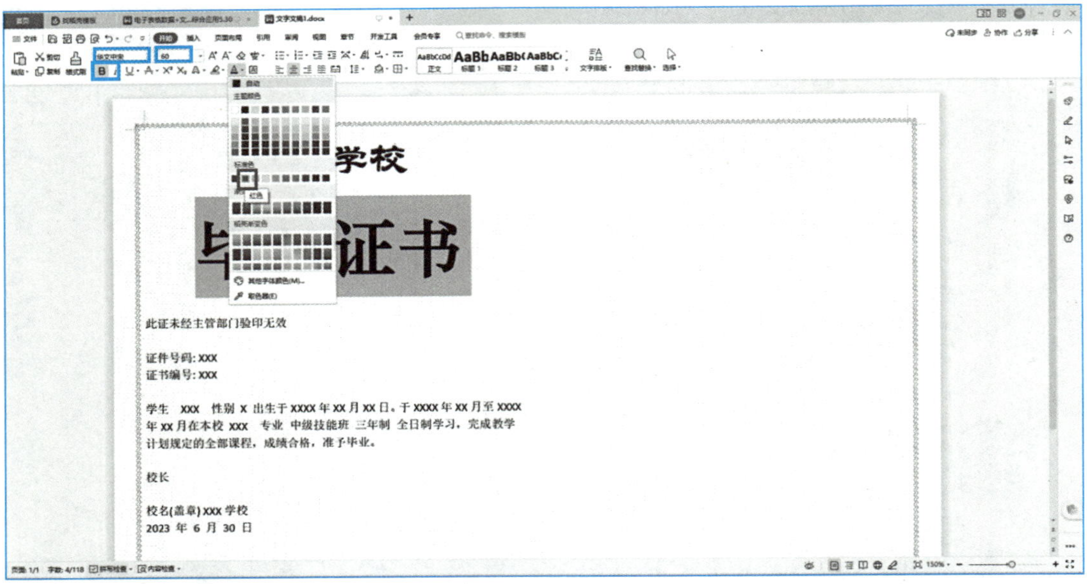

图 11－24　设置文字格式

（5）在内容“此证未经主管部门验印无效”前面空 12 行，段落设置居中对齐，行距为单倍行距，文字字体设置为仿宋 _GB2312，字号为小二。

方法与步骤：将光标定位在内容“此证未经主管部门验印无效”前面按“Enter”键空 12 行，单击鼠标右键选择“段落”，在“对齐方式”的下拉框中选择“居中对齐”，设置行距为“单倍行距”，设置值为“1 倍”，单击“确定”按钮，如图 11－25 所示；在功能区设置文字格式，字体：仿宋 _GB2312，字号：小二，如图 11－26 所示。

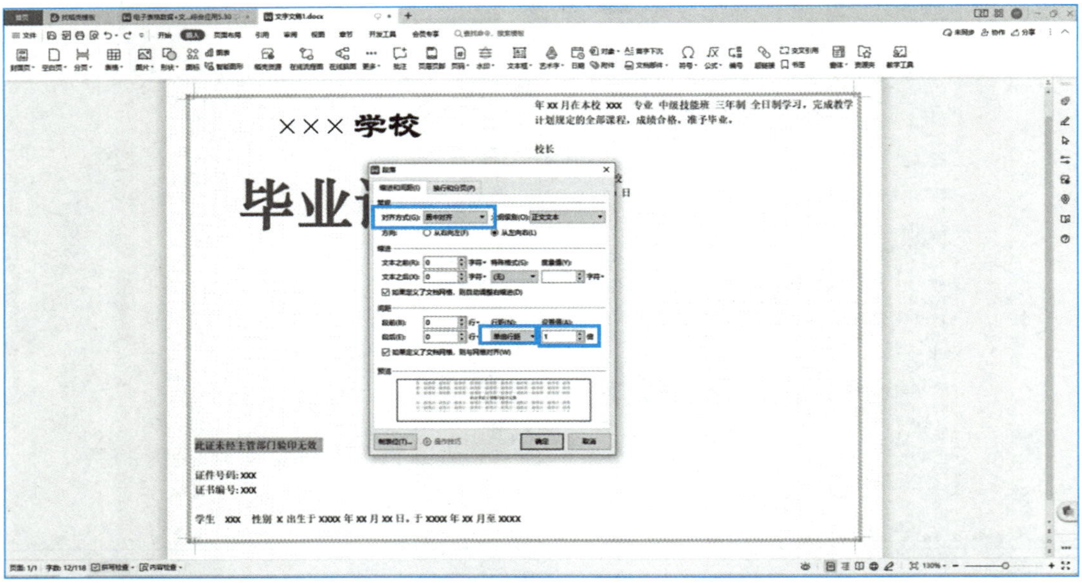

图 11－25　设置对齐方式和行距

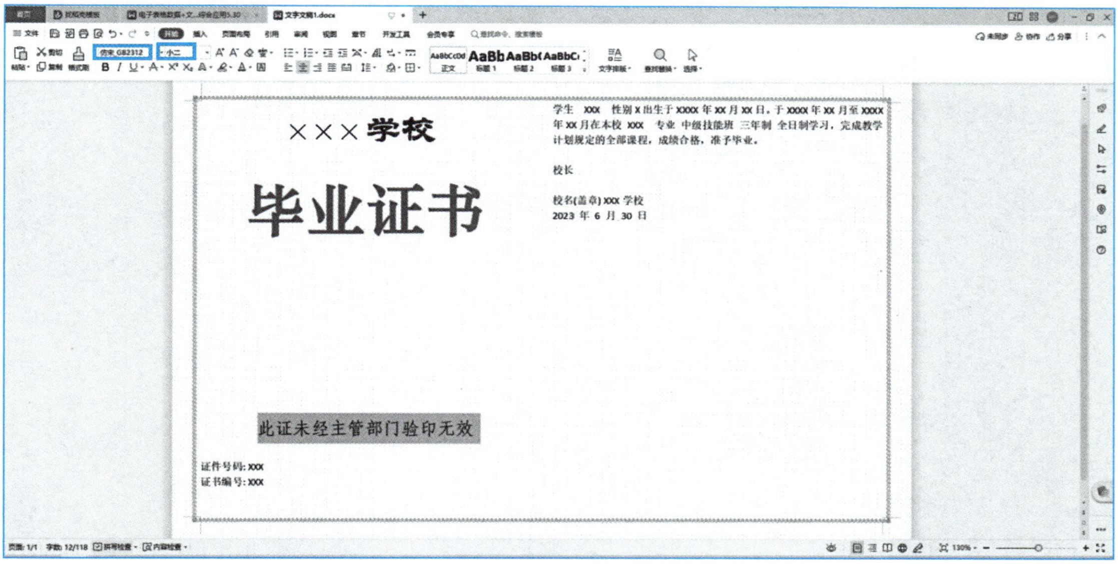

图 11－26　设置文字格式

（6）在第 12 行的位置插入矩形框，设置图形高 5.1 厘米、宽 3.5 厘米，无填充颜色，轮廓为黑色直线。

方法与步骤：定位光标在第 12 行的位置，单击功能区的“插入”→“形状”→“矩形”，绘制任意大小的矩形框，设置图形高“5.10 厘米”，宽“3.50 厘米”，在“填充”下拉框中选择“无填充颜色”，在“轮廓”下拉框中选择“黑色，文本 1”，并调整矩形框至合适位置，如图 11－27、图 11－28、图 11－29 所示。

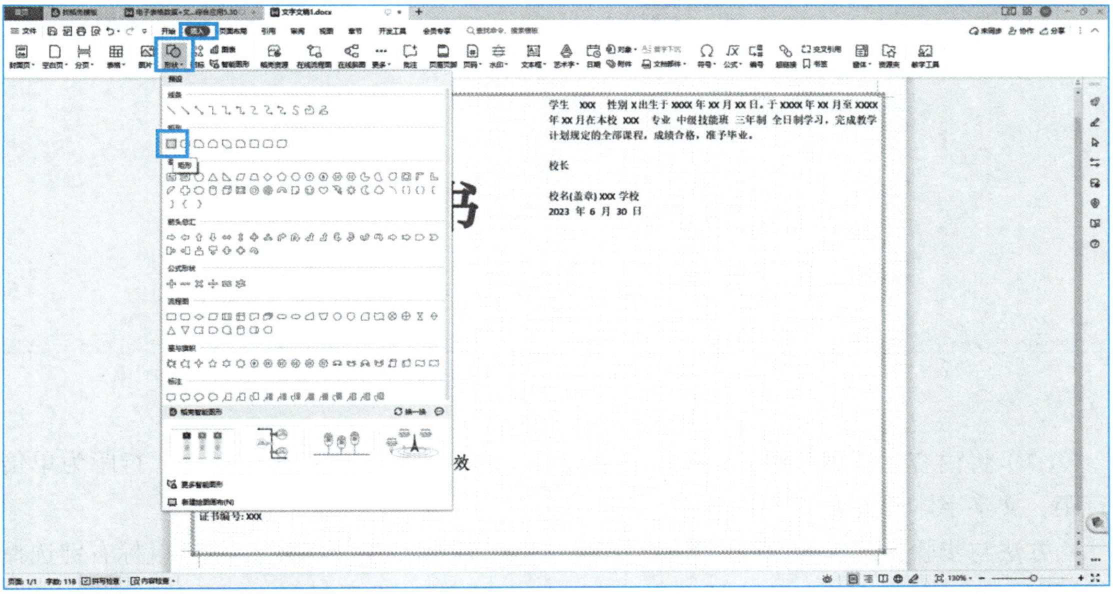

图 11－27　插入形状

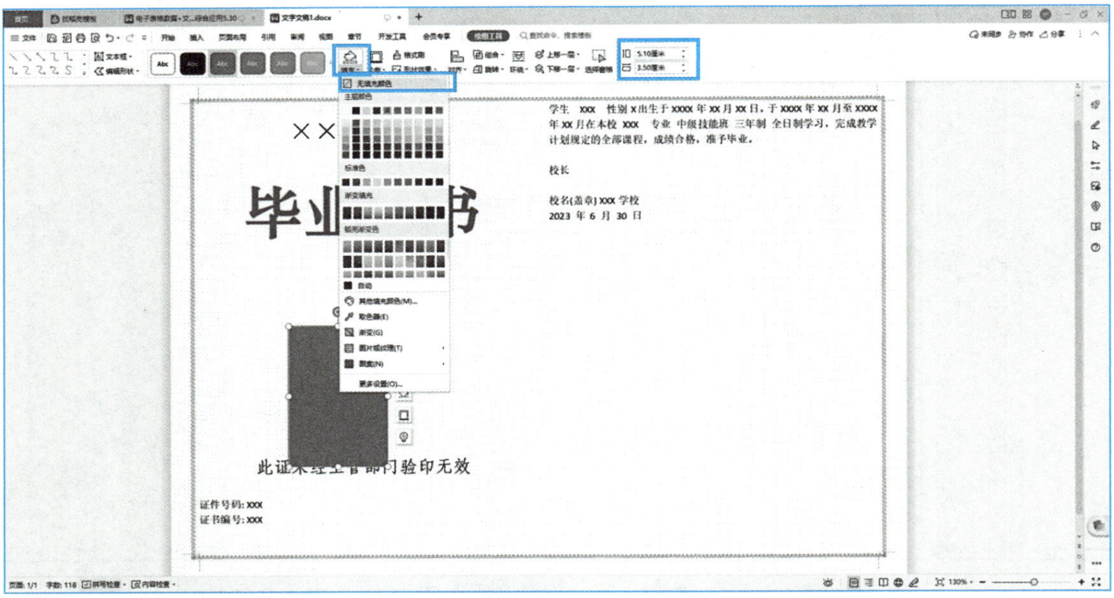

图 11－28　设置矩形框的宽、高和填充颜色

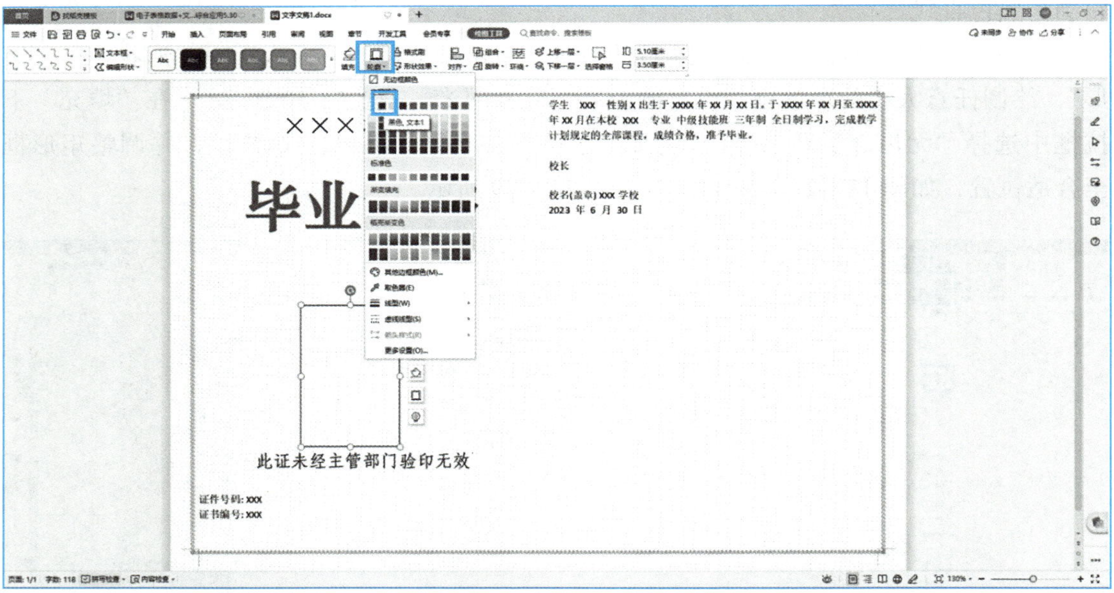

图 11－29　调整矩形框的位置

（7）将内容“证件号码：×××　证书编号：×××”段落设置居中对齐，行距为单倍行距，文字字体设置为华文中宋，字号为小二。

方法与步骤：选择标题段“证件号码：×××　证书编号：×××”，单击鼠标右键选择“段落”，在“对齐方式”的下拉框中选择“居中对齐”，设置行距为“单倍行距”，设置值为“1 倍”，单击“确定”按钮，如图 11－30 所示；在功能区设置字体属性，字体：华文中宋，字号：小二，如图 11－31 所示。

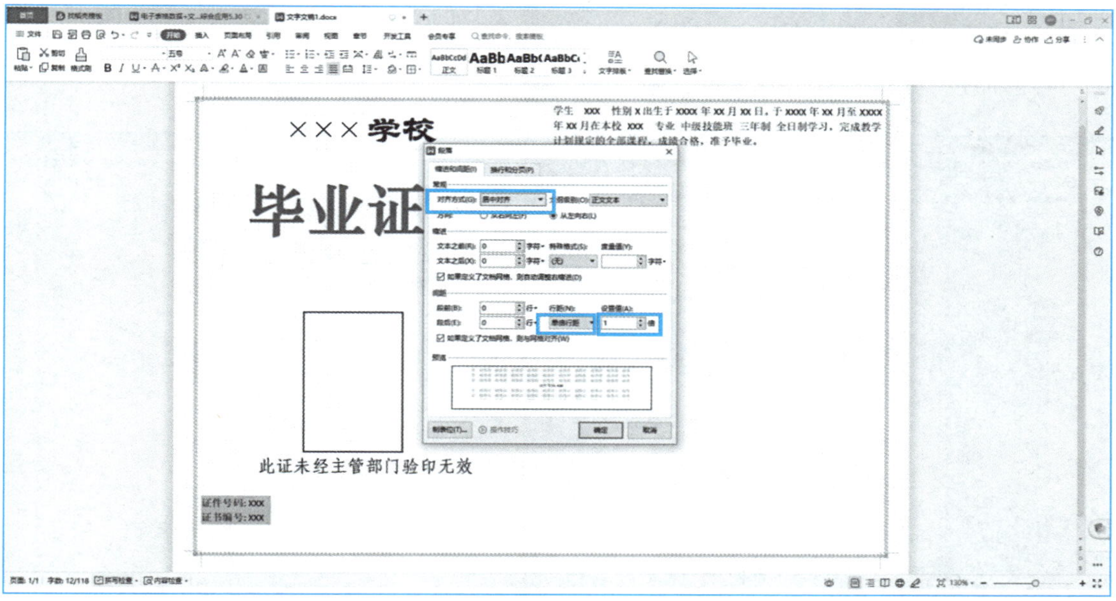

图 11－30　设置居中对齐和单倍行距

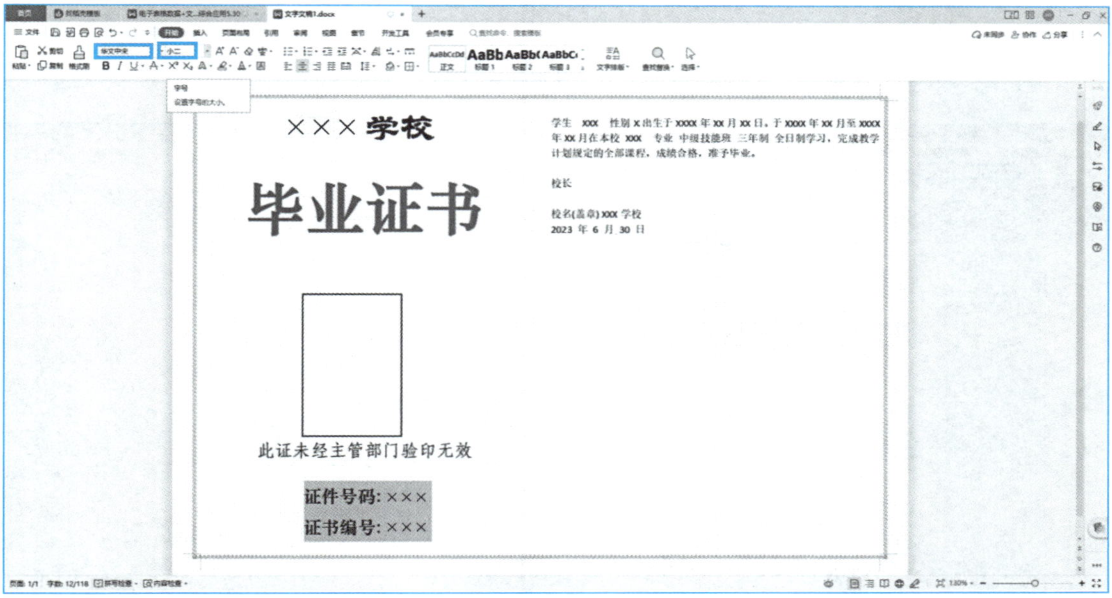

图 11－31　设置字体属性

（8）将内容“学生 ××× 性别……准予毕业。”段落设置左对齐、首行缩进 2 字符、单倍行距，文字字体设置为仿宋 _GB2312，字号为小一。

方法与步骤：选择内容“学生 ××× 性别……准予毕业。”单击鼠标右键选择“段落”，在“对齐方式”的下拉框中选择“左对齐”，“特殊格式”下面设置为“首行缩进 2 字符”，行距为“单倍行距”，设置值为“1 倍”，单击“确定”按钮，如图 11－32 所示；在功能区设置字体属性，字体：仿宋_GB2312，字号：小一，调整内容至合适的位置，在内容前面按“Enter 键”空 2 行，如图 11－33 所示。

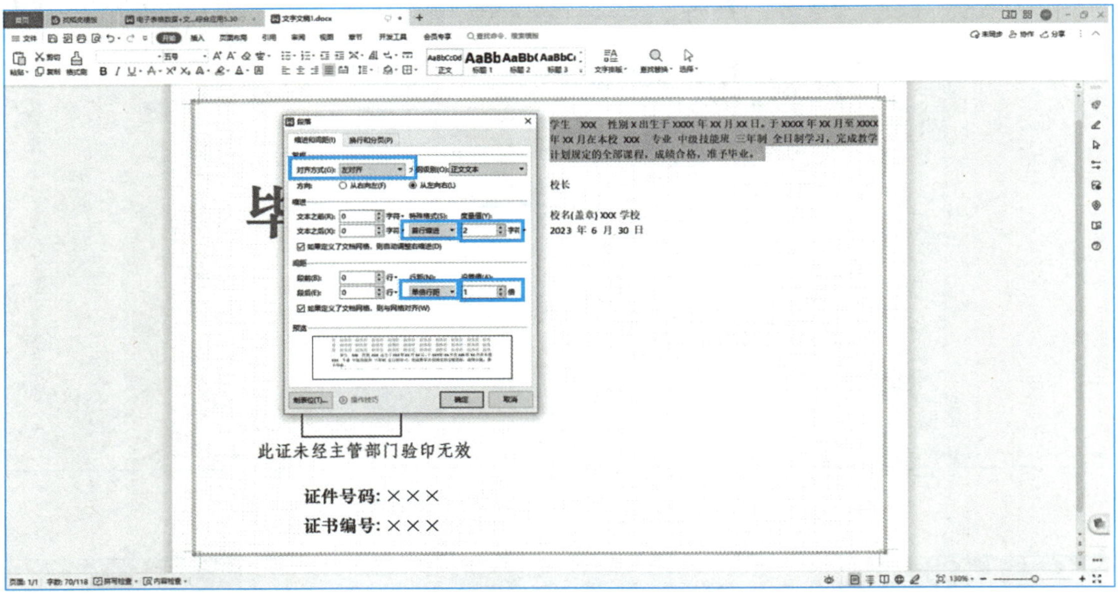

图 11－32　设置对齐方式、首行缩进和行距

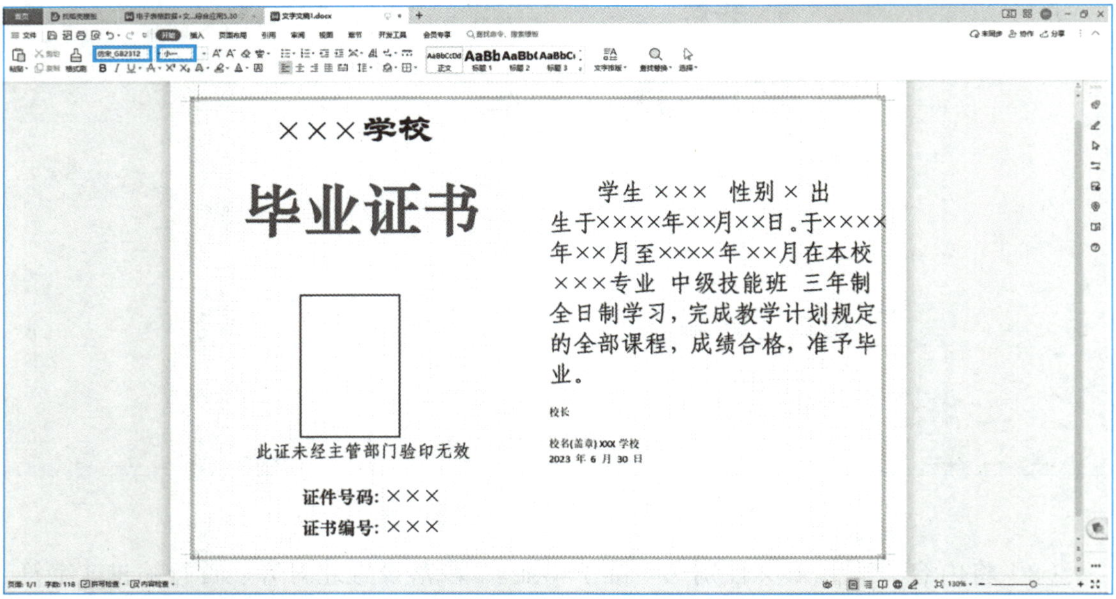

图 11－33　设置字体属性

（9）将内容“校长……月 30 日”段落设置左对齐、首行缩进 2 字符、单倍行距，文字字体设置为仿宋 _GB2312，字号为小二。

方法与步骤：选择内容“校长……月 30 日”单击鼠标右键选择“段落”，在“对齐方式”的下拉框中选择“左对齐”，“特殊格式”下面设置为“首行缩进 2 字符”，行距为“单倍行距”，设置值为“1 倍”，单击“确定”按钮，如图 11 - 34 所示；在功能区设置字体属性，字体：仿宋 _GB2312，字号：小二，调整内容至合适的位置，在内容前面按“Enter 键”空 2 行，如图 11 - 35 所示。

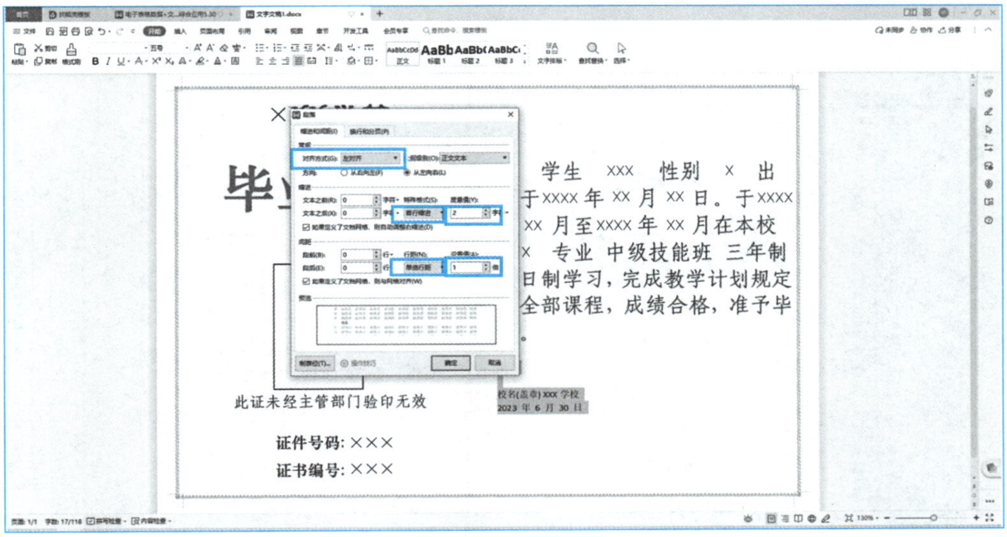

图 11 - 34　设置对齐方式、首行缩进和行距

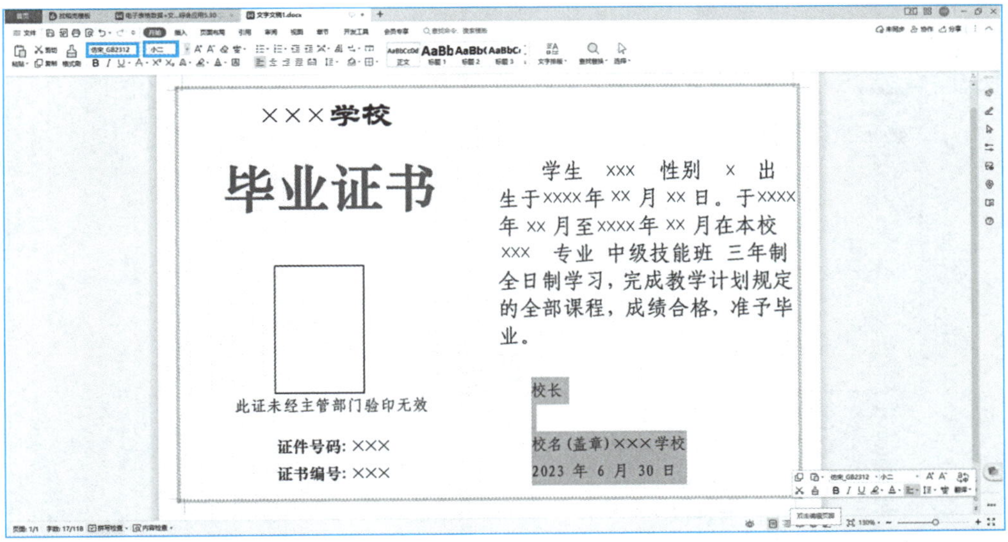

图 11 - 35　设置字体字号

3. 生成全班学生的毕业证书

利用 WPS 文字邮件合并工具批量生成全班学生的毕业证书。

（1）打开 WPS，利用邮件合并工具导入电子表格数据，批量生成全班学生毕业证书。

方法与步骤：单击功能区的“引用”→“邮件”，如图 11－36 所示，并单击“打开数据源”，选择前面做好的电子表格，单击“打开”按钮，如图 11－37 所示，选择证件号码后面的“×××”，单击“插入合并域”，在弹出的对话框中选择“身份证号码”，单击“插入”，通过以上步骤反复插入相关的数据字段到文本中，如图 11－38、图 11－39 所示。

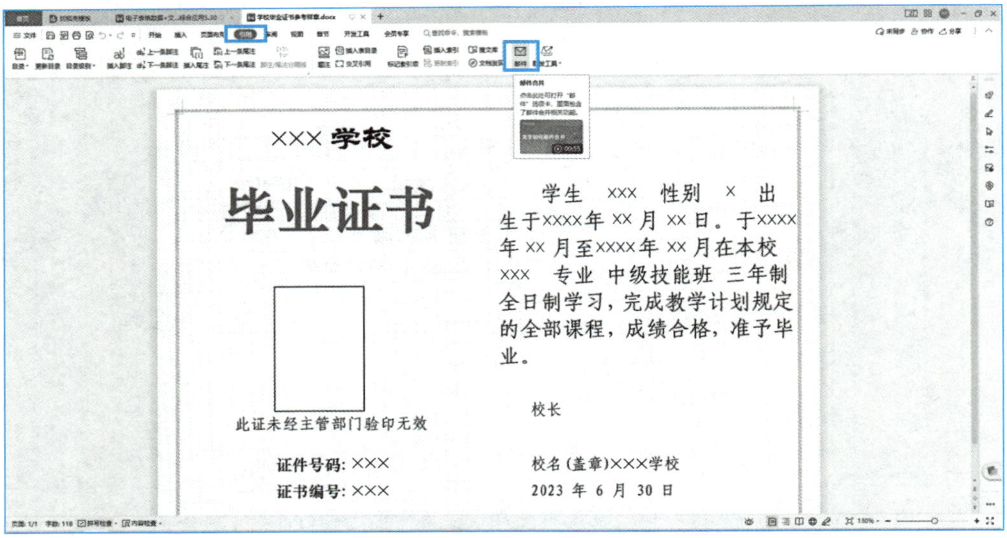

图 11－36 在功能区打开“邮件”

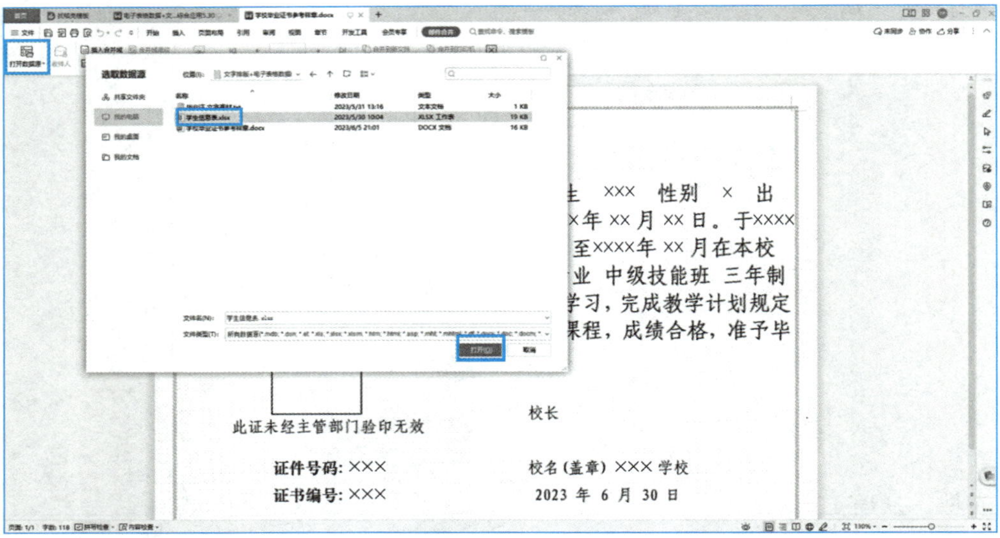

图 11－37 在“选取数据源”中打开表格

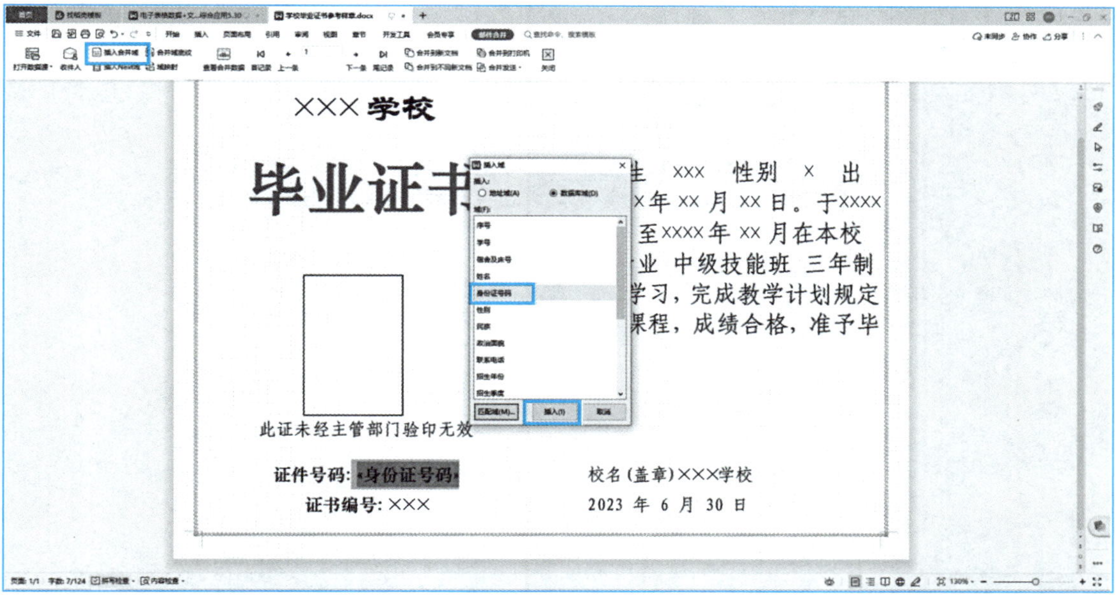

图 11－38　插入合并域选择身份证号码

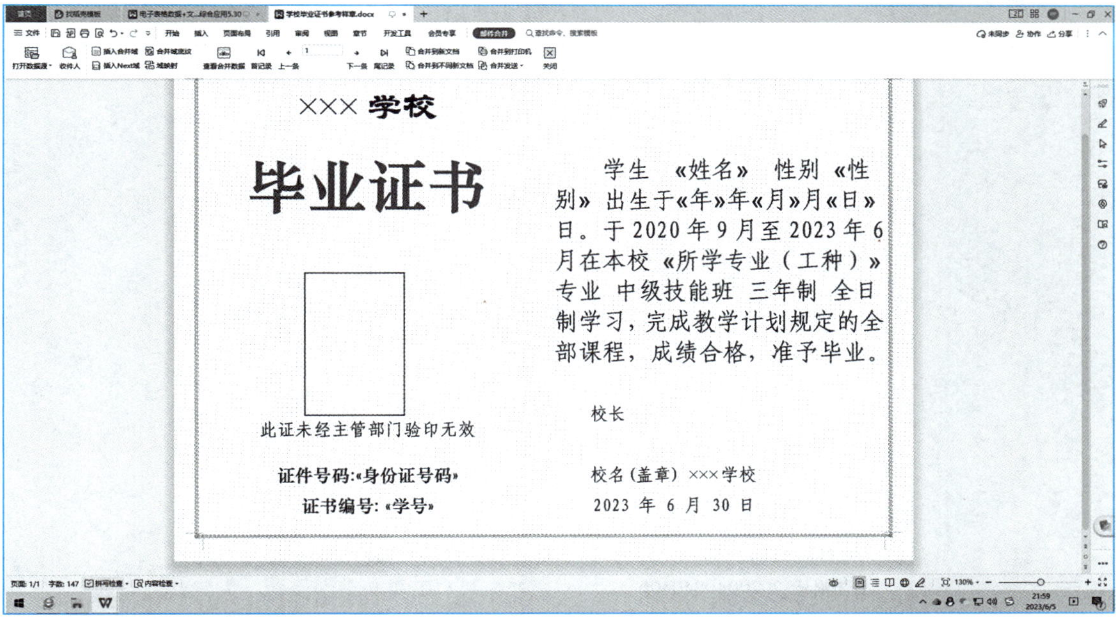

图 11－39　插入相关数据字段到文本中

（2）单击功能区的“邮件合并”→“合并到新文档”，在弹出的对话框中选择“全部”，单击“确定”按钮，如图 11－40 所示，软件会自动生成一个含有所有同学的毕业证书的新文字文稿。

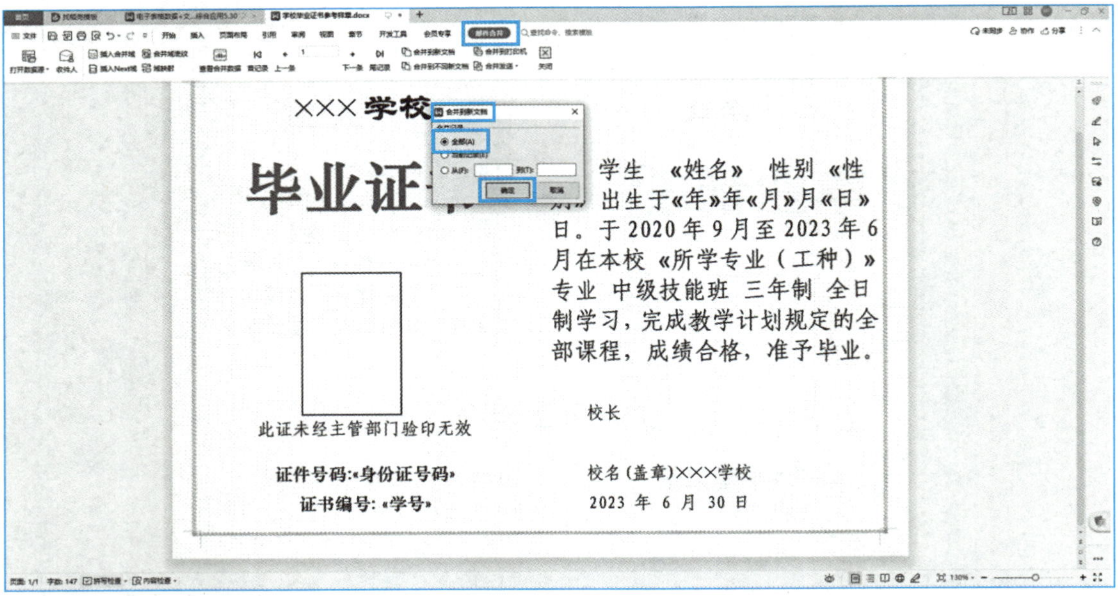

图 11－40　合并到新文档

生成毕业证书结果如图 11－41 所示。

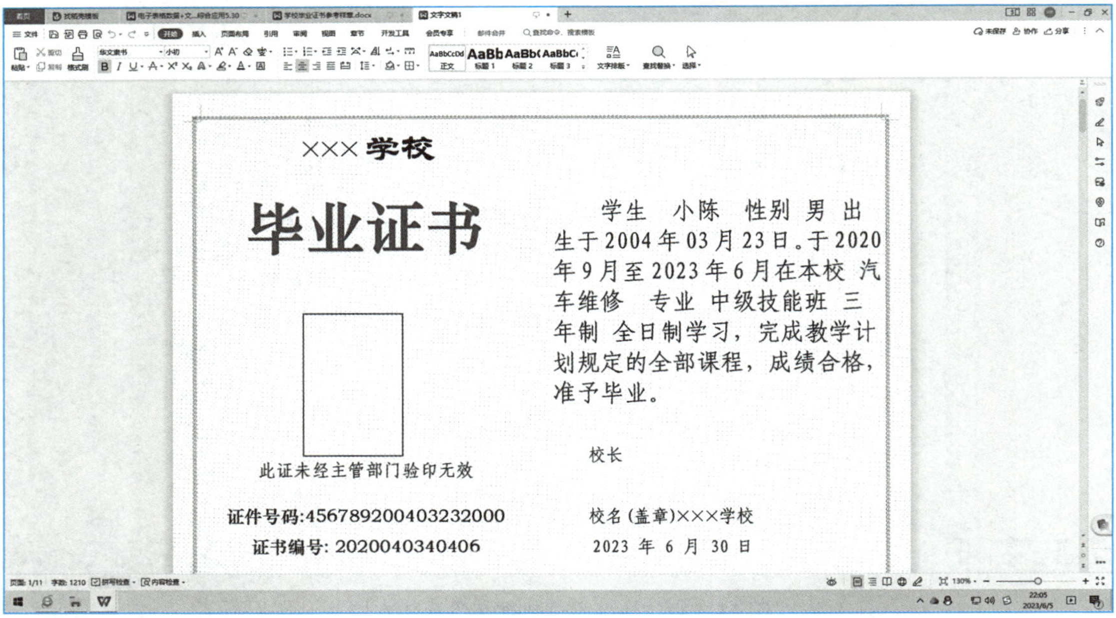

图 11－41　生成毕业证书结果

注意：如果觉得自动生成的文档版面格式不合适，可以根据自己的设计重新调整后，再单击一次“合并到新文档”即可。

习题二

一、单选题

1. 在电子表格的图表中，能反映出数据变化趋势的图表类型是（　　）。

A. 柱形图　　B. 饼图　　C. 条形图　　D. 折线图

2. 在电子表格编辑中，若单元格 A2、B6、C1、D3 的值分别是 8、9、4、7，单元格 D5 中的函数表达式为“=MAX（A2，B6，C1，D3）”，则 D5 的值为（　　）。

A. 8　　B. 9　　C. 4　　D. 7

3. 如果在单元格中输入数据“20210416”，电子表格将把它识别为（　　）数据。

A. 文本型　　B. 数值型　　C. 日期时间型　　D. 公式

4. 为了区别“数字”与“数字字符串”，应先添加（　　）符号。

A. ”　　B. ’　　C. #　　D. @

5. 在电子表格的数据操作中，计算求和的函数是（　　）。

A. SUM　　B. COUNT　　C. AVERAGE　　D. MIN

6. 在电子表格中，要在同一工作簿中把工作表 Sheet3 移动到工作表 Sheet1 前面，应（　　）。

A. 单击工作表 Sheet3 标签，并沿着标签行拖动到工作表 Sheet1 前

B. 单击工作表 Sheet3 标签，并按住 Ctrl 键沿着标签行拖动到工作表 Sheet1 前

C. 单击工作表 Sheet3 标签，并选择“开始”选项卡中的“复制”，然后单击工作表 Sheet1 标签，再选择“开始”选项卡的“粘贴”

D. 单击工作表 Sheet3 标签，并选择“开始”选项卡中的“剪切”，然后单击工作表 Sheet1 标签，再选择“开始”选项卡的“粘贴”

7. 为了将电子表格工作表中所有小于 60 的单元格数据用红色显示，快速操作的方法是设置（　　）。

A. 单元格格式　　B. 条件格式

C. 自动套用表格格式　　D. 自定义格式

8. 下列有关电子表格中打印的说法，错误的是（　　）。

A. 可以设置打印份数　　B. 可以调整纸张大小

C. 无法调整打印方向　　D. 可以进行页面设置

9. 在电子表格中，打印预览中显示的页面效果（　　）。

A. 就是打印出的实际效果　　B. 不一定是打印出的实际效果

C. 总是比实际的小　　D. 总是比实际的大

10. 电子表格中，使用（　　），可以设置允许打开工作簿，但不能修改被保护的部分。

A. 共享工作簿　　B. 另存为

C. 保护工作表　　D. 保护工作簿

11. 在电子表格中，给当前单元格输入文本型数据时，默认为（　　）对齐方式。

A. 左对齐　　B. 右对齐　　C. 居中对齐　　D. 两端对齐

12. 在电子表格中，设 A2 单元格中的值为 25，A3 与 A4 单元格中的值为 47 和 69，

则公式“=COUNT(A2:A4)”的结果是（　　）。

A. 141　　B. 254769　　C. 2　　D. 3

13. 在电子表格中，（　　）函数可以用来查找一组数中的最小数。

A. MAX ( )　　B. MIN ( )　　C. SUM ( )　　D. COUNT ( )

14. 在电子表格中，用来储存并处理工作表数据的文件称为（　　）。

A. 工作表　　B. 工作簿　　C. 数据文件　　D. 表格文件

15. 在电子表格工作表中，把数值小于 110 且大于 9 的单元格用蓝色显示，需使用（　　）。

A. 格式　　B. 条件格式　　C. 表格样式　　D. 筛选

16. 在电子表格中，数据可以按图形方式显示在图表中。当工作表中某些数据发生变化时，相应图表（　　）。

A. 自动更新　　B. 不会更新　　C. 自动变化　　D. 不会变化

17. 在电子表格中，能处理数据的最小单位是（　　）。

A. 工作表　　B. 行　　C. 单元格　　D. 列

18. 在电子表格中能清晰表示出每个数据项所占的比例，最好使用（　　）。

A. 柱形图　　B. 条形图　　C. 饼图　　D. 折线图

19. 在电子表格中要在单元格中输入函数，应先输入（　　），再输入表达式。

A. 等号　　B. 函数　　C. 表达式　　D. 单元格名称

20. 在电子表格中，区域 C3:E5 共占据（　　）个单元格。

A. 3　　B. 6　　C. 9　　D. 15

二、多选题

1. 页面设置对话框中的标签有（　　）。

A. 页面　　B. 页边距　　C. 页眉 / 页脚　　D. 工作表

2. 对于电子表格中工作表的安全性叙述，下列说法正确的有（　　）。

A. 可以将一个工作簿中某一个工作表保护起来

B. 可以将某些单元格保护起来

C. 可以将某些单元格隐藏起来

D. 工作表也有打开权和修改权的双重保护

3. 在电子表格中，可选取（　　）。

A. 一个单元格　　B. 多个单元格　　C. 连续单元格　　D. 不连续单元格

4. 在电子表格中，有关图表的说法正确的有（　　）。

A.“图表”在“插入”选项卡中

B. 删除图表对数据表没有影响

C. 图表包括柱形图、条形图、折线图等

D. 删除数据表对图表没有影响

5. 在电子表格中，能够计算 A1、C3、C4、C5、E6 这 5 个单元格数据平均值的公式是（　　）。

A. =（A1+C3+C4+C5+E6）/5　　B. =AVERAGE（A1,C3:C5,E6）

C. =AVERAGE（A1+C3+C4+C5+E6）　　D. =AVERAGE（A1 +C3:C5+E6）

三、填空题

1. 在电子表格中，给当前单元格输入数值型数据时，默认为______对齐方式。
2. 在电子表格中，窗口中第 4 行第 6 列的单元格，可以表示为______。
3. 在电子表格中，函数________可以用来查找一组数中的最大数。(填大写形式)
4. 在电子表格中，当在数据单元格输入数值时，单元格内小数点位数默认为______。
5. 在电子表格中，利用______功能，可以很方便地在表格中填写连续的数据。
6. 在电子表格中，按先后顺序打开了 A1.et、A2.et、A3.et、A4.et 四个工作簿文件后，当前活动的窗口是______工作簿的窗口。
7. 在电子表格中，“工作表”用行和列组成的表格，分别用________区别。
8. 在电子表格中，不连续单元格的选取，可借助于__________键完成。
9. 在电子表格中，输入函数“=MIN(44，24，12，8)”的结果是__________。
10. 在电子表格中，公式“=AVERAGE (C3:C5)”等价于公式______________。

第 3 单元

WPS 演示文稿

WPS 演示文稿是北京金山办公软件股份有限公司推出的专门制作和展示演示文稿的软件，可以制作出包括文字、图片、视频等多种内容的演示文稿，将需要表达的内容清晰、直观地展示出来，被广泛应用于产品宣传、教学培训等领域，它也是 WPS Office 重要的组成部分。

本单元将讲解演示文稿的一些基本操作，如演示文稿的创建、编辑、排版、动画制作和演示等操作。

第12章

WPS 演示文稿的页面与视图

任务： 你是一名刚刚进入大学的新生，第一次使用 WPS 演示文稿编辑文件，请你根据自己的需要对 WPS 演示文稿软件进行基本设置。

目标： 熟悉 WPS 演示文稿基本界面布局和视图应用，熟练操作编辑区以及视图切换。

1. 基本界面布局

WPS 演示文稿的界面大致可以分为 6 个部分：标签栏、功能区、导航窗格、任务窗格、编辑区、状态栏。

（1）标签栏。

标签栏用于演示文稿标签切换和窗口控制，包括标签区和窗口控制区。标签区主要用于访问、切换和新建演示文稿；窗口控制区主要用于切换、缩放和关闭工作窗口，以及登录、切换和管理账号等，如图 12 - 1 所示。

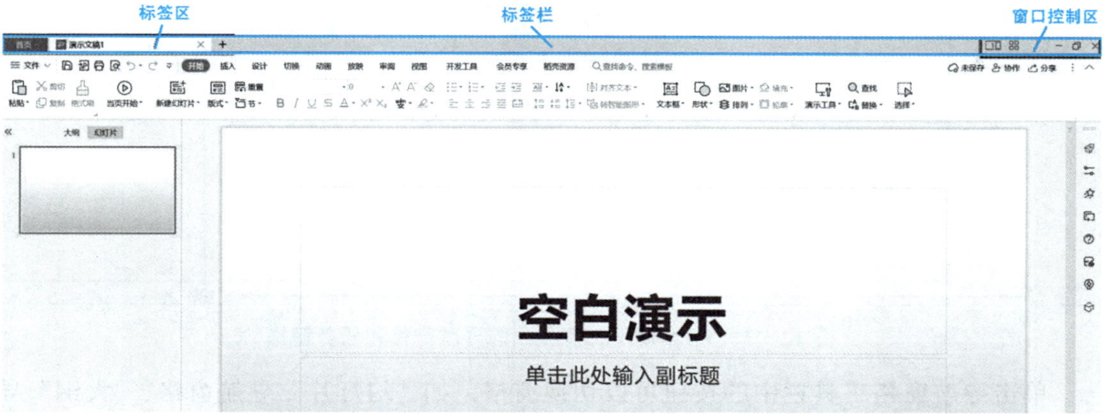

图 12 - 1　WPS 演示文稿界面的标签栏

（2）功能区。

功能区承载了各类功能入口，包括功能区选项卡、文件菜单、快速访问工具栏、快捷搜索框、协同状态区等，如图 12 - 2 所示。

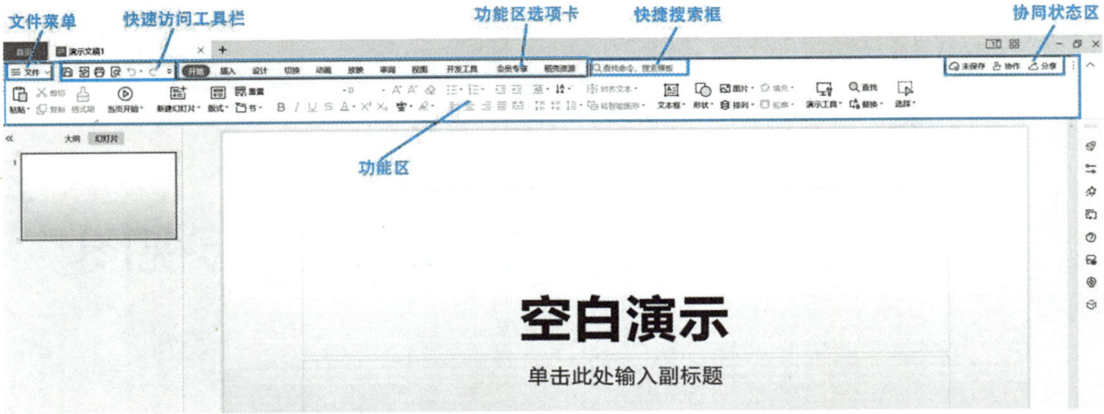

图 12－2　WPS 演示文稿界面的功能区

（3）导航窗格和任务窗格。

导航窗格默认位于编辑界面的左侧，可以帮助用户浏览演示文稿或快速定位特定内容；任务窗格默认位于编辑界面的右侧，可以执行一些附加的高级编辑命令，如图 12－3 所示。

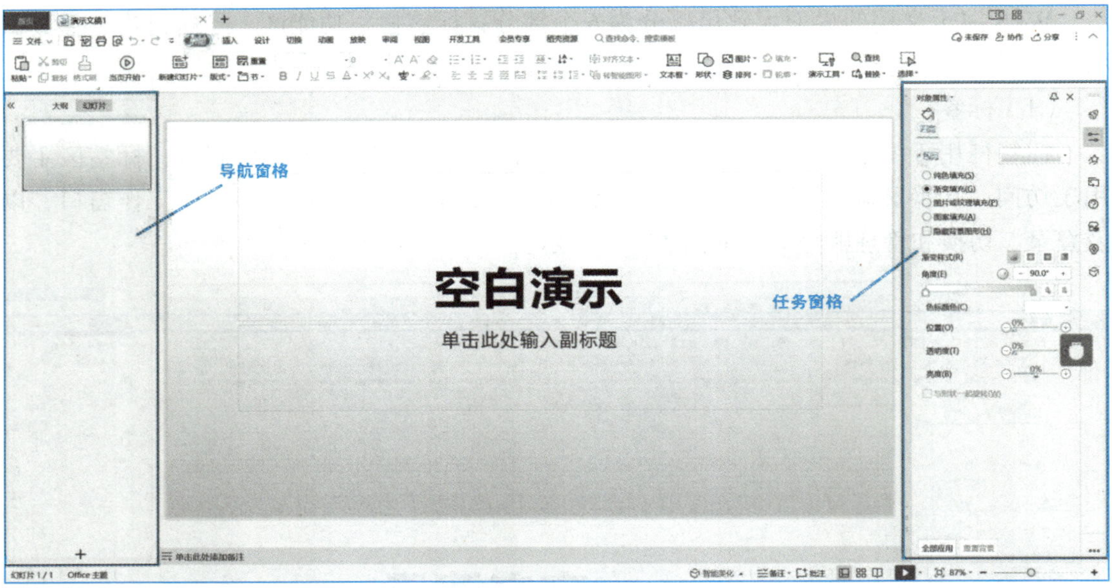

图 12－3　WPS 演示文稿界面的导航窗格和任务窗格

单击导航窗格工具栏中的按钮可以切换窗格，如“幻灯片”导航窗格、“大纲”导航窗格等。任务窗格默认收起而只显示任务窗格工具栏，单击工具栏中的按钮可以展开或收起任务窗格，执行特定命令操作或双击特定对象时也将展开相应的任务窗格。按“Ctrl+F1”组合键可以在展开、收起和隐藏任务窗格 3 种状态之间进行切换。

（4）编辑区。

编辑区是内容编辑和呈现的主要区域，包括演示文稿页面、标尺、备注窗格等，如图 12－4 所示。

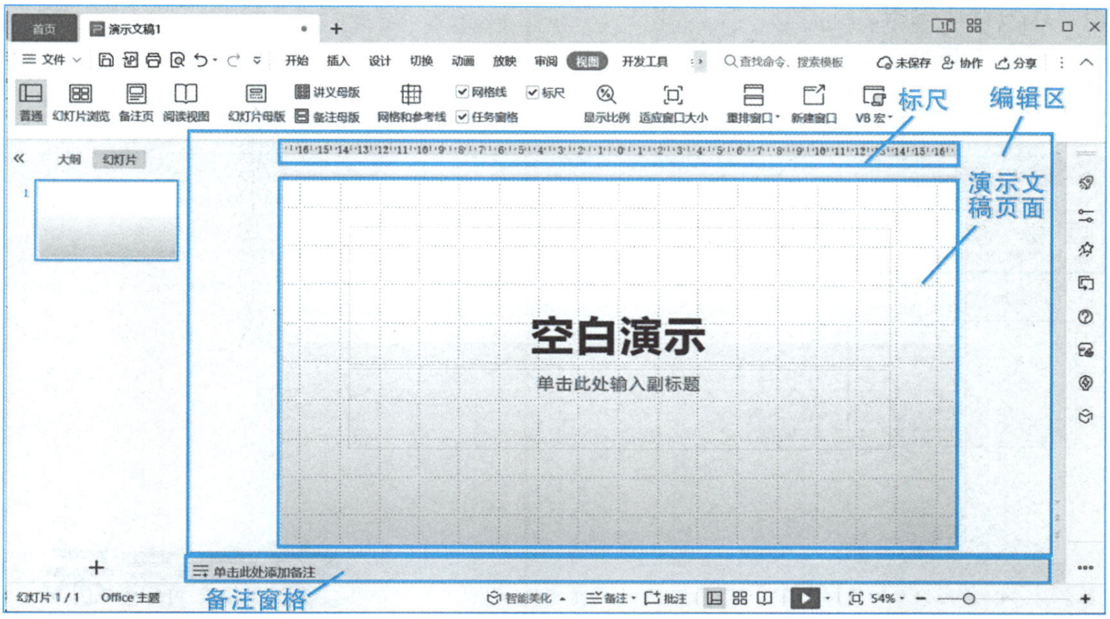

图 12－4　WPS 演示文稿界面的编辑区

（5）状态栏。

状态栏可以显示演示文稿的状态信息和提供视图控制功能，例如，状态信息区可以显示演示文稿的页数等信息；视图控制区可以在“普通视图”“幻灯片浏览视图”“阅读视图”等不同视图之间快速切换，以及创建“演讲实录”，设置“从当前幻灯片开始播放”；在缩放比例控制区拖动滚动条可快速调整页面显示比例或者单击右侧最佳显示比例按钮自动调整至最佳显示，如图 12－5 所示。

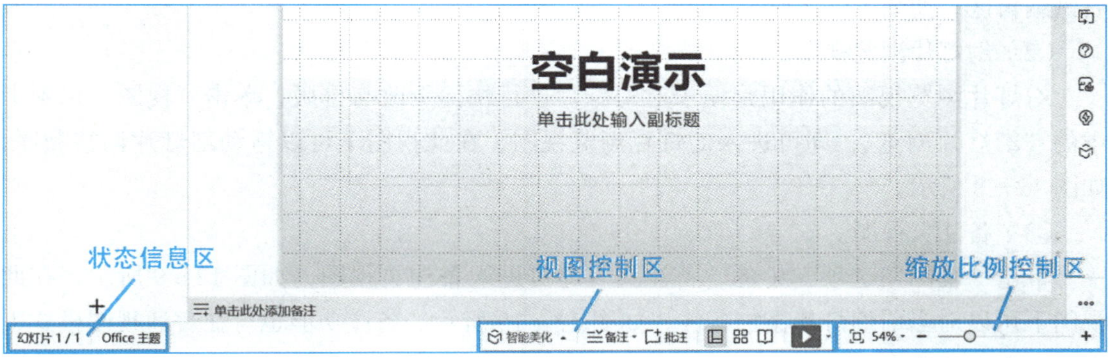

图 12－5　WPS 演示文稿界面的状态栏

2. 视图应用

WPS 演示文稿中根据不同用户对幻灯片浏览的需求提供了 5 种视图：普通视图、幻灯片浏览视图、备注页视图、阅读视图和幻灯片母版视图。默认情况下，演示文稿的视图模式为普通视图。

在已打开的演示文稿中，单击功能区的“视图”选项卡，可以选择不同的显示视图，如图 12－6 所示。

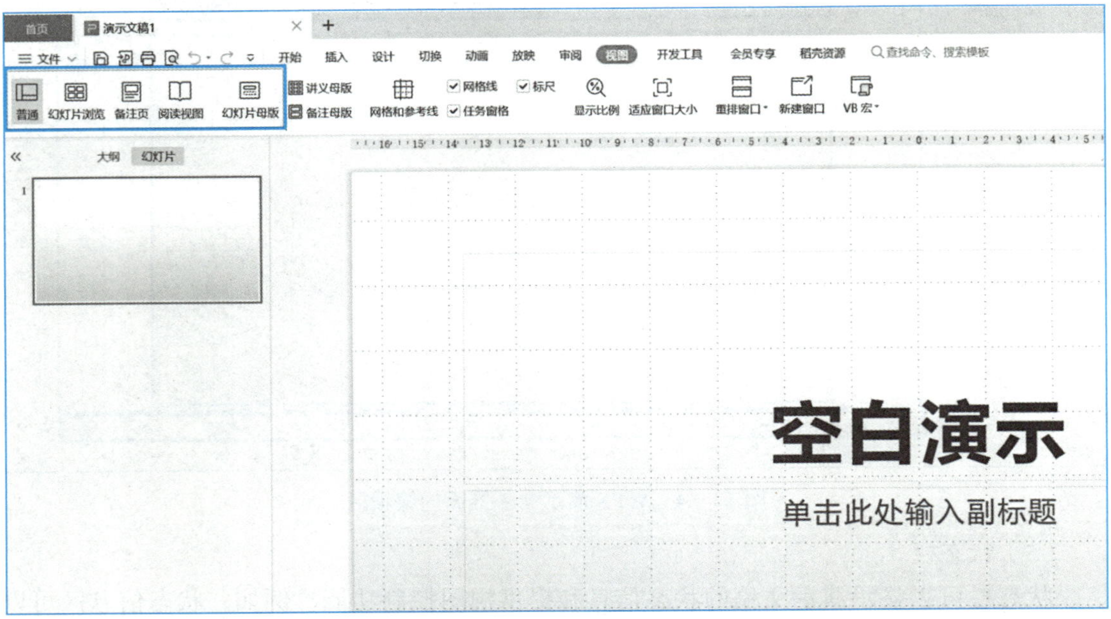

图 12－6 “视图”选项卡

（1）普通视图。

普通视图是为了便于编辑演示文稿的内容而设计的，单击“视图”选项卡中的“普通”，进入普通视图，在此视图模式下，可撰写或设计演示文稿。页面分为左侧导航区和右侧编辑区，如图 12－7 所示。

（2）幻灯片浏览视图。

幻灯片浏览视图的作用是便于对幻灯片进行快捷更改与排版，单击“视图”选项卡中的“幻灯片浏览”，即可进入幻灯片浏览视图，在此视图下可以拖动幻灯片调整顺序，如图 12－8 所示。

（3）备注页视图。

单击“视图”选项卡中的“备注页”即可进入备注页视图，如图 12－9 所示；在此视图下可以对当前幻灯片添加备注，如图 12－10 所示。备注功能也可在普通视图模式下方备注页中“单击此处添加文本”处添加。

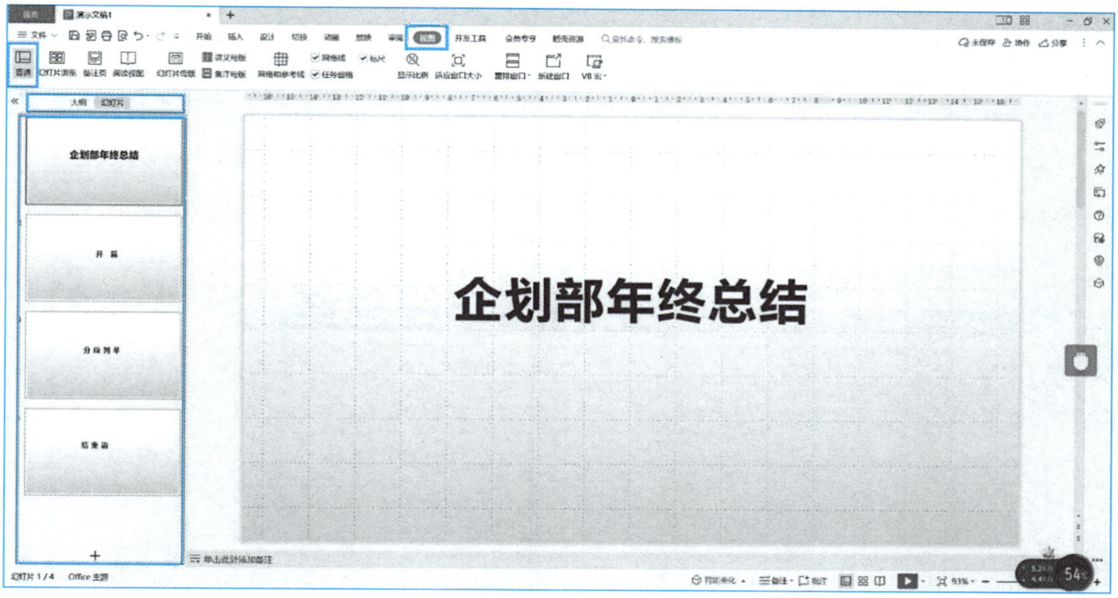

图 12－7　普通视图

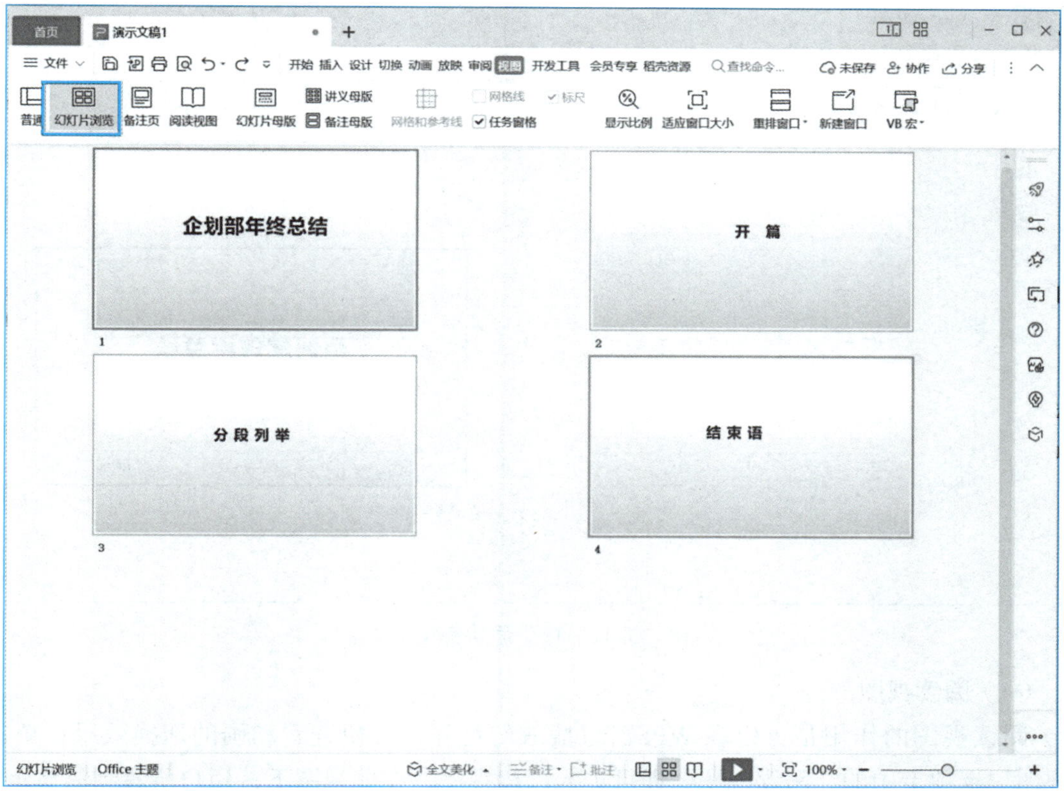

图 12－8　幻灯片浏览视图

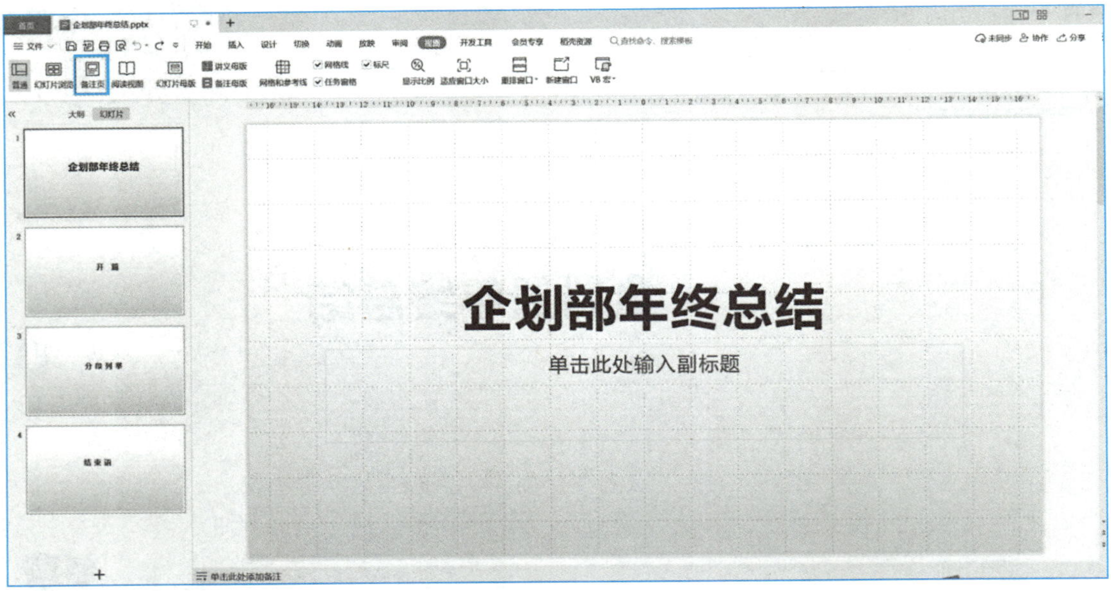

图 12－9　备注页视图

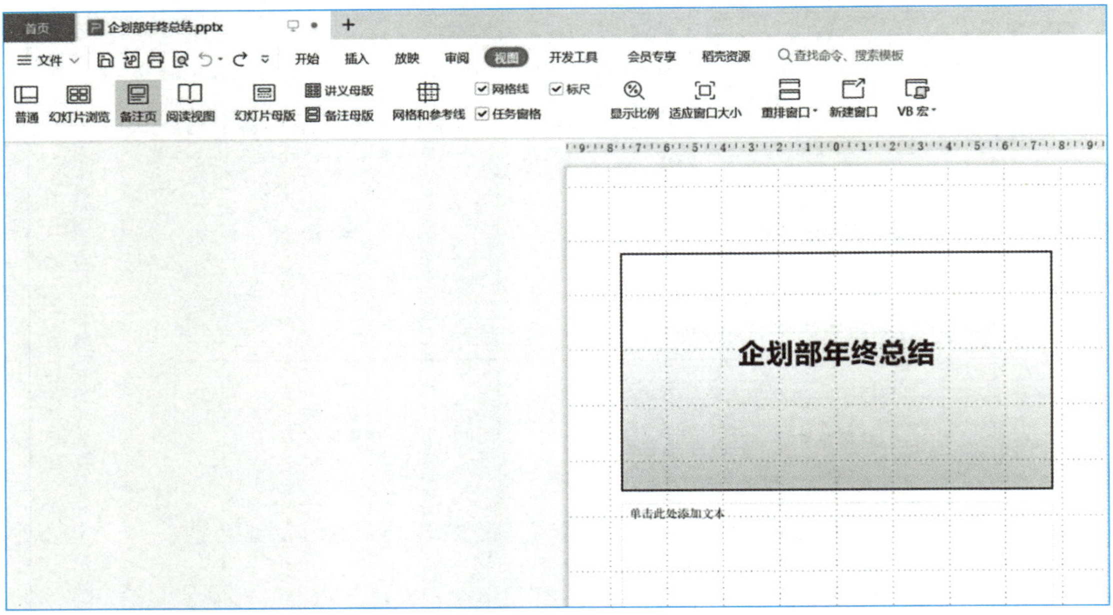

图 12－10　添加备注

（4）阅读视图。

阅读视图的作用是可以在 WPS窗口播放幻灯片，方便查看动画的切换效果，单击“视图”选项卡中的“阅读视图”即可进入阅读视图，在此视图下，用户所看到的演示文稿就是展示出来的效果。

（5）幻灯片母版视图。

母版在幻灯片制作之初就要设置，它决定着幻灯片的“背景”。例如，当用户使用“Ctrl+M”组合键新建幻灯片时，会出现一个空白幻灯片。有些出现的是白色的幻灯片，有些出现的是灰色的幻灯片，原因在于母版设置，如果当前幻灯片的母版底色为灰色，新建幻灯片出现的就是灰色背景。幻灯片母版编辑的视图界面如图 12－11 所示。

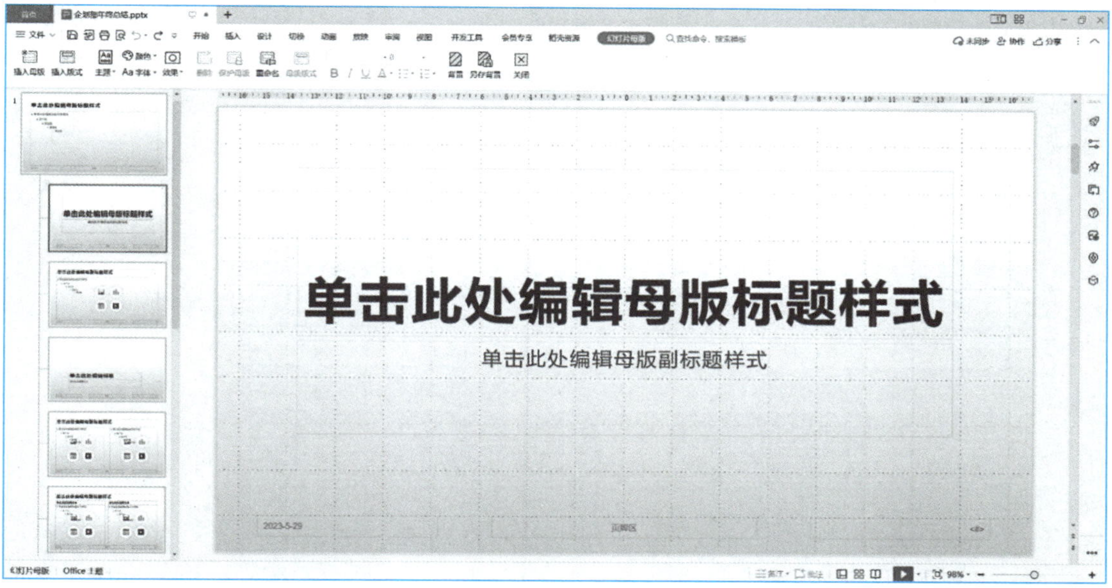

图 12－11　幻灯片母版编辑的视图界面

第13章 幻灯片的基础操作

任务：×× 市第六职业技术学校招聘计算机老师。刘子枫是一名应届毕业生，他要去应聘，需要制作一份《编排活动安排表》说课演示文稿为应聘做准备。

目标：通过对演示文稿的处理，学习幻灯片新增节、幻灯片母版设置、幻灯片图片的插入、幻灯片编号和超链接的设置、文本框的插入和动画设置等操作方法。

1. 幻灯片新增节

为演示文稿《编排活动安排表》新增 4 个节，分别为“教材内容”“教学策略”“教学过程”“教学反思”，其中第 3 张至第 6 张幻灯片的节标题为“教材内容”，第 7 张至第 10 张幻灯片的节标题为“教学策略”，第 11 张至第 19 张幻灯片的节标题为“教学过程”，第 20 张至第 22 张幻灯片的节标题为“教学反思”。

方法与步骤：选中第 3 张幻灯片，鼠标右键单击被选中的幻灯片，在弹出的菜单中单击“新增节”，如图 13－1 所示；鼠标右键单击新增的节，单击“重命名节”，如图 13－2 所示；在节名称的位置输入“教材内容”，单击“重命名”按钮，如图 13－3 所示，重复以上操作，完成节的设置。

图 13－1　新增节

图 13－2　重命名节

图 13－3　设置重命名内容

2. 幻灯片母版设置

使用幻灯片母版，设置全部幻灯片的水印为“欢迎分享”，放置在全部幻灯片的右下角位置。

方法与步骤：单击功能区的“视图”→“幻灯片母版”，如图 13-4 所示；选中母版幻灯片，单击功能区的“插入”→“文本框”→“横向文本框”，如图 13-5 所示；将文本框拖动至幻灯片右下角位置，在文本框中输入“欢迎分享”，如图 13-6 所示。单击“幻灯片母版”选项卡中的“关闭”按钮，如图 13-7 所示。

图 13-4　设置幻灯片母版

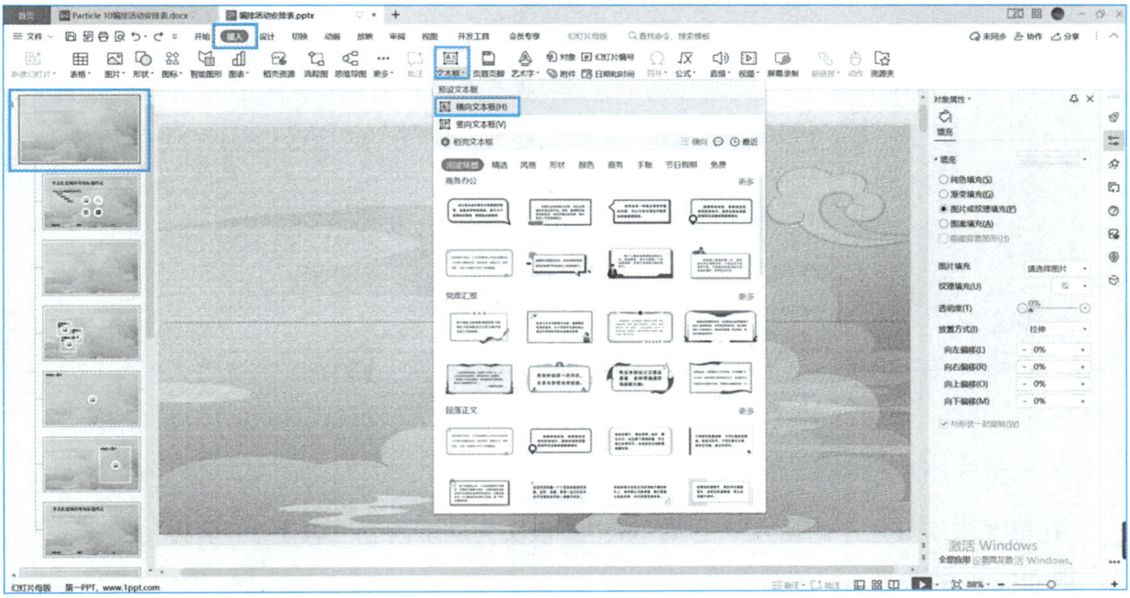

图 13-5　插入横向文本框

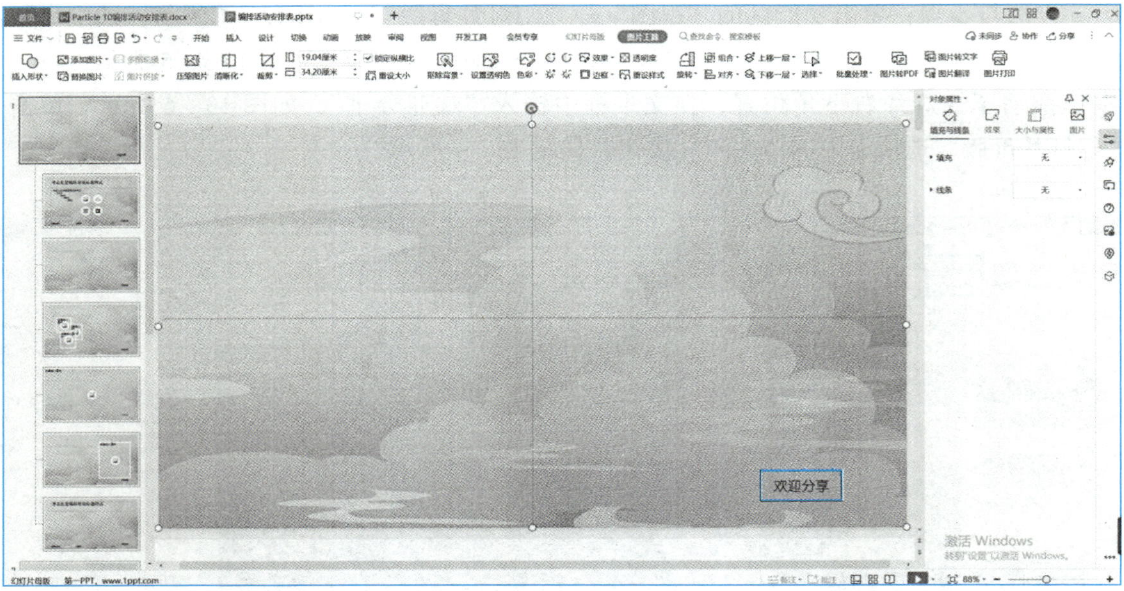

图 13－6　在文本框中输入“欢迎分享”

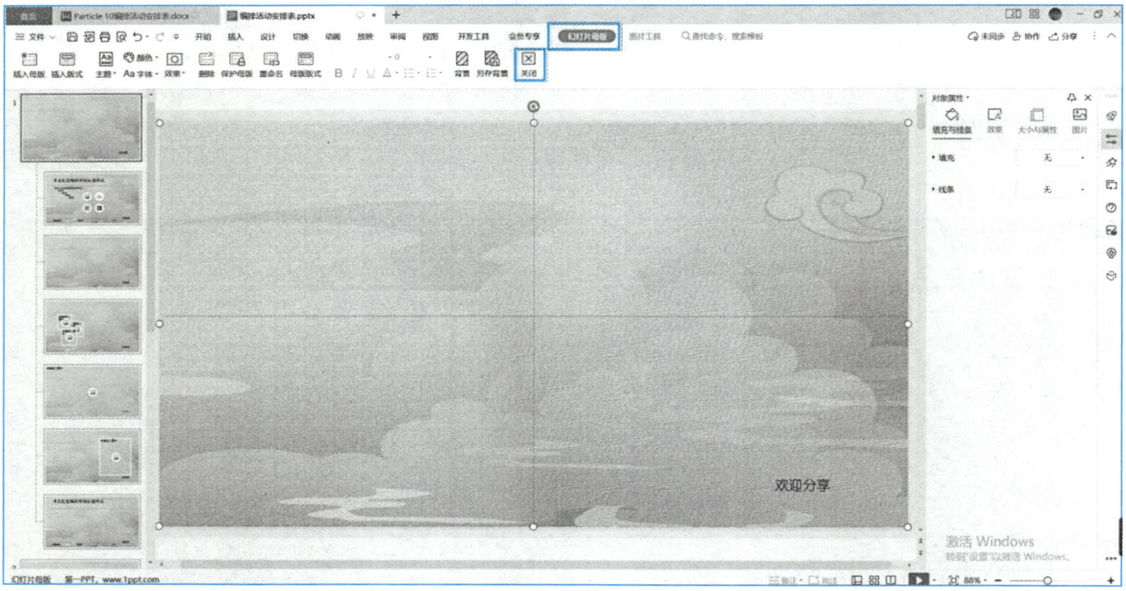

图 13－7　单击“关闭”按钮

3. 幻灯片图片的插入

在第 8 张幻灯片左侧插入“上课 .png”，依次为文本内容“教法”“学法”设置飞入，“上课 .png”设置切入的动画效果。

方法与步骤：选中第 8 张幻灯片，依次单击功能区的“插入”选项卡、“图片”和

“本地图片”，如图 13－8 所示；单击选择文件夹中的“上课 .png”文件，单击“打开”按钮，如图 13－9 所示；选中文本内容“教法”“学法”，依次单击“动画”选项卡、动画预设效果下拉按钮，选择“进入”中的“飞入”，如图 13－10 所示；选中图片“上课 .png”，单击“动画”选项卡，选择“进入”下面的“基本型”中的“切入”，如图 13－11 所示。

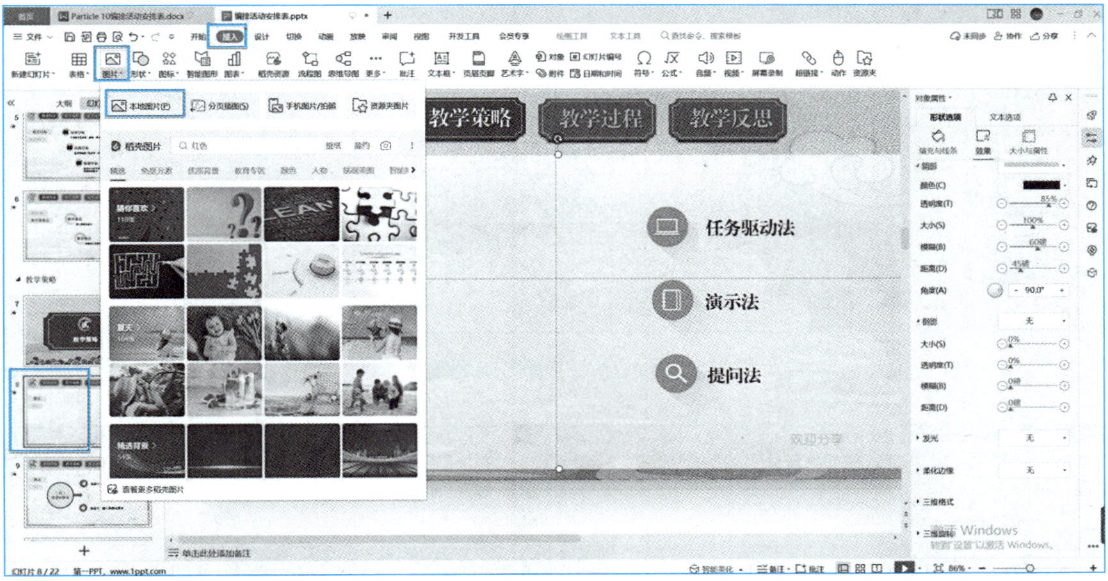

图 13－8　插入本地图片

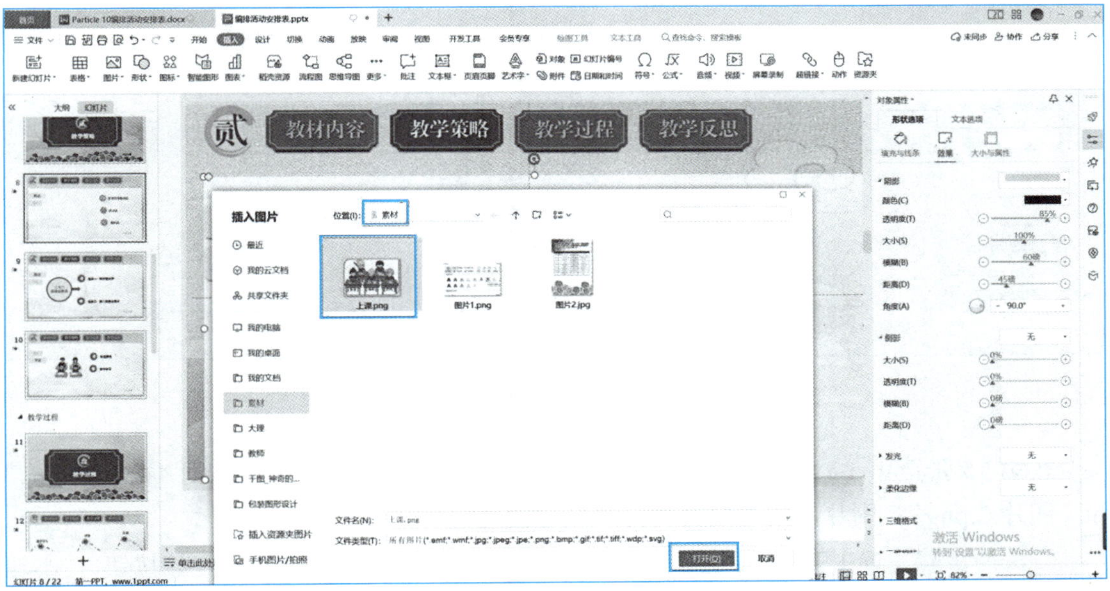

图 13－9　选择要插入的图片

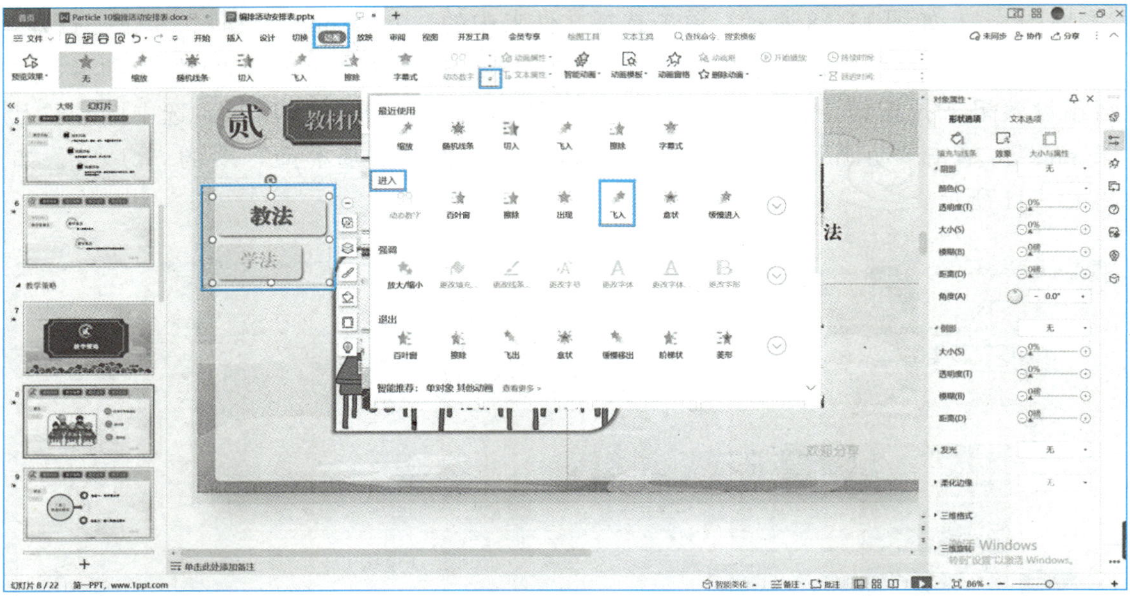

图 13 − 10　设置动画效果 1

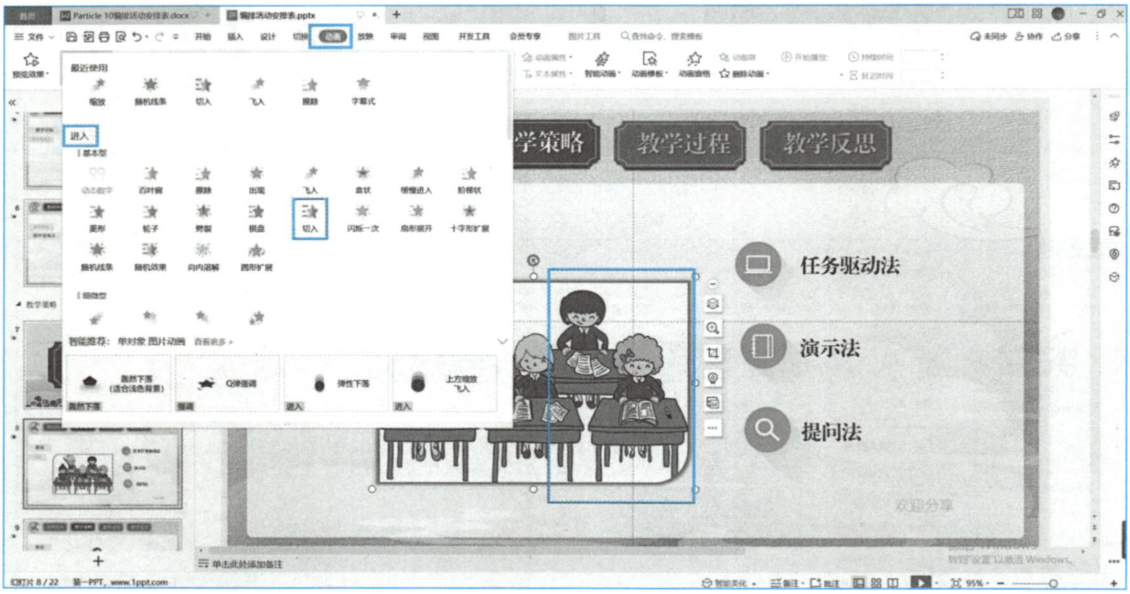

图 13 − 11　设置动画效果 2

在第 15 张至第 17 张幻灯片分别插入文件夹中的文件“图片 1.png”、“视频 1.mp4”和“图片 2.png”，图片应用边框样式为“标准色浅蓝”。

方法与步骤：选中第 15 张幻灯片，单击“插入”选项卡和“图片”下拉按钮，“本地图片”选择文件夹中的“图片 1.png”文件，单击“打开”按钮，然后单击“图片工具”

选项卡，在“边框”下拉列表中选择“标准色浅蓝”，如图 13－12 所示；选中第 16 张幻灯片，依次单击“插入”选项卡→“视频”→“嵌入视频”，如图 13－13 所示；选择文件夹中的“视频 1.mp4”文件，单击“打开”按钮，如图 13－14 所示；选中第 17 张幻灯片，依次单击“插入”选项卡→“图片”→“本地图片”，选择文件夹中的“图片 2.png”文件，单击“打开”按钮，单击“图片工具”，“边框”选择“标准色浅蓝”。

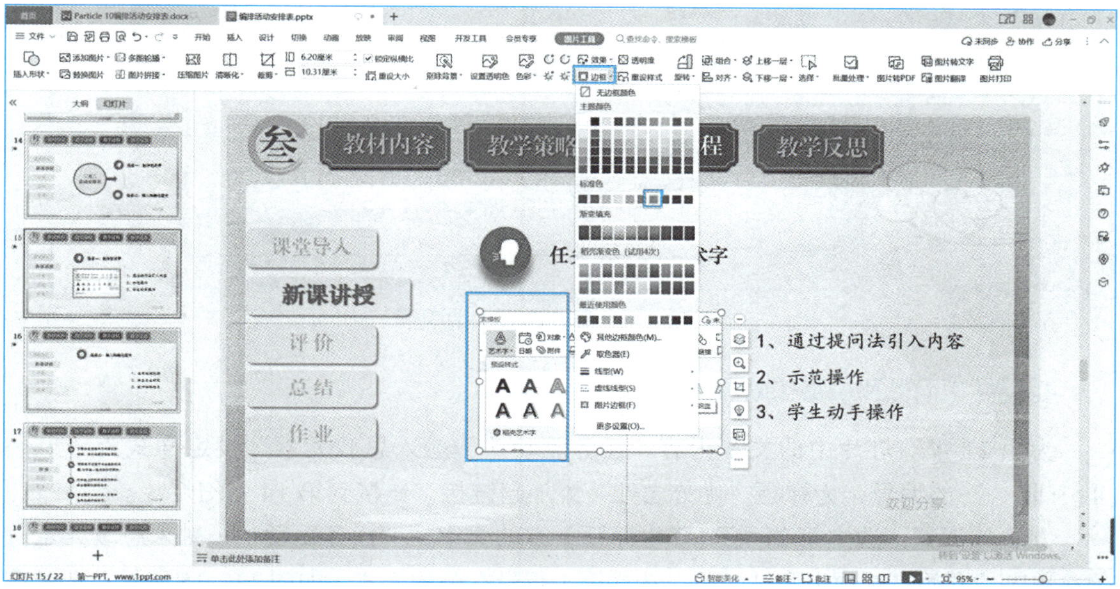

图 13－12　设置边框颜色

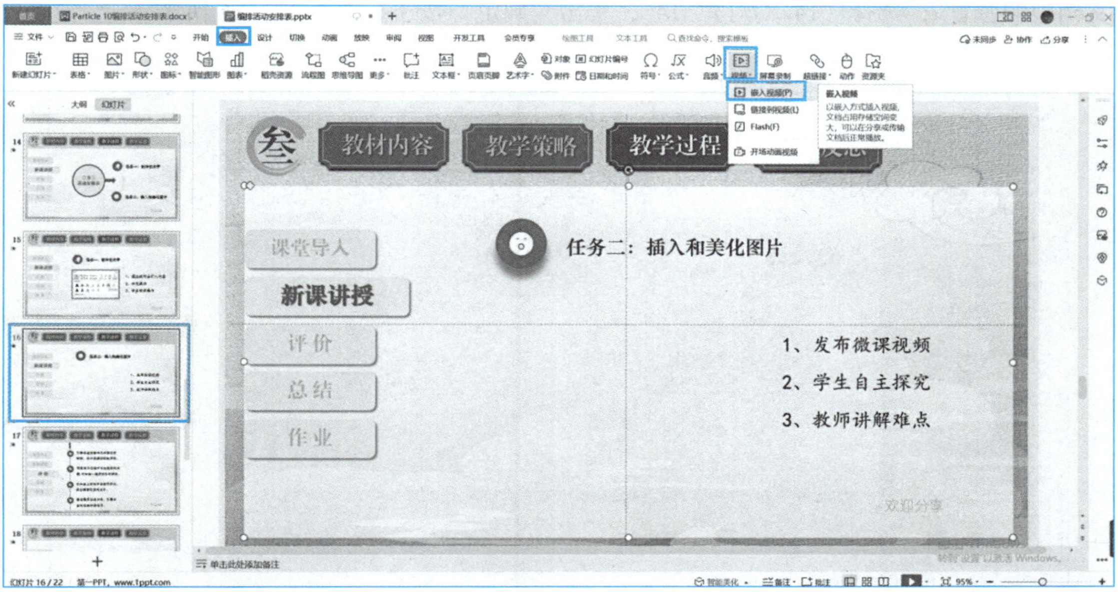

图 13－13　嵌入视频

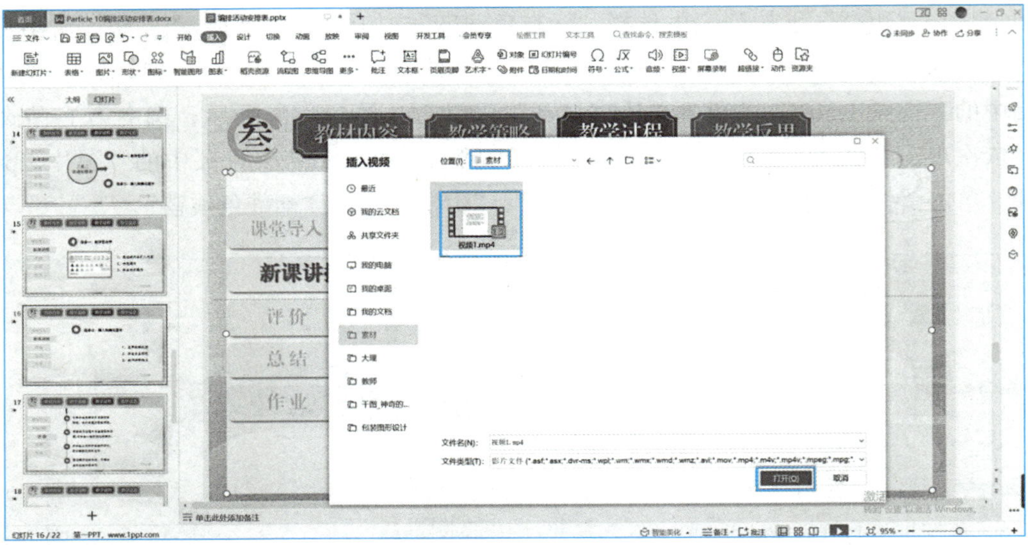

图 13－14　选择要插入的视频

4. 幻灯片编号和超链接的设置

为第 21 张幻灯片中的文本内容“任务驱动……融入思政元素”设定样式为“Ⅰ.…Ⅱ.…Ⅲ.…”的编号，为标题“优势之处”添加超链接，链接到第 14 张幻灯片。

方法与步骤：选中第 21 张幻灯片标题下方的文本框“任务驱动……融入思政元素”，依次单击“开始”选项卡和“☰·”，选择第 1 行最右侧的样式，如图 13－15 所示；选中文本框“优势之处”，依次单击“插入”选项卡→“超链接”，在弹出的对话框中，单击“本文档中的位置”，选择“14. 幻灯片 14”，单击“确定”按钮，如图 13－16 所示。

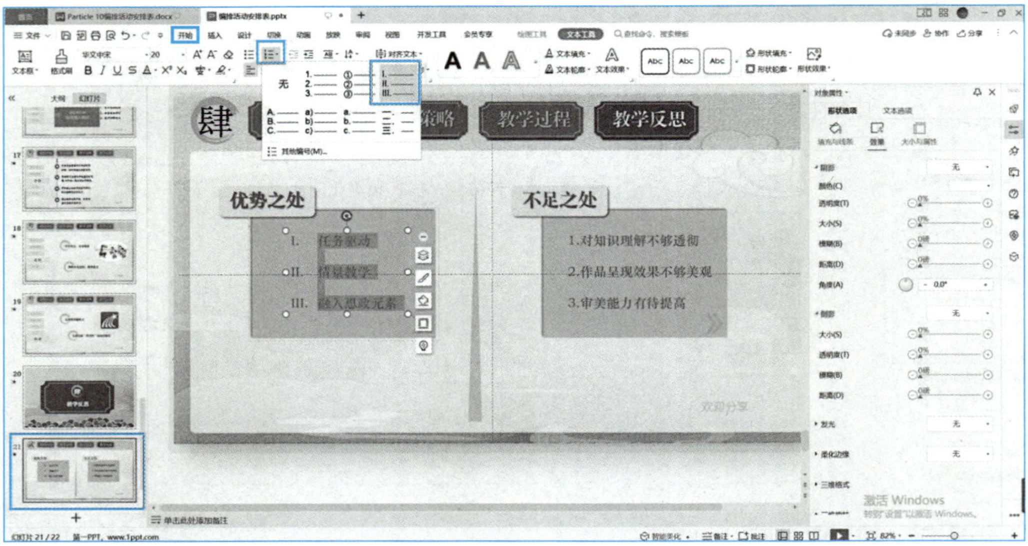

图 13－15　设置编号

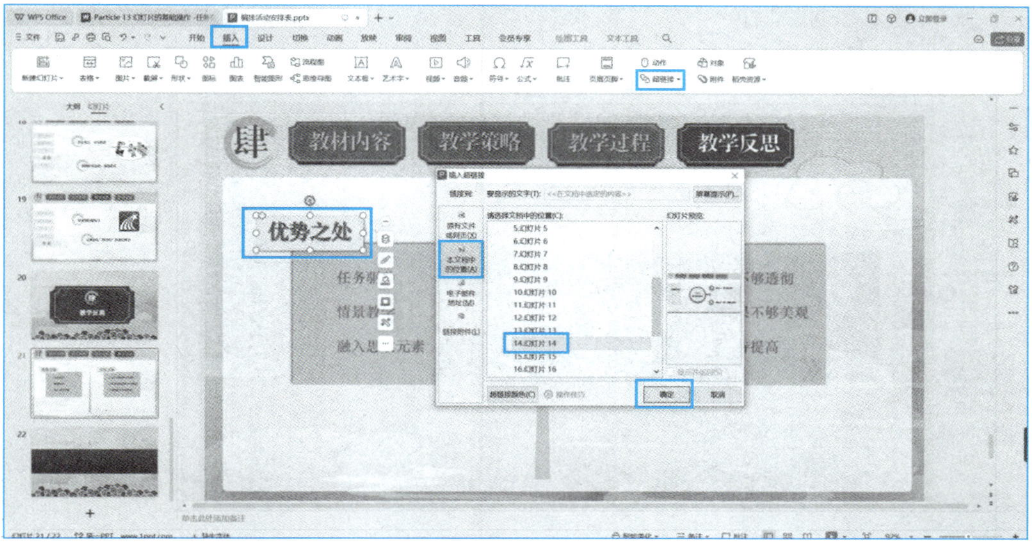

图 13－16　在文档中的指定位置设置超链接

5. 文本框的插入和动画设置

在第 22 张幻灯片中添加文本内容“感谢您的聆听”，字体为华文行楷，颜色为白色，字号为 66，并添加棋盘动画效果，设置为逐字播放。

方法与步骤：单击第 22 张幻灯片，依次单击“插入”选项卡和“文本框”下拉按钮，选择“横向文本框”，拖动绘制出文本框，放置在第 22 张幻灯片中，并在文本框中输入“感谢您的聆听”。单击“开始”选项卡，在字体下拉列表中选择“华文行楷”，在字号下拉列表中选择“66”，字体颜色选择白色，如图 13－17 所示；单击“动画”选项卡，选择“棋盘”效果，单击“文本属性”，选择“逐字播放”效果，如图 13－18 所示。

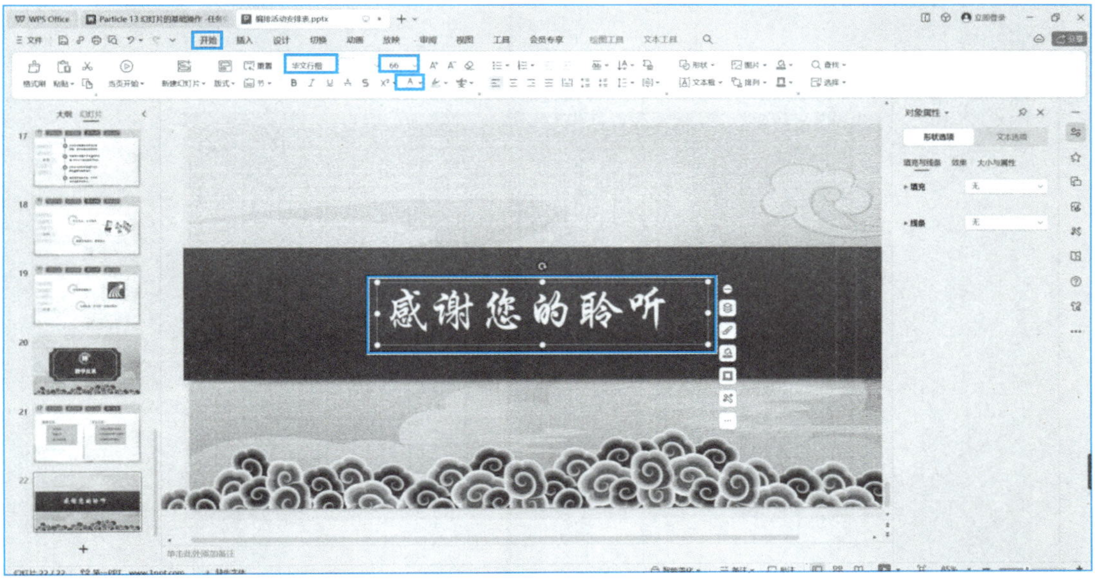

图 13－17　设置字体字号

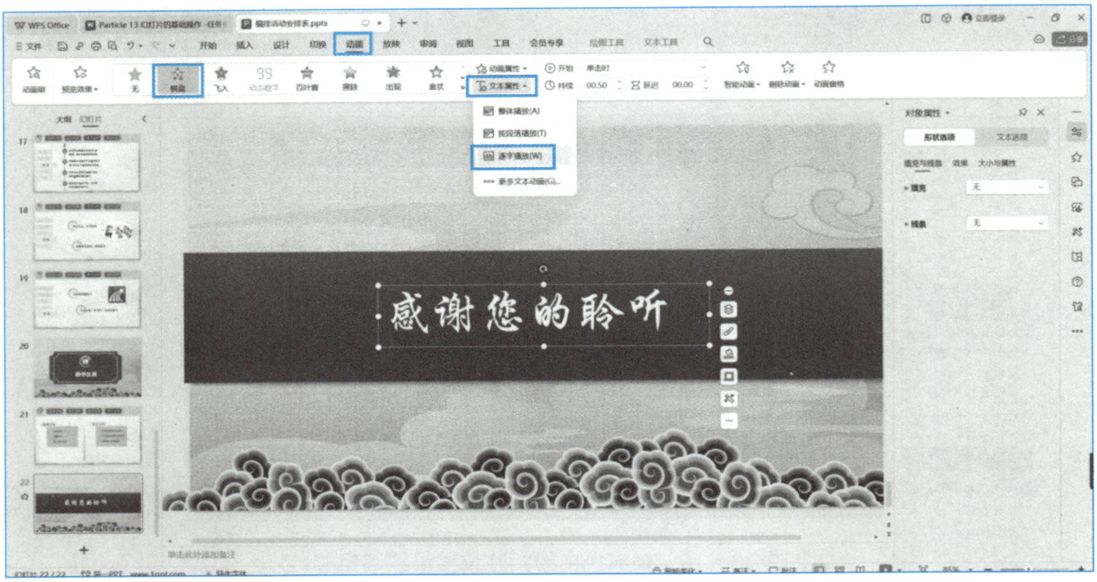

图 13－18　设置逐字播放

第14章

幻灯片对象的插入及放映

任务：张明参加了暑期社会实践活动，看到资源丰富、风景如画的家乡，他特别想利用学到的知识为家乡做点事情。现在他要制作一份介绍“美丽乡村”的演示文稿，为家乡的旅游业贡献自己的一分力量。

目标：通过制作“美丽乡村”演示文稿，学习幻灯片的新建、自定义放映、幻灯片对象的组合和对齐、幻灯片的音频插入、放映方式的设置等操作方法。

1. 幻灯片的新建和自定义放映

新建名为“特色产业”的自定义放映，包含幻灯片 3 至幻灯片 6。

方法与步骤：单击“放映”选项卡中的“自定义放映”，在弹出的对话框中单击“新建”，在“幻灯片放映名称”中输入“特色产业”，长按“Ctrl”键，选中幻灯片 3、幻灯片 4、幻灯片 5、幻灯片 6，单击“添加”和“确定”按钮，如图 14－1 所示。

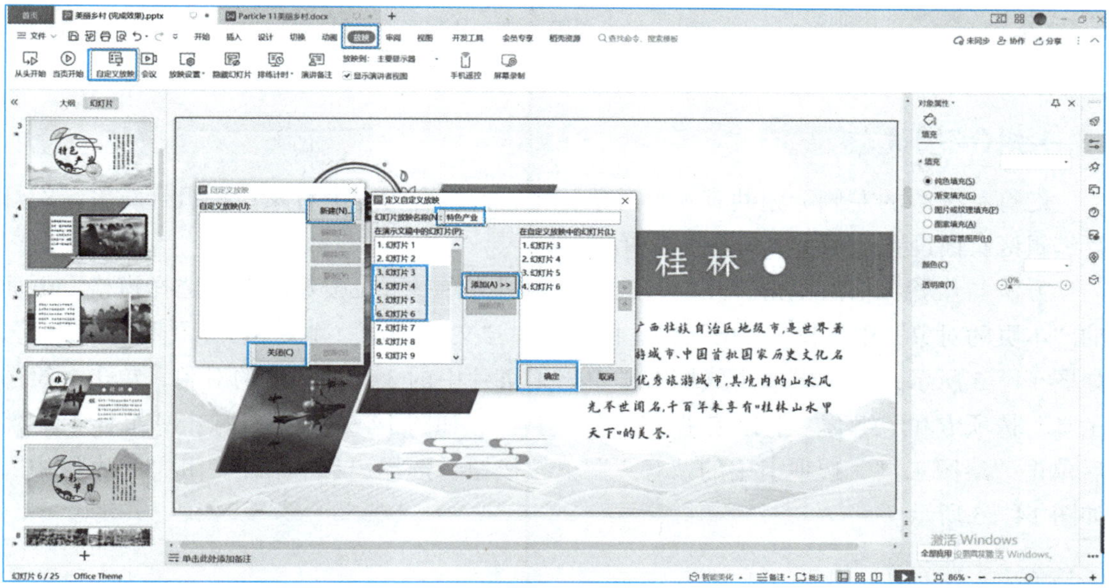

图 14－1　选定幻灯片自定义放映

2. 设置幻灯片 2 中 4 个标题文本框的样式

设置幻灯片 2 中 4 个标题文本框的样式：字体为华文琥珀，字号为 36，预设样式为“填充－黑色，文本 1，阴影”。

方法与步骤：长按“Ctrl”键，同时选中 4 个标题文本框，单击“文本工具”选项卡，在字体框中选择“华文琥珀”，在字号框中选择“36”，如图 14－2 所示，在预设样式框中选择“填充－黑色，文本 1，阴影”。

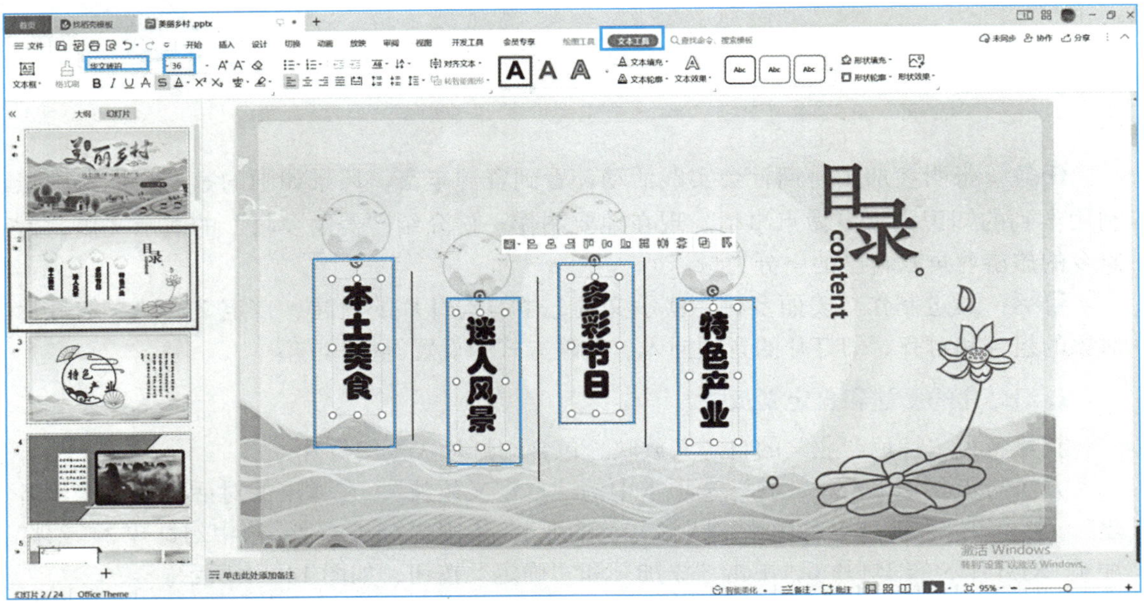

图 14－2　设置标题字体属性

3. 组合幻灯片

幻灯片 3 中的左侧标题共有 3 个对象，将它们组合为 1 个对象；将组合对象与幻灯片编辑区页面设置水平居中与垂直居中。

方法与步骤：依次单击“开始”选项卡和“选择”下拉按钮，在“选择窗格”下面的“本页的对象”中长按“Ctrl”键，同时选中“文本框 8”、“文本框 7”和“图片 3”，如图 14－3 所示；在编辑区用鼠标右键单击幻灯片中的 3 个被选中的对象，单击“绘图工具”选项卡和“组合”下拉按钮，选择“组合”，如图 14－4 所示；单击“组合 4”，然后单击“绘图工具”选项卡中的“对齐”下拉按钮，选择“水平居中”和“垂直居中”，如图 14－5 所示。

图 14－3　选中幻灯片和文本框

图 14－4　设置组合

4. 将音频嵌入幻灯片

将文件夹中的音频“背景音乐.mp3”嵌入幻灯片 1 中。

方法与步骤：选中幻灯片 1，单击“插入”选项卡中的“音频”下拉按钮，选择“嵌入音频”，如图 14－6 所示；找到“美丽乡村素材”文件夹，单击选择“背景音乐.mp3”文件，并单击“打开”按钮，如图 14－7 所示。

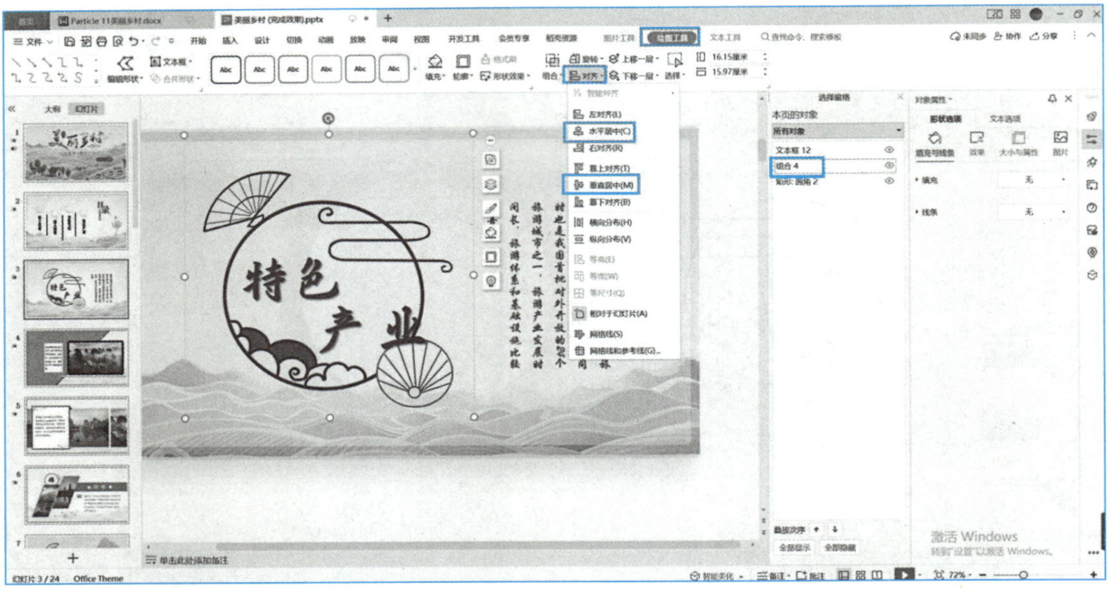

图 14－5　设置“水平居中”和“垂直居中”

图 14－6　单击“嵌入音频”

5. 设置音频循环播放

将音频文件拖到幻灯片编辑区外，设置循环播放。

方法与步骤：选中幻灯片上的“ ”，将其拖到幻灯片编辑区外，单击“音频工具”选项卡，然后选中“循环播放，直至停止”，如图 14－8 所示。

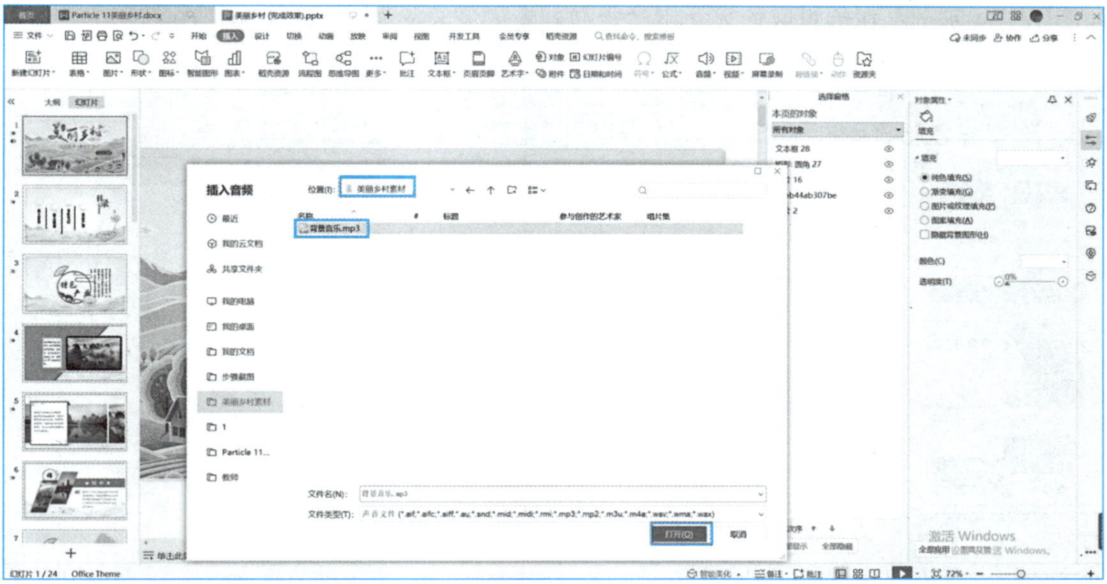

图 14－7　打开要插入的音频

图 14－8　设置音频循环播放

6. 添加幻灯片并添加艺术字

在演示文稿的末尾插入一张新幻灯片，并添加艺术字，内容为“欢迎到我的家乡旅游”。

方法与步骤：单击幻灯片 24，按下“Enter”键，新建一张幻灯片，依次单击幻灯片 25 和“插入”选项卡中的“艺术字”下拉按钮，选择“填充－深灰绿，着色 3，粗糙”，如图 14－9 所示；在编辑区输入文字“欢迎到我的家乡旅游”，如图 14－10 所示。

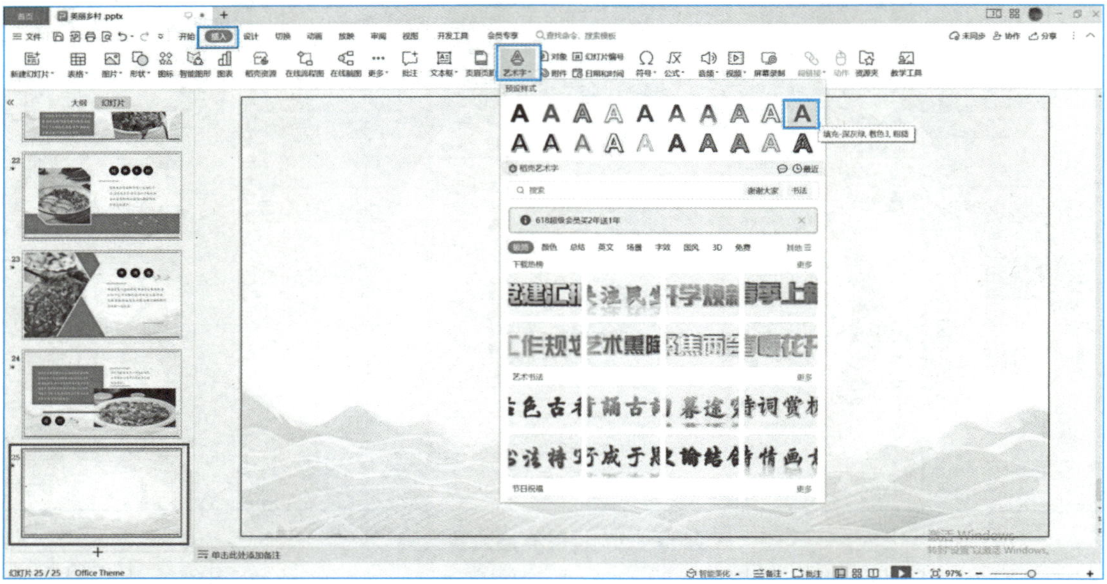

图 14－9　插入艺术字

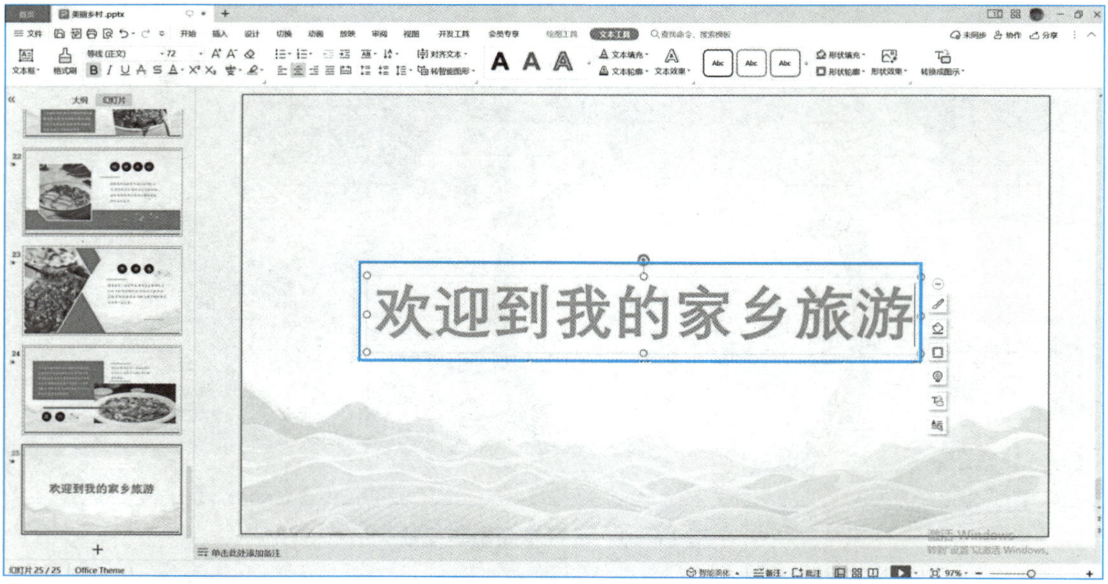

图 14－10　输入文字“欢迎到我的家乡旅游”

第15章

幻灯片对象的母版及放映

任务：陶芝凤是班级的学习委员，母亲节马上到了，班里要召开一个关于母亲节的主题班会，需要制作一份班会活动的主题演示文稿。

目标：通过制作母亲节主题演示文稿，学习设置幻灯片母版、插入批注、设置动画效果，为全部幻灯片设置自动换片等操作方法。

打开文件“母亲节（完成效果）.pptx”，按要求完成操作。

1. 给母版各级文本添加项目符号

将母版中除标题外的各级文本添加“母亲节素材”文件夹中的“爱心 .png”作为其各级项目符号。

方法与步骤：单击“设计”选项卡中的“编辑母版”，如图 15－1 所示；单击“主

图 15－1 单击“编辑母版”

题”下拉按钮，选中“Office”主题母版，如图 15－2 所示；选中应用了项目符号的文本内容，单击“开始”选项卡中的“☰”，选择“其他项目符号”，如图 15－3 所示；单击“图片”，在弹出的对话框中选择“母亲节素材”文件夹中的“爱心 .png”文件，单击“打开”按钮，如图 15－4 所示；单击“幻灯片母版”选项卡中的“关闭”按钮，如图 15－5 所示。

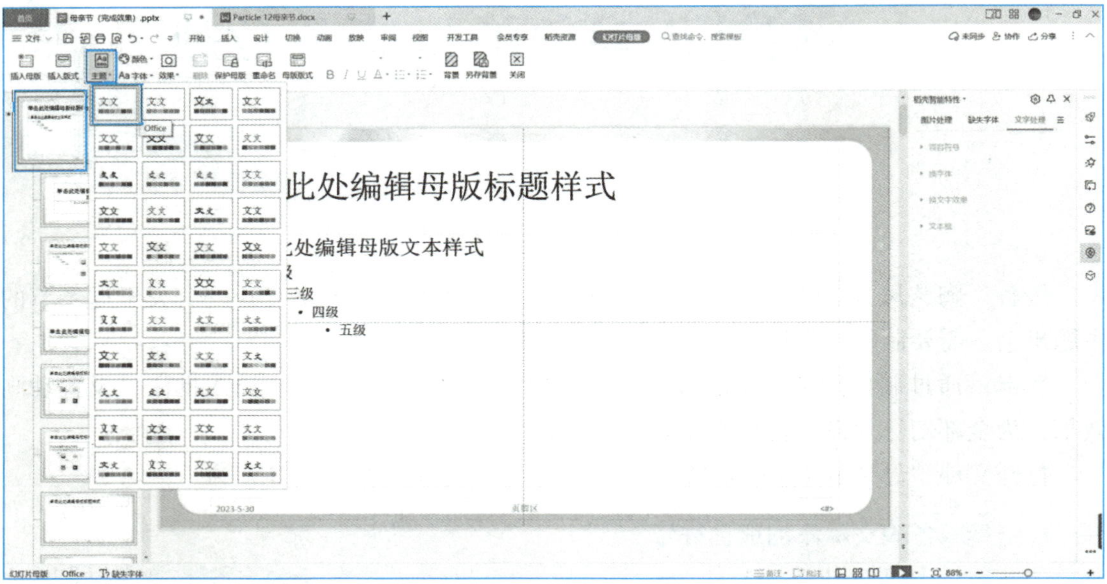

图 15－2　选中“Office”主题母版

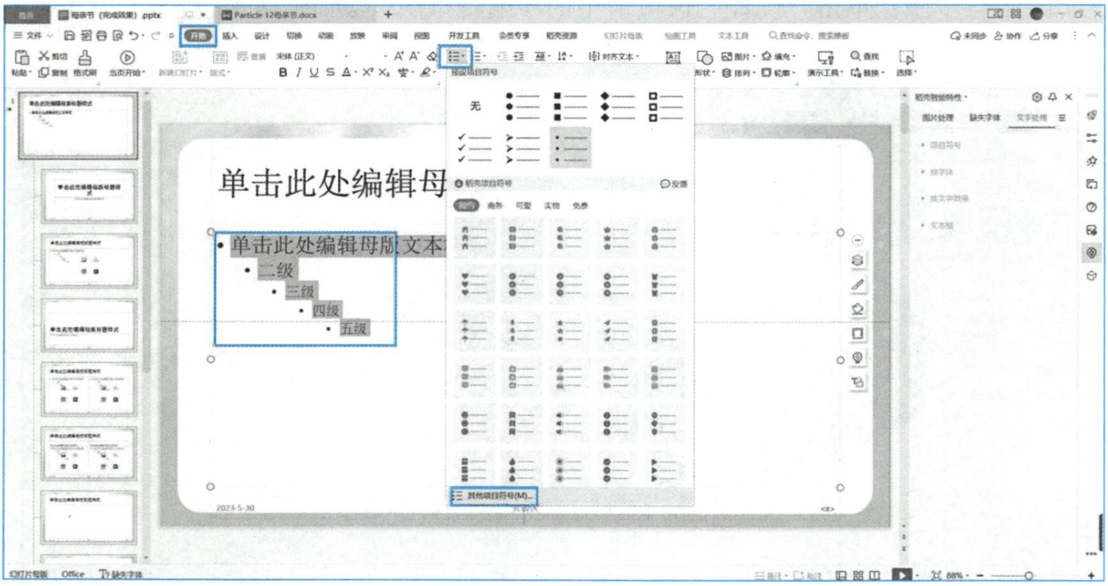

图 15－3　选择“其他项目符号”

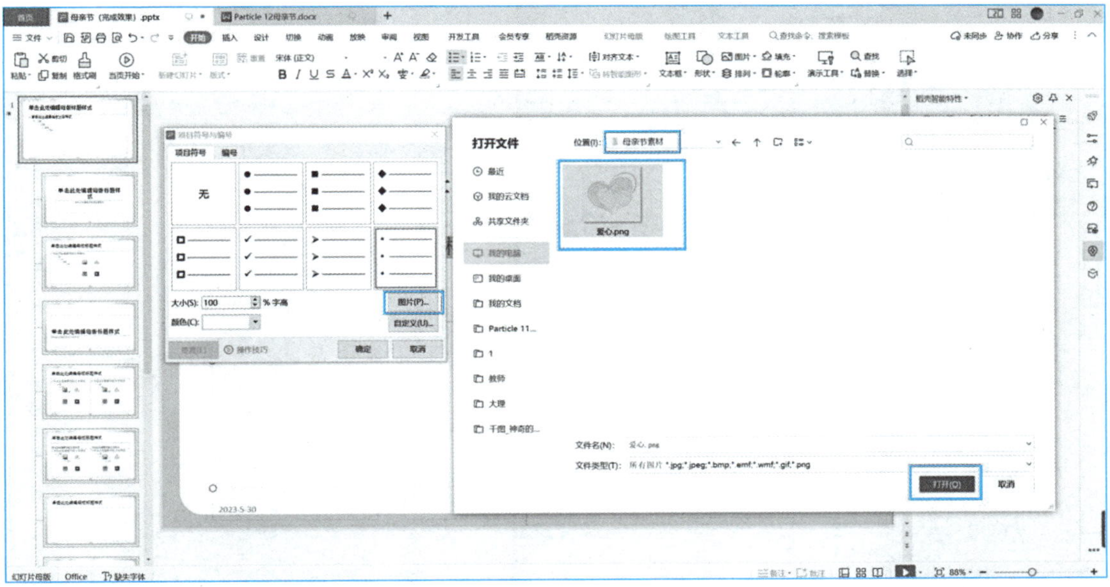

图 15－4　选择“母亲节素材”文件夹中的“爱心.png”

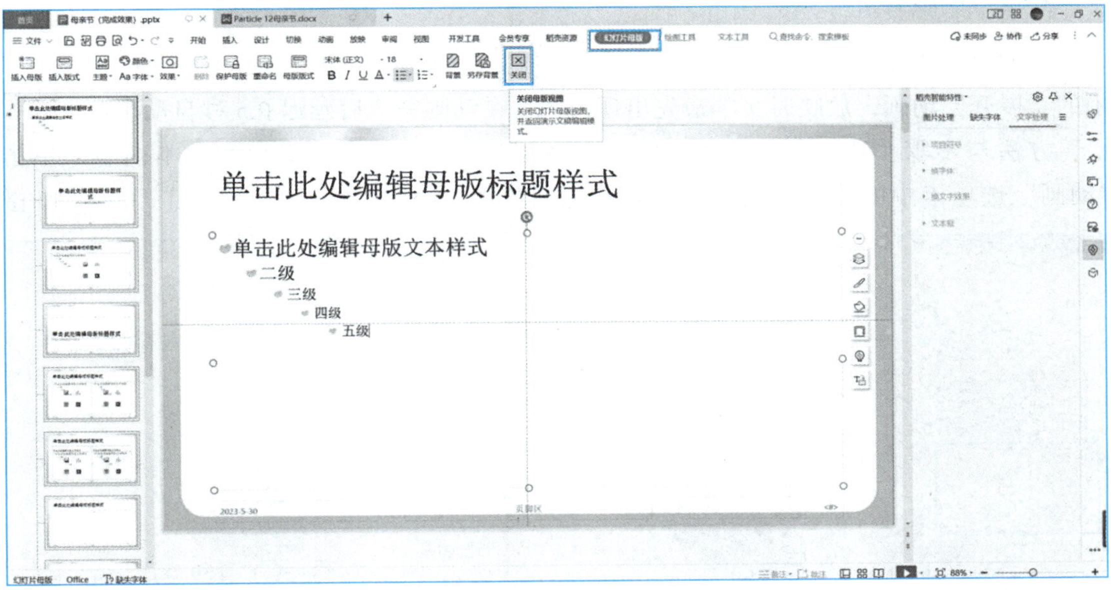

图 15－5　关闭“幻灯片母版”选项卡

2. 为人物图插入批注

为幻灯片 4 右侧的人物图插入批注，设置文本内容为“创始人”。

方法与步骤：选中幻灯片 4，选中人物图，单击“审阅”选项卡中的“插入批注”，在批注位置输入“创始人”，单击“关闭”按钮，如图 15－6 所示。

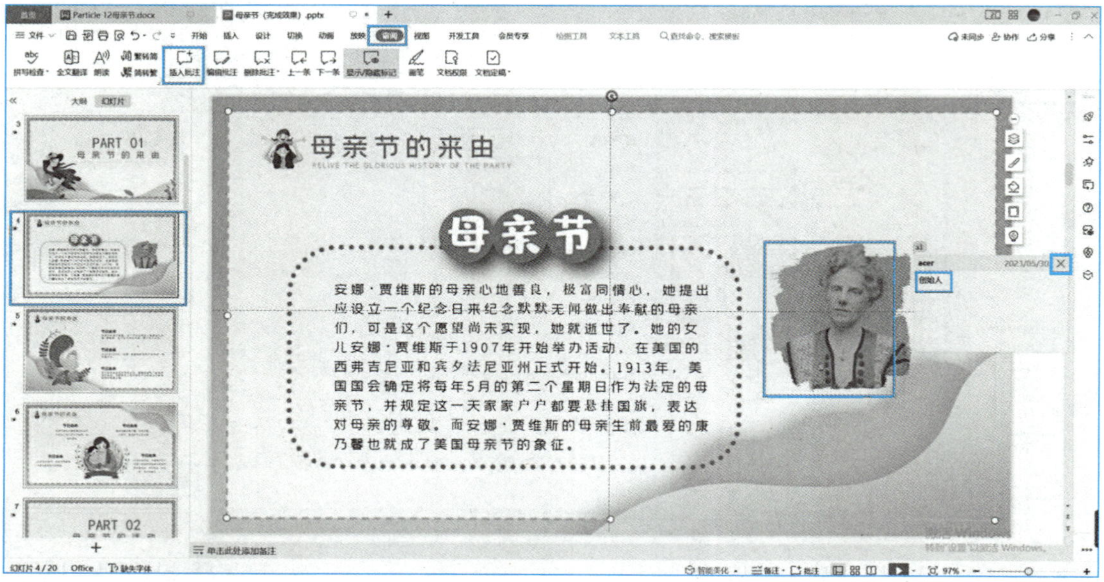

图 15－6　批注位置输入“创始人”

3. 设置动画效果

在幻灯片 5 中，同时选中左侧图片和右侧文字内容，添加“进入”下面“细微型”中的“展开”动画，放映时文本最先出现，图片在动画完成后延迟 0.5 秒自动出现。

方法与步骤：选中幻灯片 5，长按“Ctrl”键，同时选中图片和文本内容，单击“动画”选项卡中的动画预设效果下拉按钮，如图 15－7 所示；在“进入”下面“细微

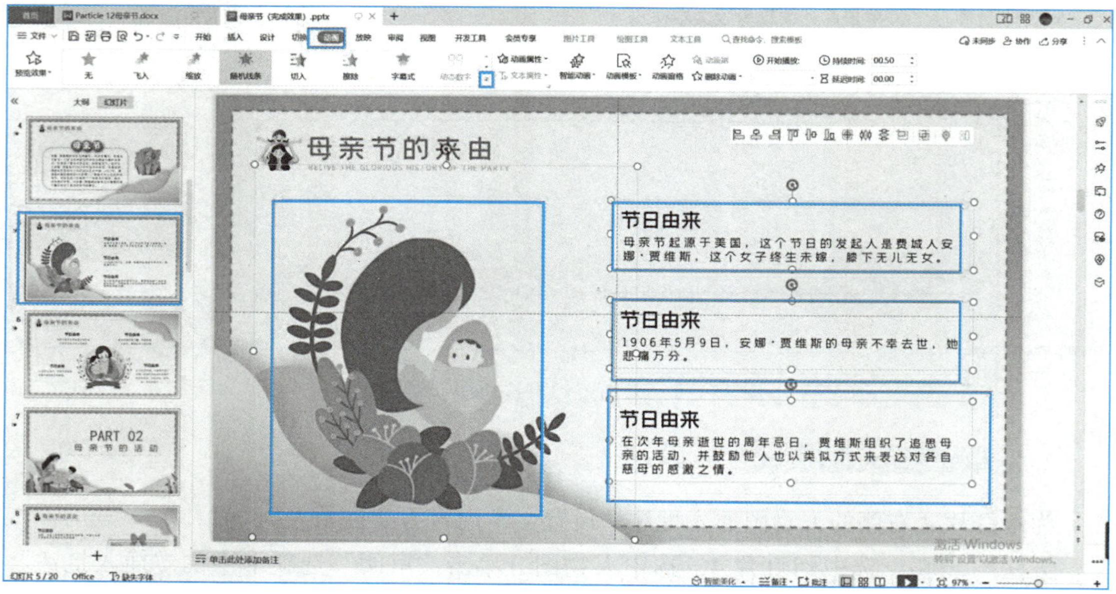

图 15－7　单击动画预设效果下拉按钮

型”中单击选择“展开”，如图 15－8 所示；单击“动画窗格”，在右侧的设置窗口中单击“图片 10”右边的下拉按钮，选择“在上一动画之后”，如图 15－9 所示；单击“图片 10”右边的下拉按钮，选择“效果选项”，如图 15－10 所示；在弹出的“字幕式”对话框中单击切换至“计时”，在“延迟”的输入框中输入“0.5”秒，单击“确定”按钮，如图 15－11 所示。

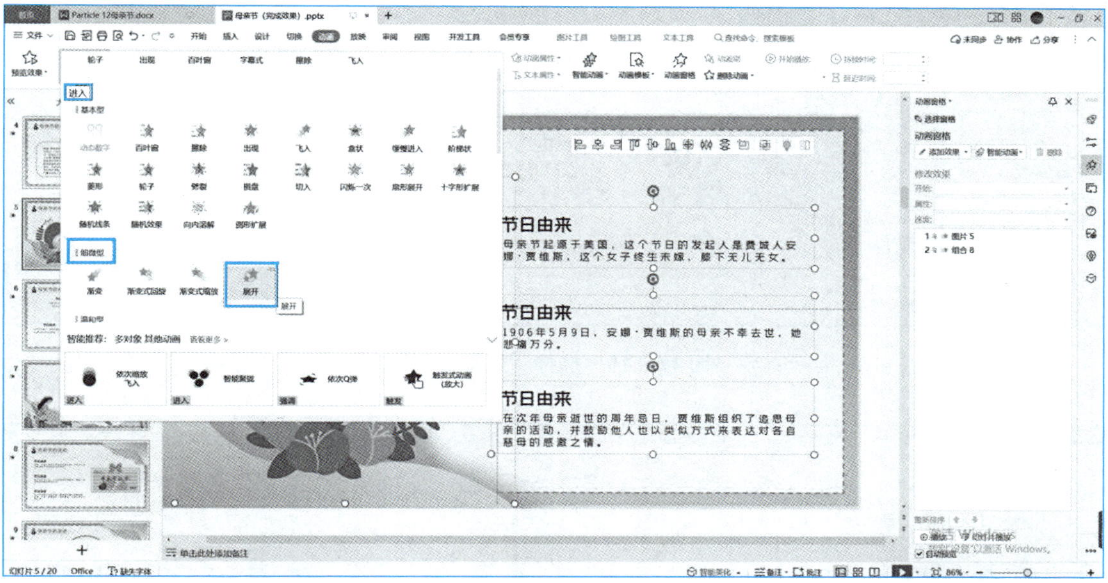

图 15－8　在“进入”的“细微型”中单击选择“展开”

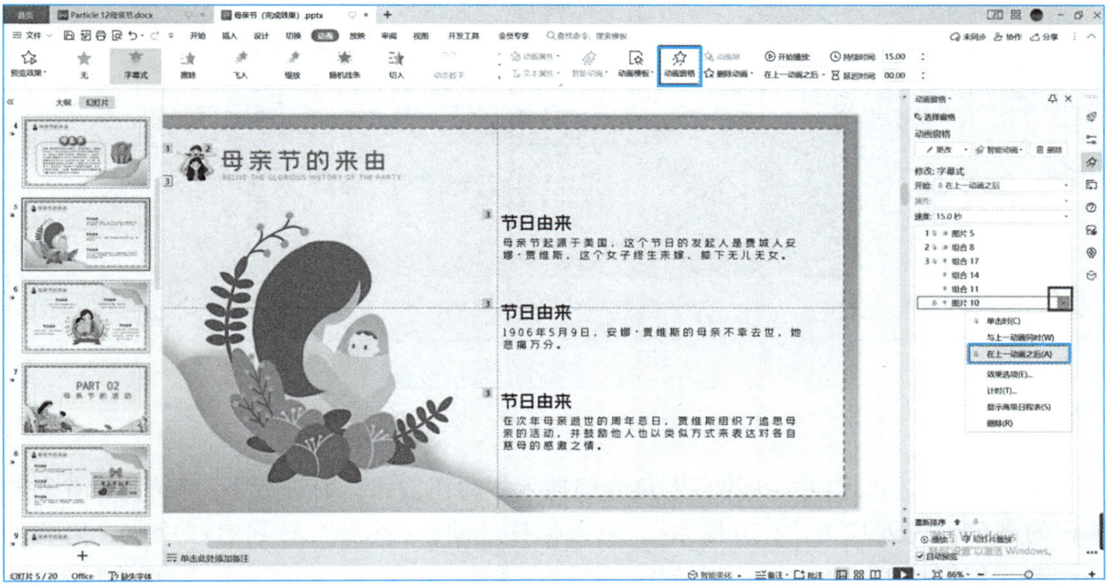

图 15－9　单击选择“在上一动画之后”

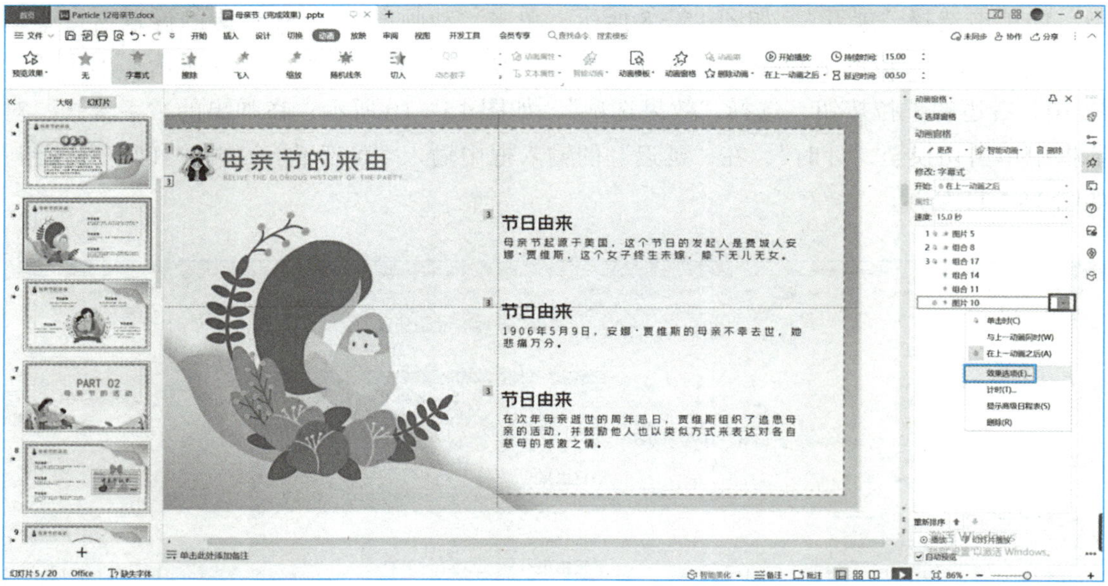

图 15－10　选择“效果选项”

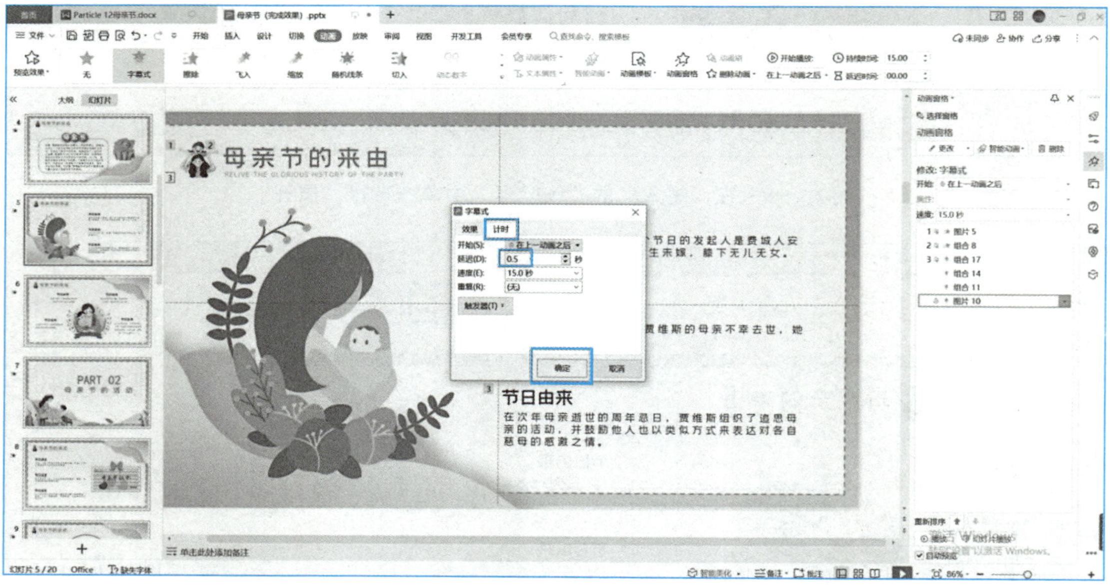

图 15－11　设置动画延时效果

4. 动作设置

在幻灯片 8 ～幻灯片 10 的右下角分别插入“动作按钮：前进或下一项”，设置动作按钮的高度与宽度均为“1.50 厘米”，当鼠标移过动作按钮时，转到幻灯片 10，隐藏幻灯片 18、幻灯片 19。

方法与步骤：选中幻灯片 8，单击“插入”选项卡中的“形状”下拉按钮，选择“动作按钮：前进或下一项”，如图 15－12 所示；在幻灯片右下角拖动绘制按钮，在“动作设置”对话框中依次单击“鼠标移过”和“超链接到”，选择“幻灯片 10”，单击“确定”按钮，如图 15－13 所示；单击“绘图工具”选项卡，在高度和宽度处均输入“1.50 厘米”，如图 15－14 所示；重复以上操作对幻灯片 9、幻灯片 10 进行设置。选中幻灯片 18、幻灯片 19，单击鼠标右键，选择“隐藏幻灯片”，如图 15－15 所示。

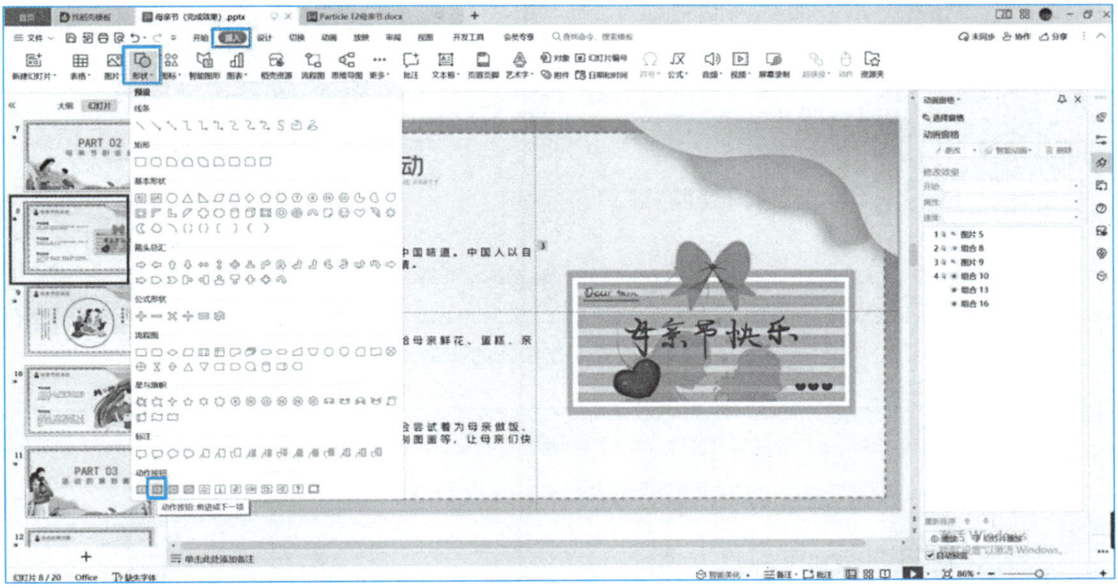

图 15－12　选择“动作按钮：前进或下一项”

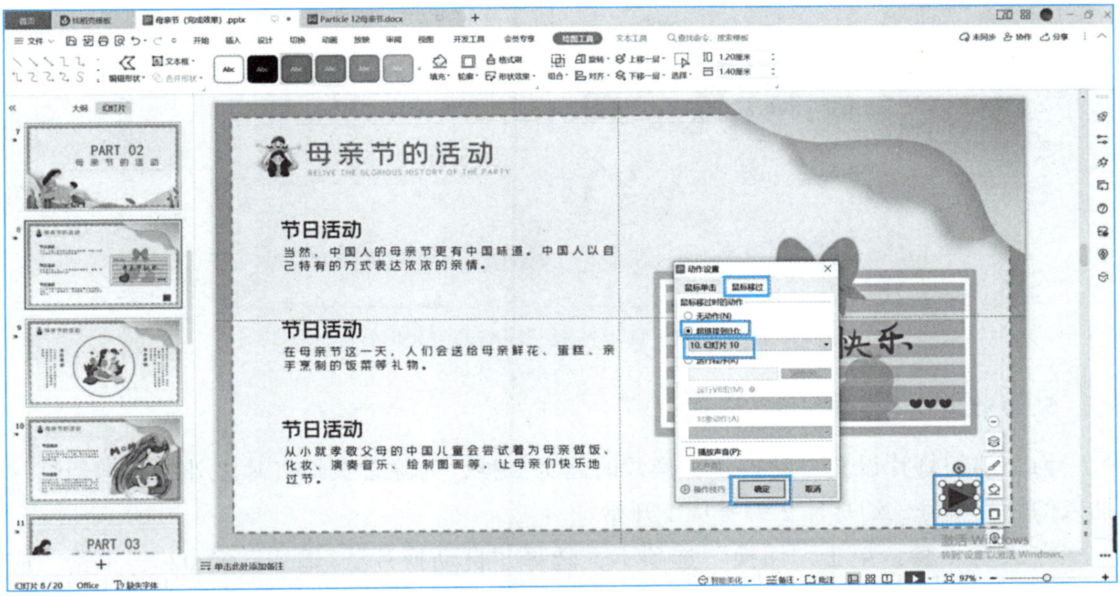

图 15－13　选择超链接幻灯片位置

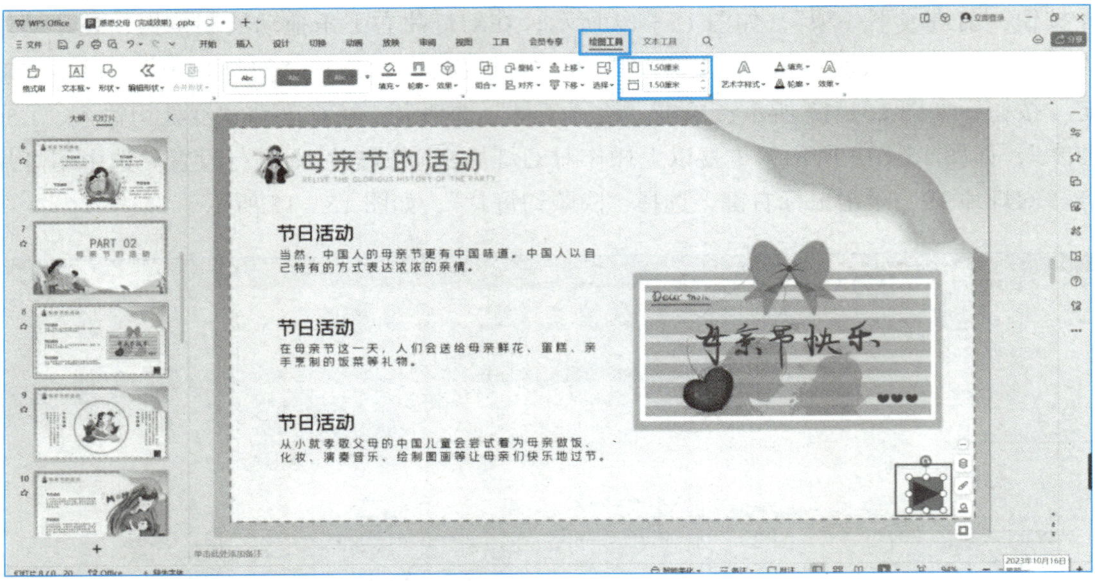

图 15－14　设置动作按钮的高度和宽度

图 15－15　选择“隐藏幻灯片”

5. 为全部幻灯片设置自动换片

为全部幻灯片设置自动换片，换片时间为 2 秒，为除首页幻灯片之外的全部幻灯片插入幻灯片编号，幻灯片 2 编号从 1 开始。

方法与步骤：单击“切换”选项卡，选择“自动换片”，输入“00:02”，单击“应用到全部”，如图 15－16 所示；单击“设计”选项卡，“幻灯片大小”选择“自定义大小”，如图 15 - 17 所示；在弹出的“页面设置”对话框中，“幻灯片编号起始值”设置为“0”，单击“确定”按钮，如图 15 - 18 所示；单击“插入”选项卡中的“页眉页脚”按钮，单击“幻灯片编号”，在“页眉和页脚”对话框中选择“幻灯片编号”和“标题幻灯片不显示”，单击“全部应用”按钮，如图 15 - 19 所示。

图 15 - 16　单击“应用到全部”按钮

图 15 - 17　“幻灯片大小”选择“自定义大小”

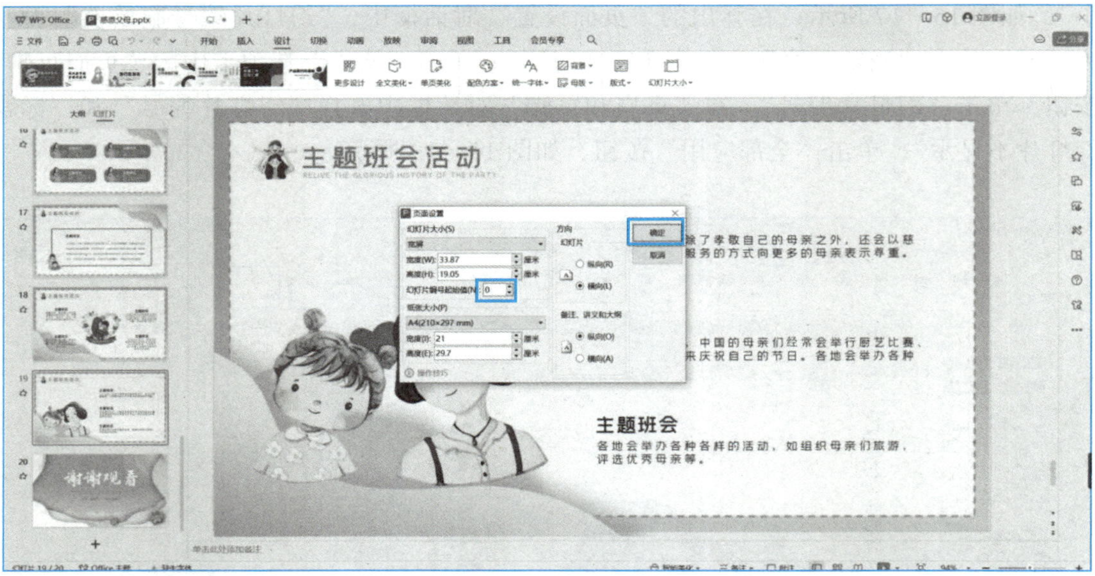

图 15－18　设置幻灯片编号

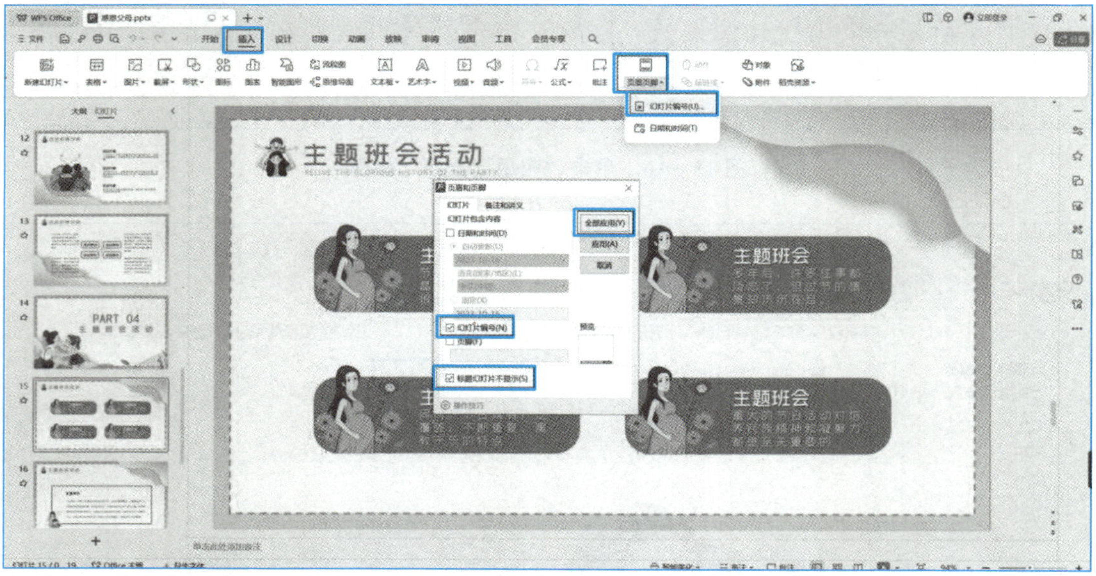

图 15－19　选择“幻灯片编号”和“标题幻灯片不显示”

习题三

一、单选题

1. 在演示文稿中，若为幻灯片中的对象设置“飞入”效果，应选择（　　）。

A. 设置动画效果　　　　B. 应用主题录

C. 自定义放映　　D. 插入超链接

2. 在 WPS 演示文稿中，标签栏用于演示文稿标签切换和窗口控制，以下操作不能在标签栏进行的有（　　）。

A. 新建演示文稿　　B. 关闭工作窗口
C. 保持演示文稿　　D. 切换登录账户

3. 演示文稿提供的母版不包括（　　）。

A. 黑白母版　　B. 备注母版
C. 幻灯片母版　　D. 讲义母版

4. 在演示文稿中，要控制演示文稿的放映时间，可使用（　　）。

A. 动画设置　　B. 幻灯片切换
C. 幻灯片版式　　D. 排练计时

5. 在演示文稿中，若想设置幻灯片中对象的动画效果，应选择（　　）。

A. 普通视图　　B. 幻灯片浏览视图
C. 幻灯片放映视图　　D. 以上均可

6. 在演示文稿的幻灯片浏览视图中，无法完成的操作是（　　）。

A. 以缩略图形式显示幻灯片　　B. 编辑幻灯片
C. 添加、删除幻灯片　　D. 改变幻灯片的前后位置

7. 在演示文稿中，要从当前幻灯片开始放映，应执行（　　）操作。

A. 单击“视图”选项卡中的“幻灯片放映”按钮
B. 单击“幻灯片放映”选项卡中的“从头开始”按钮
C. 按“Shift+F5”组合键
D. 按“F5”键

8. 在 WPS 演示文稿中，从头播放幻灯片文稿时，需要跳过幻灯片 5～幻灯片 9 接着播放，应设置（　　）。

A. 删除幻灯片 5～幻灯片 9　　B. 设置幻灯片版式
C. 幻灯片切换方式　　D. 隐藏幻灯片

9. WPS 演示文稿可存为多种文件格式，其中不包括（　　）。

A. pptx　　B. dps　　C. psd　　D. pdf

10. 在 WPS 演示文稿中添加新幻灯片，以下操作正确的是（　　）。

A. 按“Ctrl+N”组合键　　B. 按“Ctrl+M”组合键
C. 按“Ctrl+Shift+N”组合键　　D. 按“Ctrl+Shift+M”组合键

二、多选题

1. 在 WPS 演示文稿中，文本框有（　　）。

A. 横向文本框　　B. 垂直文本框
C. 单行文本框　　D. 多行文本框

2. 在 WPS 演示文稿中插入、删除幻灯片的操作可以在（　　）中进行。

A. 幻灯片浏览视图　　B. 普通视图
C. 大纲窗格　　D. 幻灯片放映视图

3. 下列对象中，可以在 WPS 演示文稿中插入的有（　　）。

A. WPS 表格图表　　B. 电影和声音

C. Flash 动画　　D. 组织结构图

4. WPS 演示文稿提供的母版有幻灯片母版、(　　)。

A. 标题母版　　B. 讲义母版

C. 备注母版　　D. 图文母版

5. 在 WPS 演示文稿的“幻灯片放映”选项卡中，可以完成的操作有(　　)。

A. 自定义幻灯片放映范围　　B. 设置幻灯片切换效果

C. 排练计时　　D. 自定义动画

三、填空题

1. 要在 WPS 演示文稿中设置幻灯片的切换效果以及切换方式，应在________选项卡中进行操作。

2. 在 WPS 演示文稿中，从头开始播放幻灯片的快捷键是______键。

3. 在 WPS 演示文稿中，可以采用________功能预先录制幻灯片的放映时间。

4. 在 WPS 演示文稿中，要进行格式复制，可以用________。

5. WPS 演示文稿的默认视图是________。

6. 在 WPS 演示文稿普通视图导航窗格中，主要包括幻灯片和________这两个选项卡。

7. 在 WPS 演示文稿中，插入新幻灯片的快捷键是“________”组合键。

8. 在 WPS 演示文稿中，直接按__________键可终止幻灯片的放映。

9. 要在 WPS 演示文稿中插入表格、图片、艺术字、视频、音频时，应在________选项卡中进行操作。

10. WPS 演示文稿中有各种工作视图，即普通视图、幻灯片浏览视图、________视图和阅读视图。

第 4 单元

WPS PDF 概述

WPS PDF 是针对 PDF 文档的阅读和处理的软件。该软件主要具有 PDF 文档的阅读功能。为了方便阅读，该软件具有播放模式和阅读模式，还可以旋转文档页面。在阅读过程中，用户也可以根据个人喜好进行页面显示方式设置、文档背景色设置等个性化操作。在处理文档方面，它还具有文档拆分功能。

WPS PDF 的工作界面主要由标签栏、功能区、编辑区、导航窗格、任务窗格、状态栏 6 个部分组成，如下图所示。

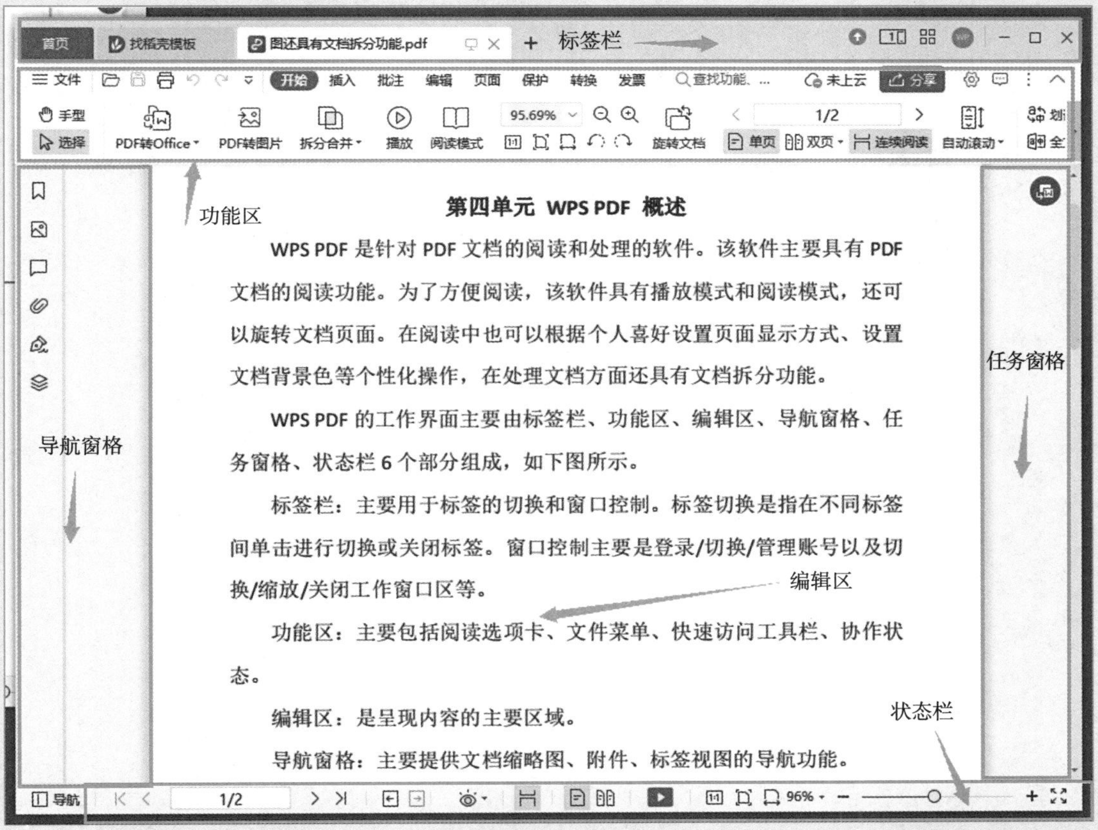

WPS PDF 的工作界面

标签栏：主要用于标签的切换和窗口控制。标签切换是指在不同标签间单击进行切换或关闭标签。窗口控制主要是登录 / 切换 / 管理账号以及切换 / 缩放 / 关闭工作窗口区等。

功能区：主要包括阅读选项卡、文件菜单、快速访问工具栏、协作状态。

编辑区：是呈现内容的主要区域。

导航窗格：主要提供文档缩略图、附件、标签视图的导航功能。

任务窗格：一般是提供一些高级功能的辅助面板，如执行查找操作时将自动展开。

状态栏：提供文档状态和视图控制。如在状态栏可以显示 PDF 文档的总页数、进行文档翻页或页面跳转，也提供页面缩放和预览方式设置等操作。

第16章

WPS 编辑 PDF 文档

任务：学校图书室要求教师在领书时要在 PDF 格式的领书单上签名。请你根据要求，运用 WPS 编辑 PDF 文档编写个人签名。

目标：通过利用 WPS PDF 编写个人签名，学习在 WPS PDF 文稿中插入签名、插入文字以及添加水印等操作方法。

1. 插入签名

在 PDF 格式的领书单中插入个人签名。

步骤 1：打开“朝阳职业中学教师领书单 .pdf”文档，依次单击功能区的“插入”选项卡和“PDF 签名”，在弹出的对话框中选择“创建签名”，其快捷方式是按下“Alt+U”组合键，会弹出“PDF 签名”对话框，如图 16－1、图 16－2 所示。

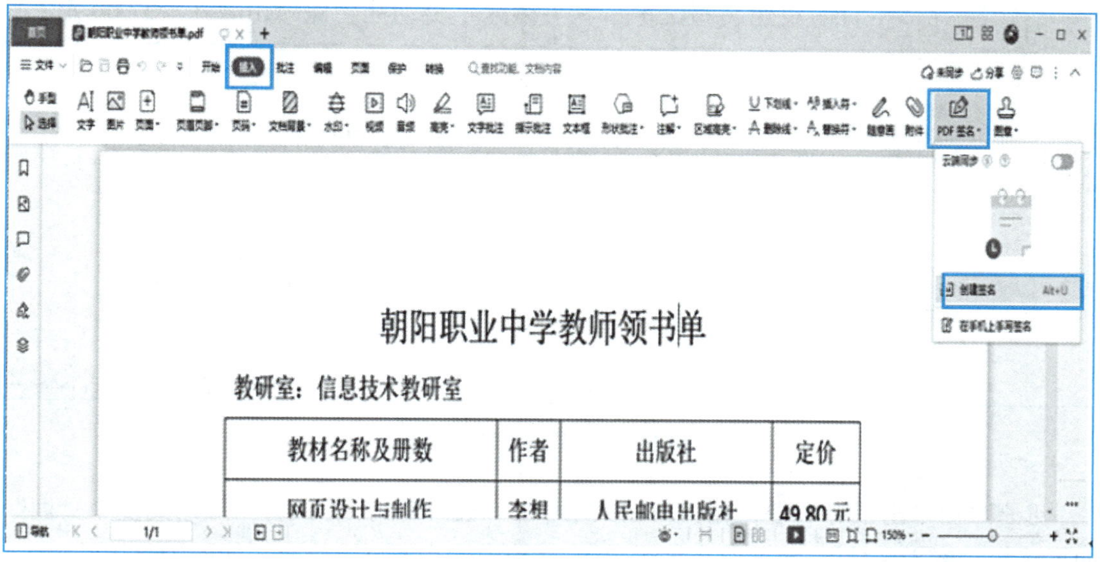

图 16－1　选择“创建签名”

步骤 2：在签名板上设置签名，可以插入图片、输入文字或手写文字。以手写文字为例：单击“手写”，设置笔触大小，在签名板上拖动鼠标写出名字，单击“确定”按钮，如图 16－3 所示。

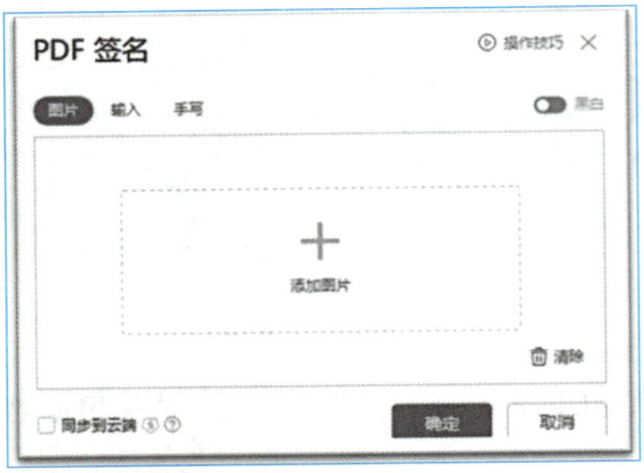

图 16－2 “PDF 签名”对话框

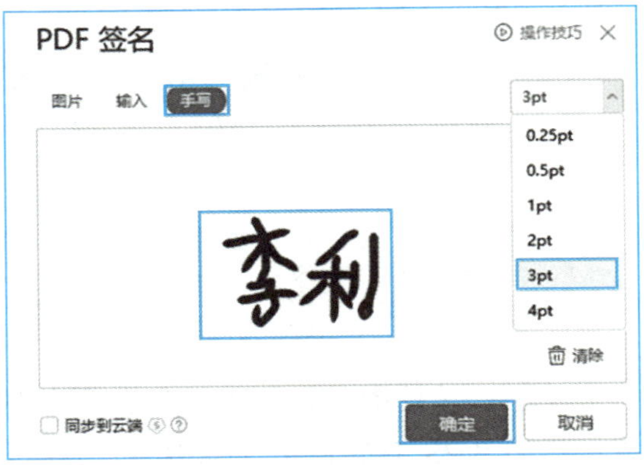

图 16－3 在签名板上设置签名

步骤 3：将名字移动到合适的位置，并拖动控制手柄调整签名的大小，如图 16－4 所示。

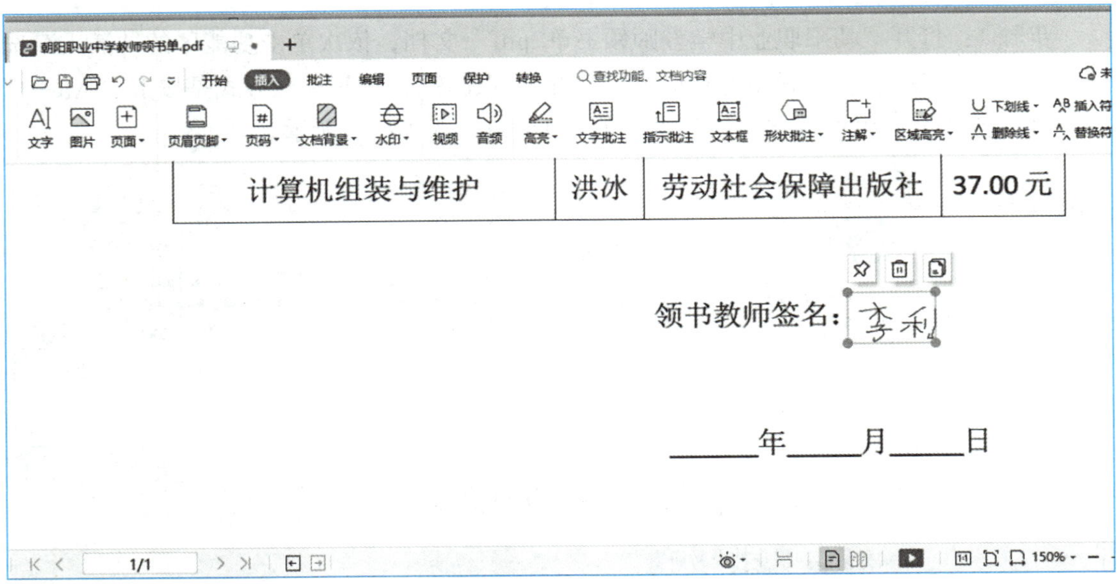

图 16－4 调整签名的大小

步骤 4：单击鼠标右键，在弹出的菜单中，单击“删除”，选择“应用到多个页面”；如果选择“嵌入文档”，可将签名嵌入 PDF 文档中，且不可再修改，如图 16－5 所示。

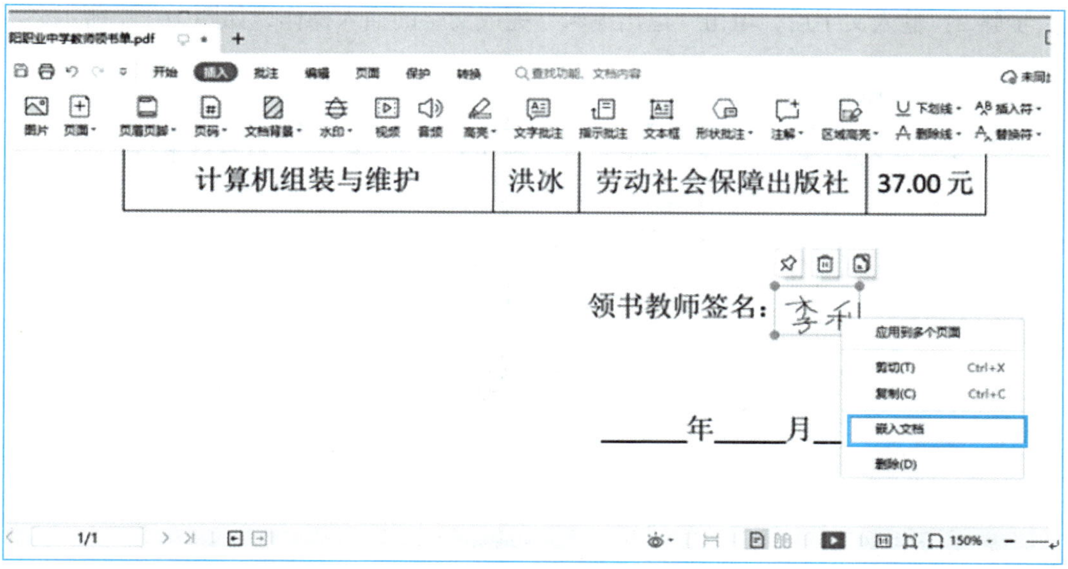

图 16－5　将签名嵌入 PDF 文档中

2. 插入文字：插入领书的日期

步骤 1：依次单击功能区的“插入”和“插入文字”，将光标移到要插入文字的位置，再次单击后输入所需文字，如图 16－6 所示。

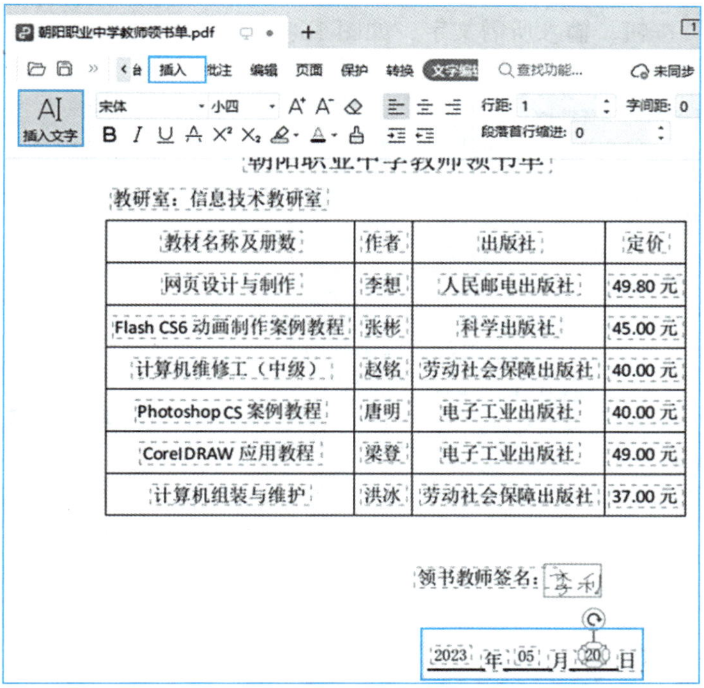

图 16－6　插入文字

步骤 2：输入文字后，单击“退出编辑”完成文字的插入操作，如图 16－7 所示。

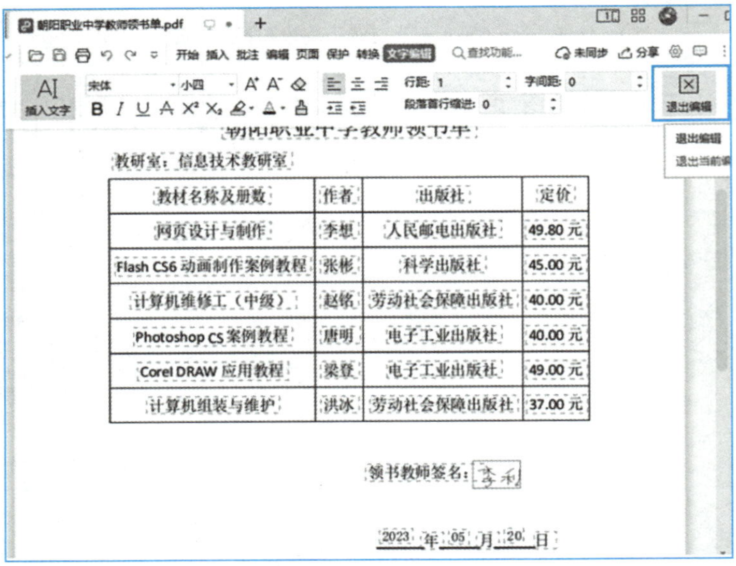

图 16－7　退出编辑

3. 添加水印：在 PDF 文件中添加“2023 年春季期”自定义水印

步骤 1：依次单击功能区的“插入”和“水印”，选择“自定义水印（0/20）”，然后单击“点击添加”按钮，输入所需文字，如图 16－8 所示。

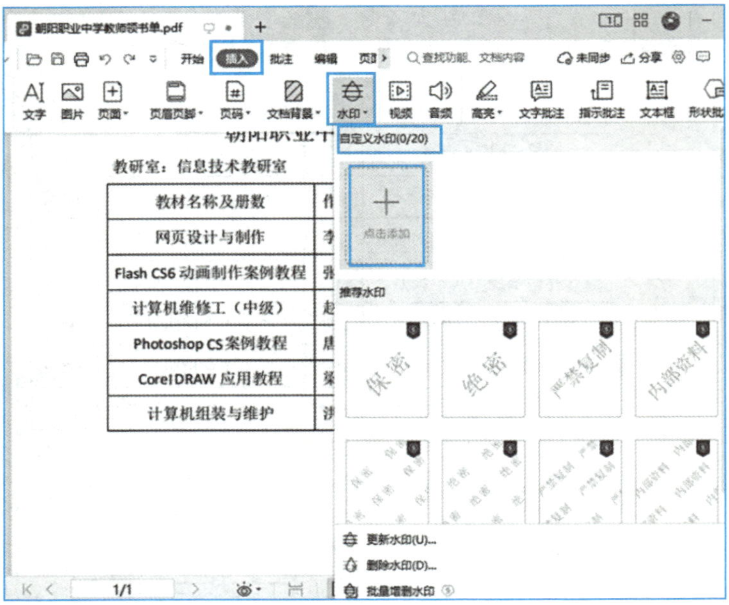

图 16－8　自定义水印

步骤 2：在文本框内输入水印文字内容，设置字体、字号、旋转角度、不透明度、水印行数等参数，然后单击“确定”按钮，如图 16－9 所示。

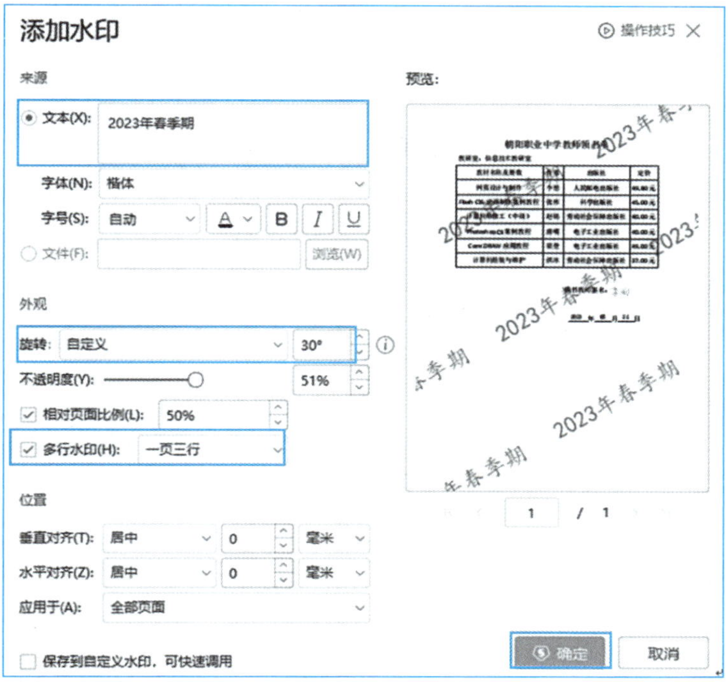

图 16－9　设置水印文字字体属性

4. 在 PDF 文档中插入 / 删除页码

步骤 1：依次单击功能区的“插入”、“页码”和“添加页码”，如图 16－10 所示。

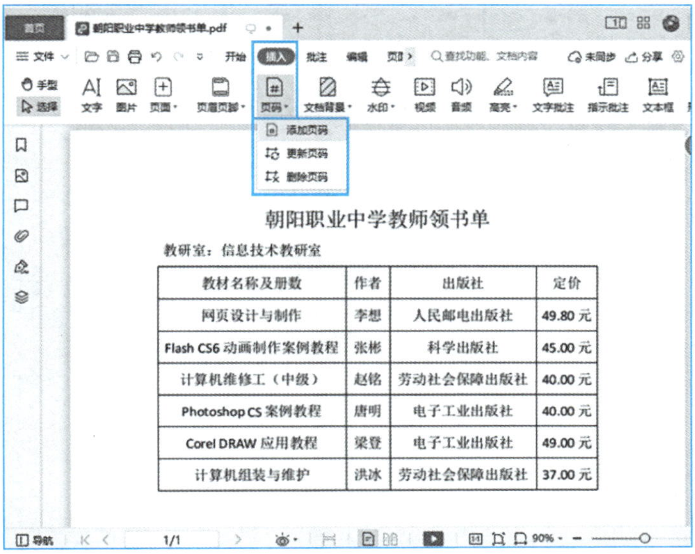

图 16－10　添加页码

步骤 2：在弹出的“添加页码”对话框中，设置页码样式、起始页码、页码位置、对齐方式等参数，并单击“确定”按钮，即可为文档添加页码，如图 16－11 所示。

图 16－11　设置页码参数

步骤 3：设置后如不需要页码，可以依次单击功能区的“插入”、“页码”和“删除页码”，在弹出的对话框中单击“确定”按钮，即可删除页码，如图 16－12 所示。

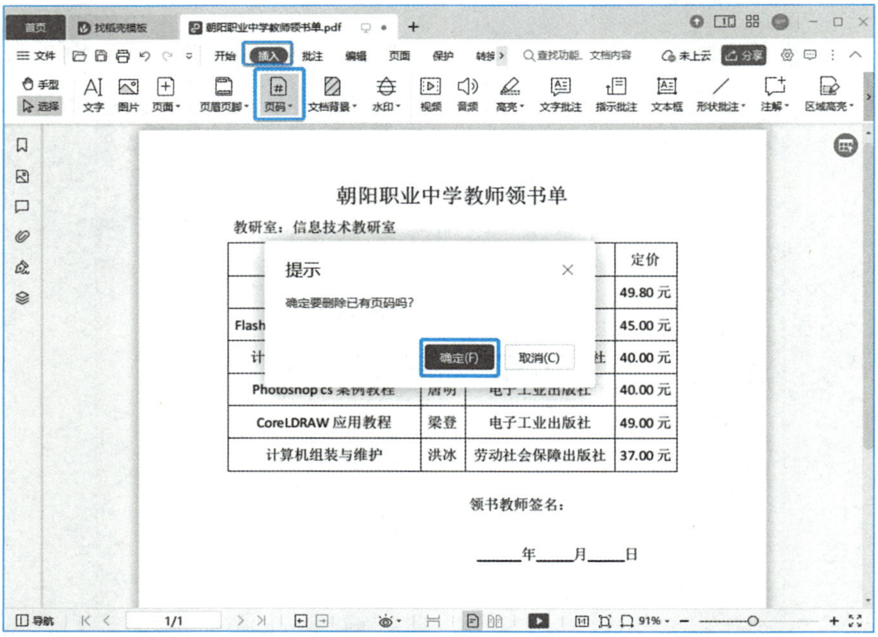

图 16－12　删除页码

5. 在 PDF 文档中插入 / 删除页眉页脚

步骤 1：依次单击功能区的“插入”和“页眉页脚”，选择“添加页眉页脚”，如图 16 - 13 所示。

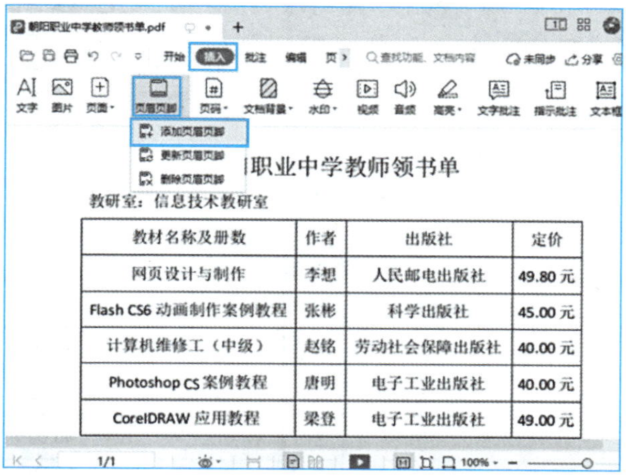

图 16 - 13　选择“添加页眉页脚”

步骤 2：在弹出的“添加页眉页脚”对话框中，设置页眉页脚的内容、位置、所需的字体字号、页边距等参数，并单击“确认添加”按钮，即可为文档添加页眉页脚，如图 16 - 14 所示。

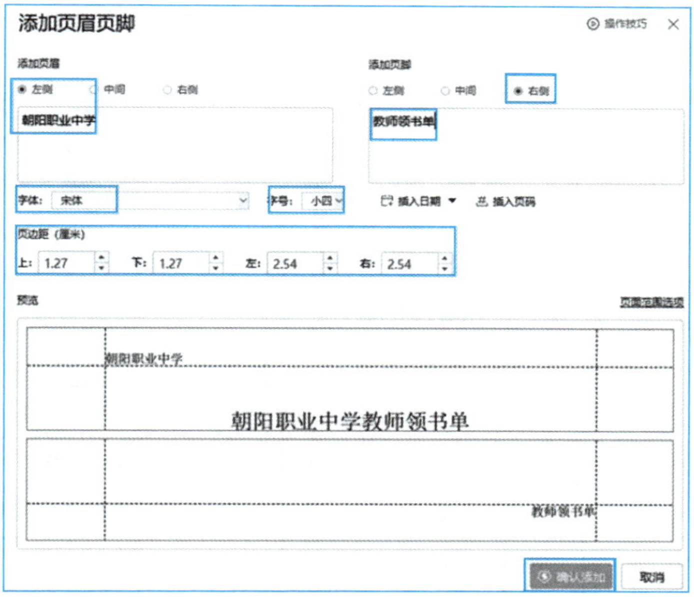

图 16 - 14　添加页眉页脚

步骤 3：设置后如不再需要页眉页脚，可以依次单击功能区的“插入”、“页眉页脚”和“删除页眉页脚”，在弹出的对话框中单击“确定”按钮，即可删除页眉页脚，如图 16－15 所示。

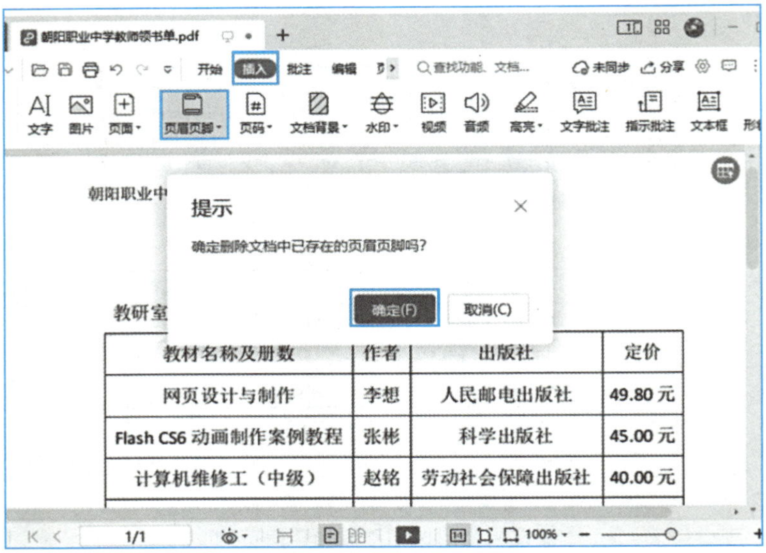

图 16－15　删除页眉页脚

6. 在 PDF 文档中插入 / 删除图片

步骤 1：单击功能区的“插入”选项卡，单击“图片”，如图 16－16 所示。

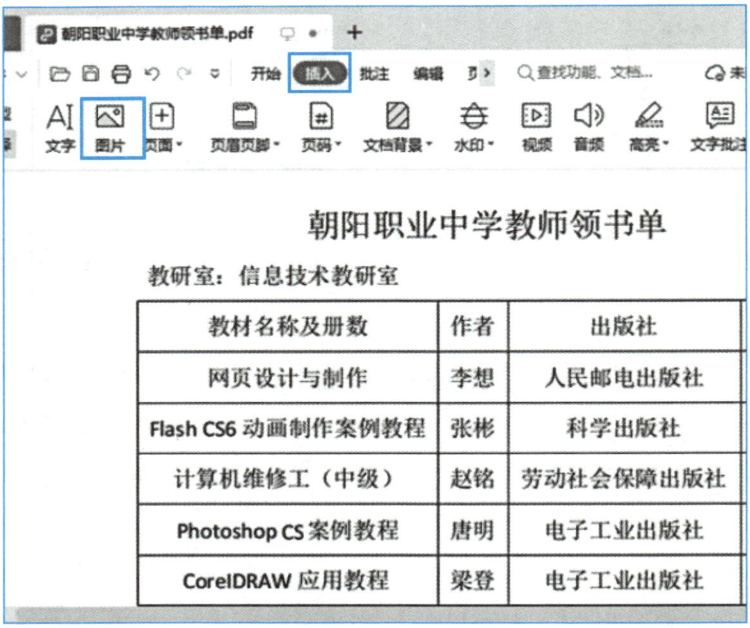

图 16－16　插入图片

步骤 2：在弹出的“打开文件”对话框中，选择所需要的图片并单击“打开”按钮，即可为文档插入图片，如图 16－17 所示。

图 16－17　选择要插入的图片

步骤 3：移动光标到合适的位置后，单击鼠标左键，将图片插入到指定的位置，拖动控制手柄，可调整图片的大小，并可对图片进行裁剪、压缩、旋转、抠图、删除等设置，完成操作后单击功能区“退出编辑”即可完成图片编辑，如图 16－18 所示。

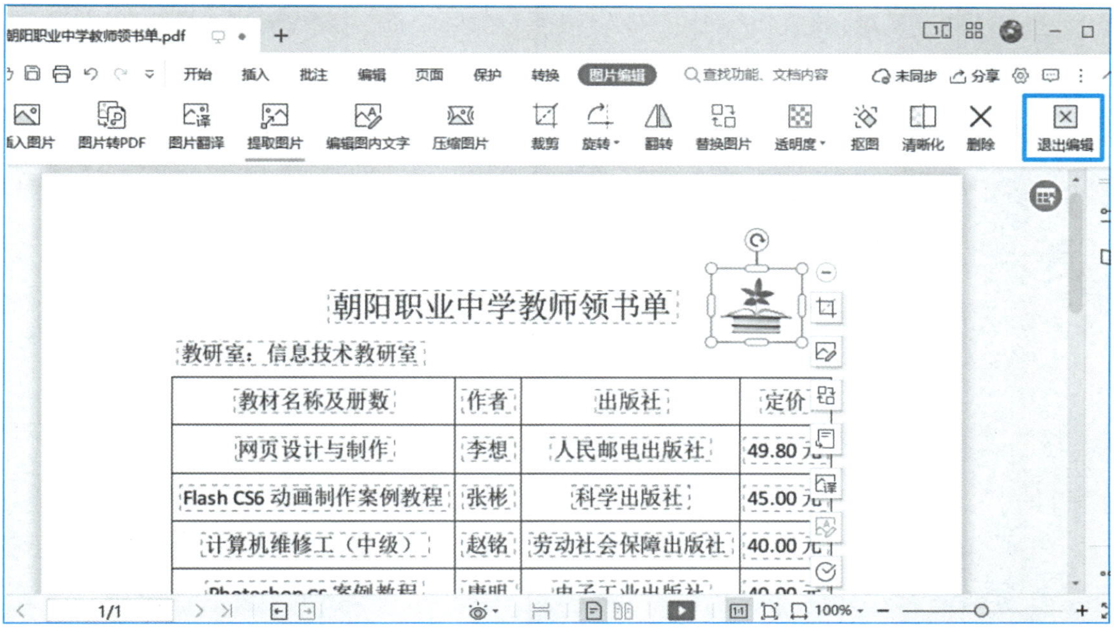

图 16－18　退出编辑

第17章

WPS PDF 文档管理

任务： 某学校为规范课桌椅使用管理制作了一份 PDF 文档，但是该文档不符合规范要求，假如你是该校科室人员李明，请你根据要求重新制作 PDF 文档，以便分类存档。

目标： 通过本项目制作，学习 WPS PDF 操作方法，有关阅读模式、文档旋转、书签设置、缩放、自动播放、背景模式设置、拆分合并文档等设置方法。

1. 打开文档

将“课桌椅使用管理制度 .pdf”以 WPS PDF 的方式打开，并设置 WPS PDF 为 PDF 的默认打开软件。

方法与步骤：选择 PDF 文件，鼠标右键单击 PDF 文件，选择打开方式，选择其他应用，勾选 WPS PDF 图标，单击“始终以此方式打开”。设置后，双击 PDF 文档默认用 WPS PDF 软件打开，如图 17－1 所示。

图 17－1　打开文档

2. 阅读模式

在培训中要全文展示，要求把文件默认阅读方式设置为双页阅读模式。

方法与步骤：以此 PDF 文件为例，依次单击“开始”选项卡、“阅读模式”和“视图”，选择“双页”，此时就进入了双页阅读模式，如图 17－2 所示。

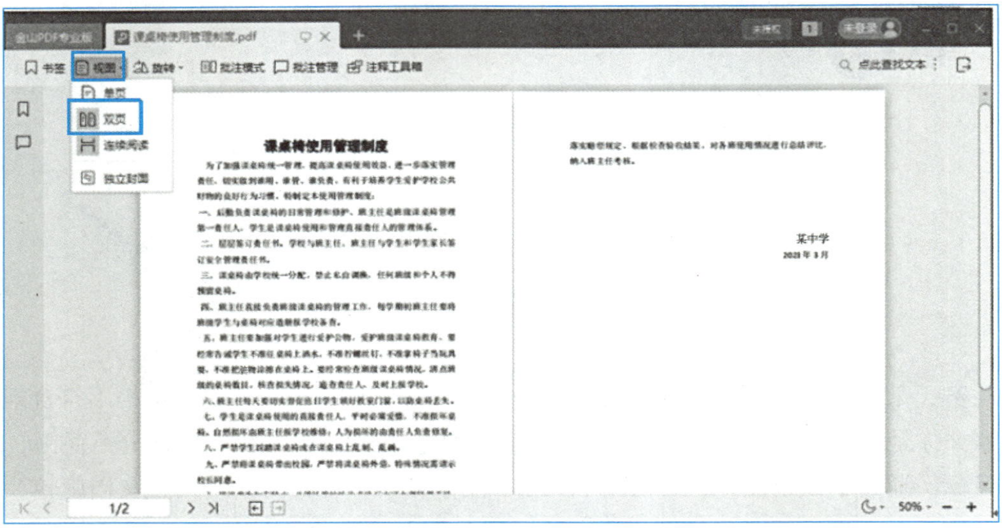

图 17－2　设置双页阅读模式

3. 文档旋转

由于工作疏忽导致第 2 页文档进行倒置扫描，请用 WPS PDF 将第 2 页文档旋转 90°。

方法与步骤：先选中第 2 页文档，并依次单击“开始”选项卡、“旋转”和“旋转文档”，如图 17－3 所示。

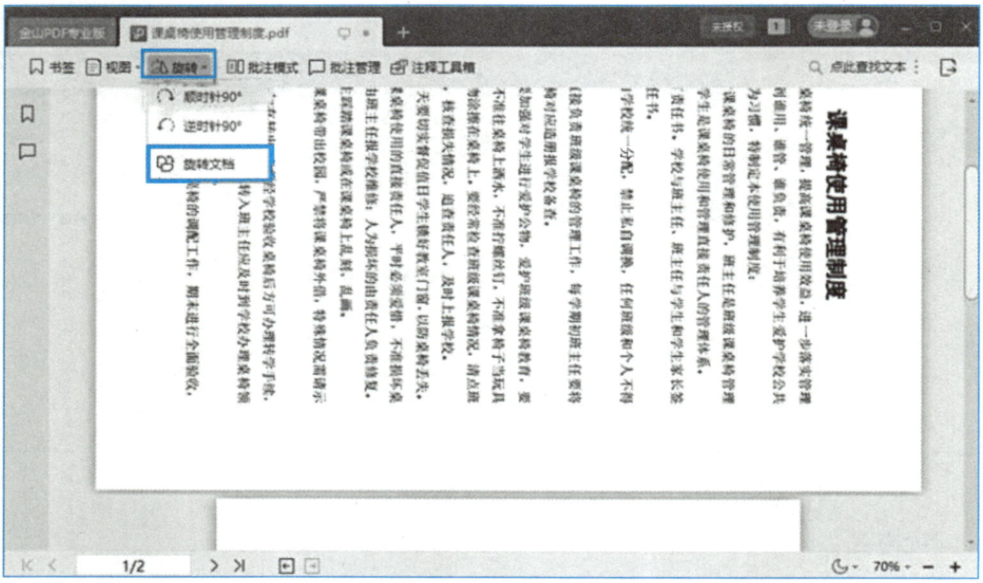

图 17－3　设置旋转文档

4. 设置书签

为方便培训中快速找到“课桌椅使用管理制度”的第五点和第八点内容，请在这两个位置设置书签。

方法与步骤：依次单击“开始”选项卡、“书签”，单击 PDF 文档的第五点位置，并单击书签增加图标来设置书签，命名为“重点书签”；以同样方式，在第八点位置设置书签，命名为“关键书签”，如图 17－4 所示。

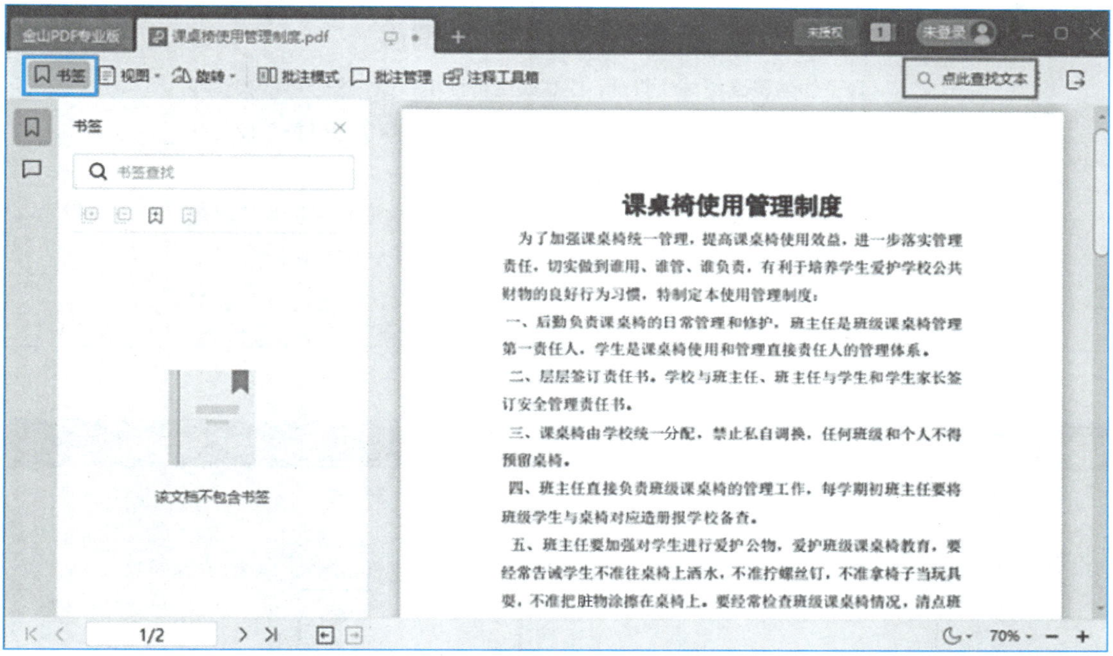

图 17－4　设置书签

5. 固定比例缩放

为方便阅读预览，请将比例设置适合页面（适合比例尺寸一般为 105% ～ 120%）。

方法与步骤：单击“开始”选项卡，在“阅读模式”右侧调整页面比例大小，或通过“”“”进行微调操作，如图 17－5 所示。

6. 设置页面显示

设置双页显示以便讲解培训。

方法与步骤：单击“开始”选项卡中的“双页”，如图 17－6 所示。

7. 设置“自动滚动”

根据培训要求，设置 1 倍速度滚动播放。

方法与步骤：单击“开始”选项卡中的“自动滚动”，选择“1 倍速度”，如图 17－7 所示。

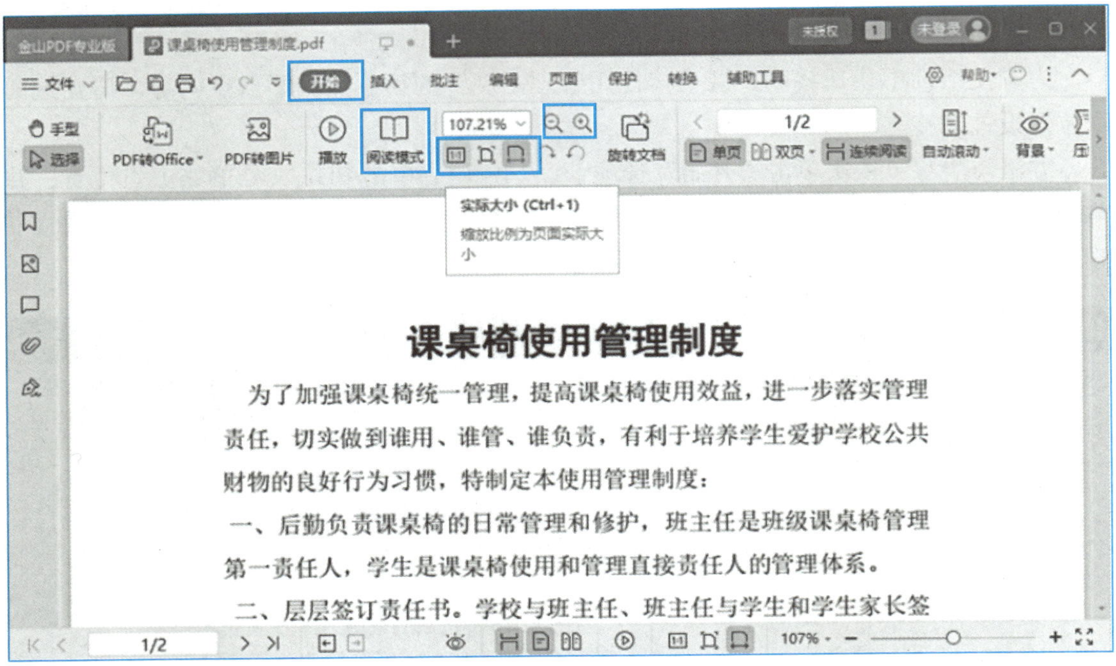

图 17－5　调整页面大小

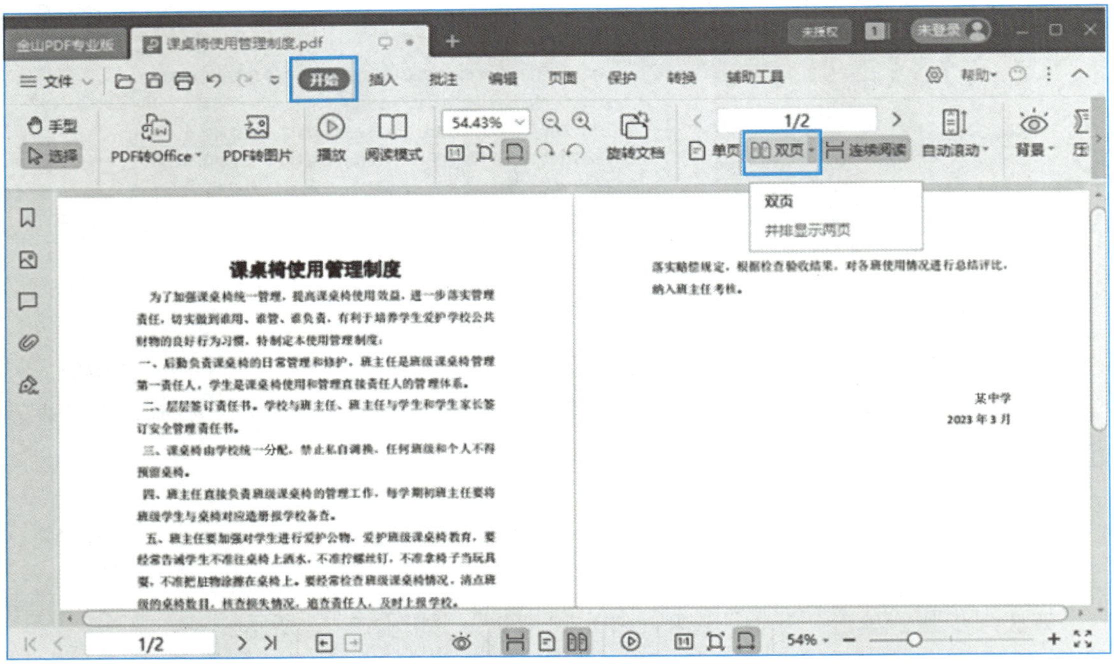

图 17－6　设置页面显示为“双页”

8. 背景色设置

为缓解眼睛疲劳，请设置“护眼”背景模式。

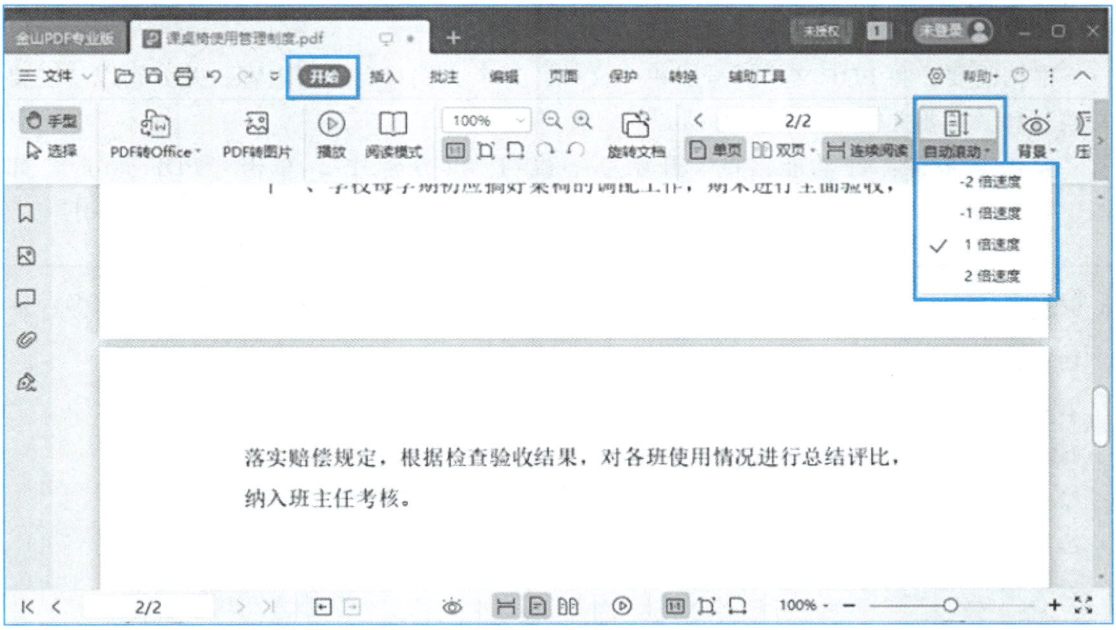

图 17－7　设置“自动滚动”

方法与步骤：以此 PDF 文件为例，单击“开始”选项卡中的“背景”按钮，在弹出的下拉菜单中选择“护眼”模式，如图 17－8 所示。

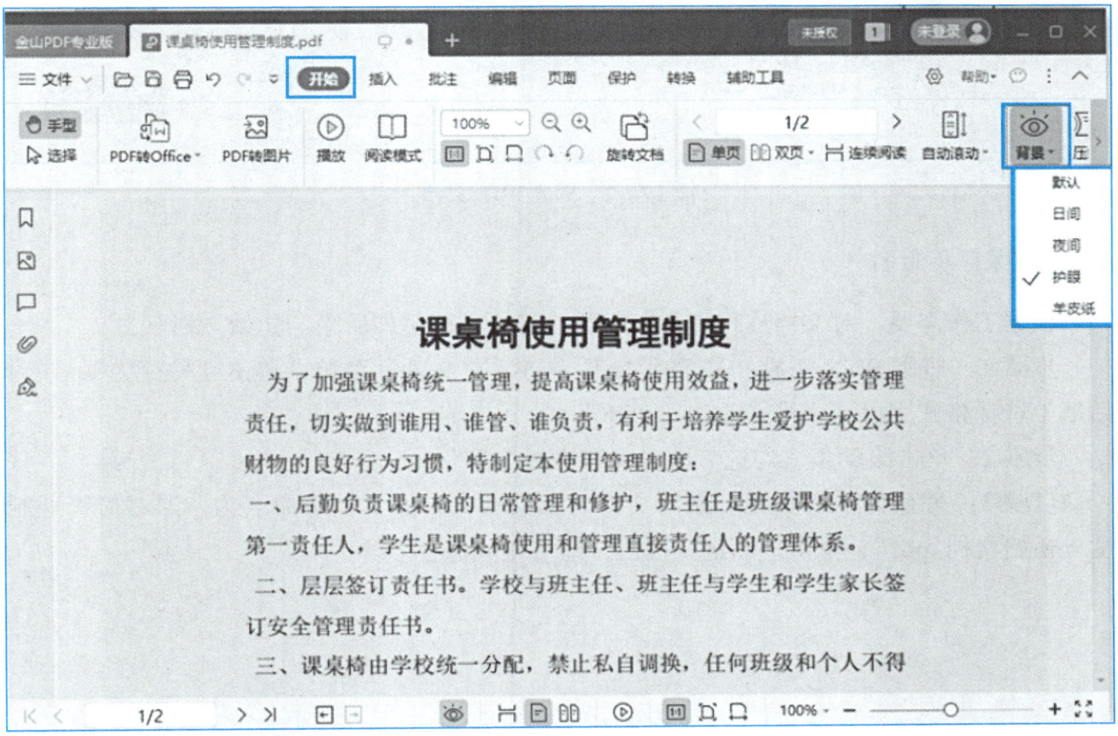

图 17－8　设置“护眼”模式

9. 文档拆分

根据需要，将 PDF 文档拆分成单个文档，每个文档只有 1 页内容，并分别以“主要文档”和“次要文档”命名。

方法与步骤：在功能区的“开始”中找到“拆分合并”，单击“PDF 拆分”，如图 17－9 所示；并将第 1 页命名为“主要文档 .pdf”，第 2 页命名为“次要文档 .pdf”。

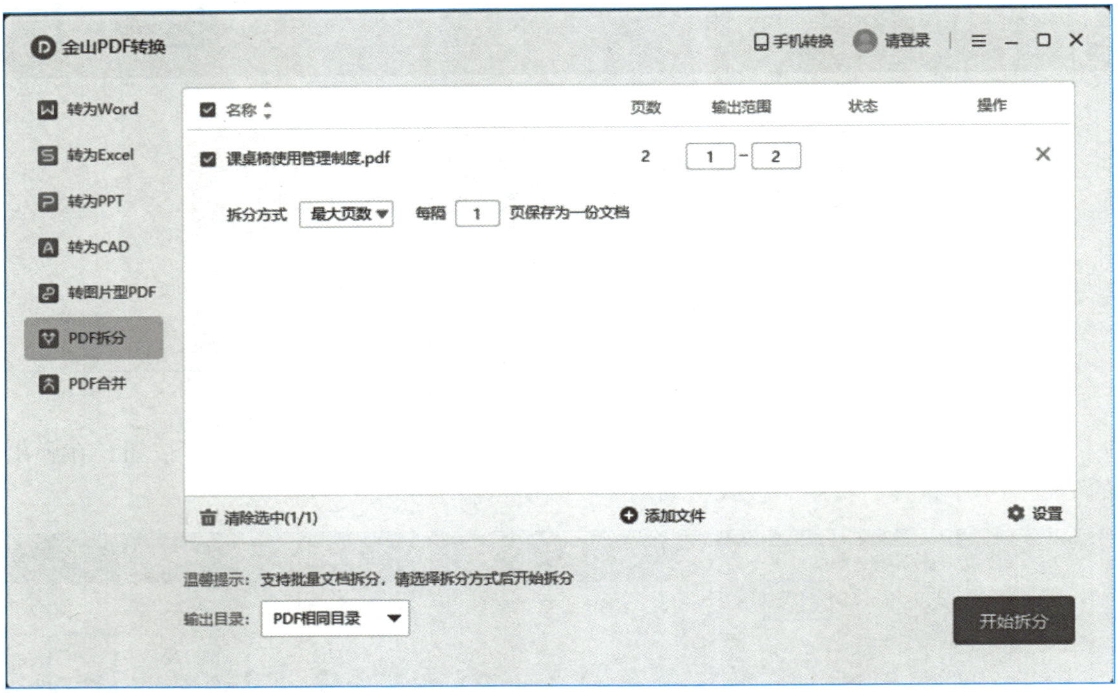

图 17－9　拆分 PDF 文档

10. 保存及命名

根据工作需要，对文档进行重命名归类，将原文档添加后缀“初始文档”。

步骤 1：使用 WPS 完成 PDF 的编辑后，进入“文件”菜单，单击“另存为”，在对话框中选择格式字段，将格式改为“PDF”；

步骤 2：单击滚动条，勾选“同时保存格式信息”；

步骤 3：另存为本地硬盘上指定文件名及文件夹，原文档重命名为“课桌椅管理制度—初始文档 .pdf”，单击“确定”按钮，即可完成保存。

第18章

转为PDF文档

任务：你要把一个WPS文档转为PDF文档。

目标：通过利用WPS“文件”菜单，学习“保存”功能，把WPS文档转为PDF文档。

打开“×××毕业（设计）封面及要求（素材）”文件，对文本的段落、字体等进行设置。

方法与步骤：打开“×××毕业（设计）封面及要求（素材）.doc”，单击功能区的“文件”选项卡，弹出的菜单中选择“输出为PDF”，如图18－1所示；在弹出的对话框中选择“PDF设置”，在密码框中输入密码“wps”，单击去掉“允许修改”和“允许复制”前面的勾，单击“确定”按钮，如图18－2所示；单击“开始输出”按钮即可生成PDF文档，如图18－3所示。

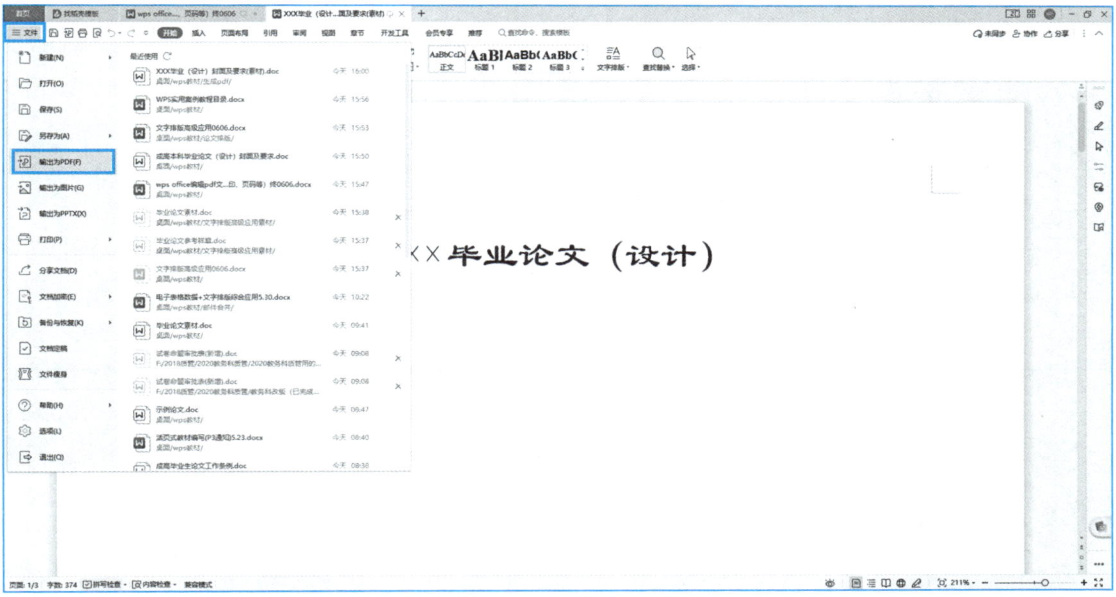

图18－1　选择“输出为PDF”

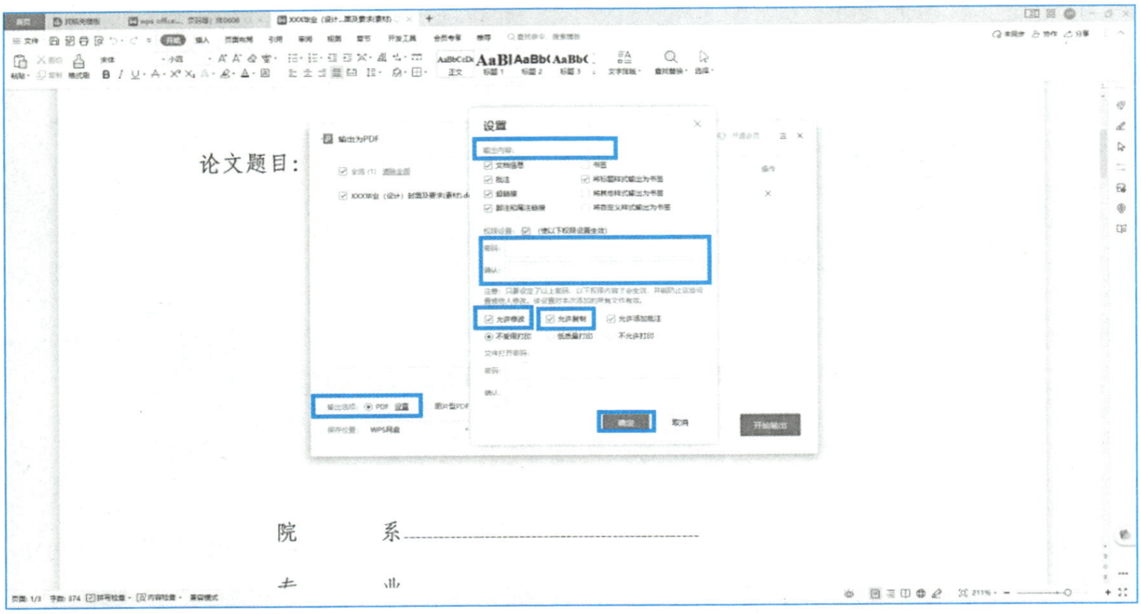

图 18－2　设置参数

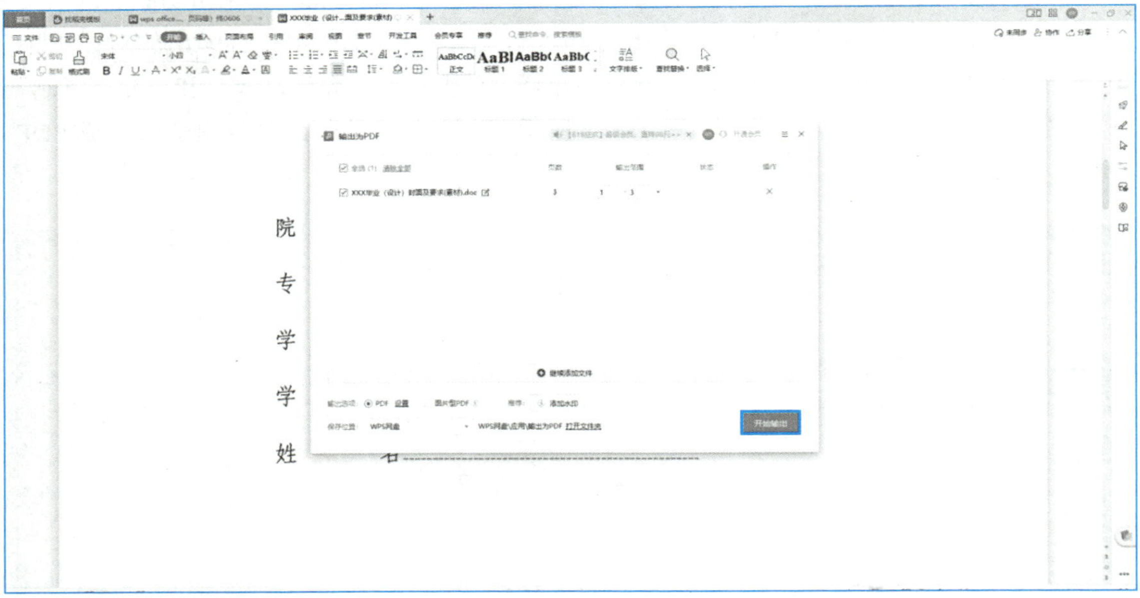

图 18－3　输出为 PDF

输出 PDF 效果如图 18－4 所示。

图 18－4　输出 PDF 效果

习题四

一、单选题

1. WPS 文字的工作界面主要包括（　　）、功能区、编辑区、导航窗格、任务窗格、状态栏 6 个部分。

A. 标签栏　　B. 菜单栏　　C. 文本框　　D. 图片

2. 首页文档访问界面的常用位置中，默认提供了哪些位置？（　　）。

A. 云文档　　B. 我的设备　　C. 我的电脑　　D. 以上都是

3. 以下关于文档编辑界面的表述，正确的是（　　）。

A. 文档编辑区包括任务窗格　　B. 状态栏在界面最顶部

C. 协作状态区不在工具面板上　　D. 任务窗格一般放在文档区右侧

4. 以下关于 PDF 文件特性的描述，错误的是（　　）。

A. 具备跨系统、跨平台显示的一致性

B. 可以设置打开密码、文档权限密码，提高安全性

C. 可以轻易修改文件页面内容

D. 文字放大后不模糊、不失真

5. 以下关于 PDF 文件查看的描述，错误的是（　　）。

A. 支持单页连续阅读、双页连续阅读、独立封面阅读、单页不连续阅读、双页不连续阅读 5 种常用的视图布局

B. 手型模式可以在文档显示区域内移动鼠标，鼠标光标会根据页面内容的不同而及时改变鼠标样式和行为

C. 阅读过程中支持对文档中的文本和图片进行复制

D. 对于由 PowerPoint 格式转换成的 PDF 文件可以使用幻灯片播放来进行演示

6. WPS PDF 阅读模式下不能完成的操作是（　　）。

A. 打开“书签”导航窗格　　B. 查找 PDF 文件中的文字内容

C. 旋转页面　　D. 修改背景色

7. 下列不是 WPS PDF 查找功能所具备的功能是（　　）。
A. 查找 PDF 文档中的文本内容　　B. 查找 PDF 文档中的书签内容
C. 查找 PDF 文档中的注释内容　　D. 查找 PDF 文档中图片中的内容
8. WPS PDF 标签栏能完成的操作有（　　）。
A. PDF 文档内容查找　　B. 进行页面设置
C. 合并文档　　D. 切换登录账号
9. WPS PDF 快速访问工具栏中默认的功能按钮有（　　）。
A. 打开文件　　B. 选择“手型”
C. 顺时针旋转　　D. 设置背景
10. WPS PDF 缩略图导航窗格中能完成的操作有（　　）。
A. 放大缩略图　　B. 修改 PDF 文档中的内容
C. 查找操作　　D. 播放 PDF 文档
11. 下面关于 WPS PDF 自动滚动操作描述正确的是（　　）。
A. 仅能向下滚动 PDF 文档
B. 仅能向上滚动 PDF 文档
C. 自动滚动功能必须和连续阅读配合使用
D. 滚动速率可以自定义设置任意值
12. WPS PDF 播放模式下可以进行的操作有（　　）。
A. 放大 PDF 文档　　B. 查找 PDF 文档中的内容
C. 顺时针旋转 PDF 文档　　D. 设置背景
13. 关于 WPS PDF 文档拆分功能描述错误的是（　　）。
A. 可以同时将两个文档进行拆分
B. 可以设置 PDF 文档的拆分范围
C. 拆分方式只有平均拆分
D. 可设置拆分目录的时候，保存路径和源文件保持相同目录
14. 关于 WPS PDF 文档合并描述错误的有（　　）。
A. 对加密文档进行合并的时候，需要先解密
B. 文档合并一次最多处理 50 个文档
C. 对每个合并文档的合并范围可以设置
D. 文档合并支持 PDF 文档和演示文稿混合合并
15. 以下功能不属于“阅读”选项卡中的是（　　）。
A. 缩放文档　　B. 设置文档双页显示
C. 修改文档背景　　D. 给文档添加批注

二、多选题

1. WPS PDF 查找功能的可选项有（　　）。
A. 英文整词搜索　　B. 区分大小写　　C. 包括书签　　D. 包括注释
2. WPS PDF“阅读”选项卡中可以设置文档的背景有（　　）。
A. 日间　　B. 夜间　　C. 羊皮纸　　D. 皮革

3. WPS PDF“文件”菜单下可以进行的操作有（　　）。

A. 打开新的文档　　B. 打印文档　　C. 文档拆分　　D. 退出 WPS PDF

4. WPS PDF 底部状态栏的功能有（　　）。

A. 文档翻页　　B. 播放文档　　C. 打印文档　　D. 旋转文档

5. 以下功能不属于 WPS PDF“阅读”选项卡中的是（　　）。

A. 打印文档　　B. 添加文档批注　　C. 修改文档内容　　D. 旋转文档

三、填空题

1. 要在 WPS PDF 中设置连续阅读，应在选项卡__________中进行操作。

2. 在 WPS PDF 中，对文档进行缩小的组合键是__________。

3. 在 WPS PDF 中，设置并排显示两页文档的功能按钮的名称是__________。

4. 在 WPS PDF 中，退出自动滚动模式的快捷键是__________。

5. 在 WPS PDF 中，为每张幻灯片添加相同的文字和 logo，可以通过创建（删除）________来实现。

6. 在 WPS PDF 导航窗格中，主要包括书签、附件和________3 个选项卡。

7. 在 WPS PDF 中，单击“阅读”选项卡中的“顺时针”和“逆时针”按钮时，文档每次旋转的度数是________度。

8. 在一张空白版式的演示文稿中，可以通过添加____________框输入竖向文字。

9. 在 WPS PDF 中，可以通过单击________按钮，实现页面缩放比例和窗口的宽度相适应。

10. 在 WPS PDF 中，可以通过单击________按钮，实现页面缩放比例和窗口大小相适应。

参考文献

[1] 徐栋，张萌，郑圣慈. WPS办公应用（高级）[M]. 北京：高等教育出版社，2022.

[2] 毛书朋，冯曼，赵娜，等. WPS办公应用（中级）[M]. 北京：高等教育出版社，2021.

[3] 聂庆鹏，朱丽文，鲁丽伟. WPS办公应用（初级）[M]. 北京：高等教育出版社，2021.

[4] 王爱红. 办公软件高级应用：WPS Office [M]. 西安：西安电子科技大学出版社，2022.

[5] 田启明. WPS办公应用（中级）[M]. 北京：电子工业出版社，2022.